会馆万寿宫建筑

马志武 马凯 著

江西人民出版社

全国百佳出版社

前言

　　会馆是明清政治、经济、社会和文化变迁的产物，也是同乡籍人在异乡设立的一种有固定专属建筑物的自治社会组织，致力于异地同籍乡人情谊的维系和互助。根据记载和遗存，明清时期江西会馆有 1000 余座，其中省外 800 余座，大部分以万寿宫命名，分布广泛，东南到台湾，西南到云南，东北到辽宁，西北到甘肃，遍及全国大部分地区。明代的满喇甲和琉球国等，都建有以万寿宫命名的江西会馆，反映了江右商帮发展史和江西移民史。

　　万寿宫建筑作为有代表性的江西地方建筑类型之一，承载着江西民间人文信仰和乡土情怀，原为民间祭祀许逊的场所，始建于东晋，距今 1700 余年。许真君名逊，字敬之，生于南昌，因曾为蜀郡旌阳令，又称许旌阳。许逊一生为百姓做了很多好事，特别是在江西民间广泛流传的斩蛟治水的故事，使其成了治水的英雄人物。许逊不追求功名利禄，积功累德，经世济民，赢得百姓崇敬。人们用喜闻乐见的神话故事讲述他的忠孝行为与传奇。许逊作为民众造出来的神灵，随着赣人迁徙而播散，蜚声远近。由于许逊的忠孝行为和思想顺应了历史潮流，受到历代朝廷的加封和人们的纪念，明清时期，江西移民和江右商帮把江西共同的福主许真君作为自己的保护神，所建会馆以"万寿宫"命名，万寿宫成为省内外祀奉许真君祠庙的共同称号。为了体现经济实力雄厚，江右商帮和移民在异乡建造了许多壮丽华美、气派不凡的会馆万寿宫建筑，使万寿宫名扬天下，流寓他乡的江西籍人汇聚于此，以敦亲睦之谊，叙桑梓之乐。

江西传统建筑类型丰富多彩，现有国家级历史文化名镇名村 50 个，省级历史文化名镇名村 116 个；居住、官署、学校、礼制、工商业、宗教、民间祭祀、城垣、桥梁、园林等建筑类型均有存量。但是，像会馆万寿宫这种集建筑思想、营造技艺、建筑造型和建筑意义表达于一体的民间公共建筑类型，在江西的存量较少。如果要更好地挖掘江西优秀传统建筑文化内涵，就要对江西所有代表性的传统建筑类型进行深入研究，以把握江西传统建筑总体风格特征和发展水平，在领略江西传统建筑文化魅力的同时，提升江西文化自信。因此，结合省外现存会馆万寿宫建筑遗存样本，进一步研究其建筑特征，深入揭示其建筑文化价值，是一项与保护会馆万寿宫历史建筑同样重要的任务。这也有助于提高所在地的历史文化内涵、文化品位和魅力指数，促进会馆万寿宫更好地发挥其存在的价值作用。

从二十世纪二十年代开始，中国明清会馆一直得到有关学者的关注，至今已有近百年的研究历史。本书借鉴的已有会馆研究成果主要集中在两个方面：一方面是吸收历史学、社会学、经济学等学科关于会馆内涵的界定、性质与作用，明清市场机制、人口流动、科举制度与会馆的相互关系，会馆的组织制度与组织结构，会馆经费来源与管理机制，会馆与明清文化发展的相互关系等方面的成果。代表性成果如何炳棣《中国会馆史论》、吕作燮《试论明清时期会馆的性质和作用》、王日根《中国会馆史》。[①] 何炳棣把会馆分为试

---

① 何炳棣《中国会馆史论》，台湾学生书局，1966；吕作燮《试论明清时期会馆的性质和作用》，江苏人民出版社，1983；王日根《中国会馆史》，东方出版中心，2018。

馆、工商会馆和移民会馆三类，认为会馆是同乡人士在京师和其他异乡城市所建立，专为同乡停留聚会或推进业务的场所，狭义的会馆指同乡所立的建筑，广义的会馆指同乡组织。[①] 从二十世纪八十年代开始，学界研究视野逐渐开阔，从多元化的角度对会馆内涵及文化含义进行了研究。1982 年，吕作燮发表了《明清时期的会馆并非工商业行会》，[②] 启发人们对会馆的社会意义进行重新思考。王日根的《乡土之链：明清会馆与社会变迁》，从社会变迁与社会整合的角度对明清会馆兴盛的历史过程、社会背景、内部运作、社会功能与文化内涵，作了全面的考察与分析。王日根认为，会馆是明清社会政治、经济、文化变迁的特定产物，它不仅是明清时期商品经济蓬勃发展的必然，而且与明清科举制度、人口流动相伴随。[③] 另一方面是记录会馆和有关会馆方面的碑刻及志书类成果，如《明清苏州工商业碑刻集》《云南道教碑刻辑录》《上海碑刻资料选辑》《中国会馆志》《重庆会馆志》《襄阳会馆志》《江西商会（会馆）志》《北京的会馆》《北京会馆基础信息研究》等。[④] 尽管一些现代出版的志书在介绍江西会馆历史信息方面还有值得商榷的地方，但仍不失研究会馆万寿宫建筑的参考价值。

"会馆万寿宫"的概念较早出现在苏州留园五福路江西会馆扩建后的碑记中。清雍正十二年（1734 年），江西籍官员、翰林院编修、山西道监察御史掌河南道监察御史加三级汤偡为苏州江西会馆撰写碑记，其以《江西会馆万寿宫记》为题，在碑记中阐明了"会馆万寿宫"的涵义，汤偡认为会馆万寿宫是一举创，大多数江西会馆以万寿宫命名是因为尊崇许逊，尊崇许逊是因为

① 何炳棣：《中国会馆史论》，台湾学生书局，1966，第 11 页。
② 吕作燮：《明清时期的会馆并非工商业行会》，《中国史研究》1982 年第 2 期，第 66—79 页。
③ 王日根：《乡土之链：明清会馆与社会变迁》，天津人民出版社，1996，第 28—29 页。
④ 《明清苏州工商业碑刻集》，江苏人民出版社，1981；《云南道教碑刻辑录》，中国社会科学出版社，2013；《上海碑刻资料选辑》，上海人民出版社，1980；《中国会馆志》，方志出版社，2002；《重庆会馆志》，长江出版社，2014；《襄阳会馆志》中国文史出版社，2015；《江西商会（会馆）志》，江西人民出版社，2017；《北京的会馆》，中国经济出版社，1994；《北京会馆基础信息研究》，中国商业出版社，2014。

其功不在禹下，是经世济民的儒者。"真君独以一儒者，躬修至德，……其功不在禹下，是盖纯忠孝节义经济。"①

将万寿宫带出江西与江右商分不开。明清时期江右商所及之处，均建会馆，大部分以万寿宫命名，故江右商在哪里，万寿宫就在哪里，江西文化就传播到哪里。关于江右商帮，明代王士性在《广志绎》、明代张翰在《松窗梦语》中就记述了江西人从事工商业活动的状况，并对江右商帮经营行业和地区商业有一定的描述。江西史学界学者很早就开展了对江右商帮的研究，从江右商帮起源背景到人员组成和商业活动、商业文化等都有较为详细的阐述，提出了江右商帮的总体特征和精神文化内涵等，为会馆万寿宫建筑研究提供了依据。

许真君信仰是会馆万寿宫根深的精神支柱。北宋时期，许逊信仰受到了高度重视，传说中的许逊飞升之地——南昌西山游帷观不断升格，宋徽宗于政和六年（1116 年）复赐御书"玉隆万寿宫"，还诏令仿西京洛阳崇福万寿宫式样在玉隆宫旧址上建造玉隆万寿宫，并亲书"玉隆万寿宫"匾额。从此，作为祀奉许逊场所的江西万寿宫正式亮相于历史舞台。明清时期，江右商帮和江西移民将万寿宫带出江西，使得万寿宫中既有净明道派和民间信仰的场所，也有江右商帮、江西移民设立的会馆。万寿宫作为江西文化的标记，对促进文化交流起了积极的作用。有关万寿宫的学术研究成果以章文焕为代表，其在《万寿宫》专著中系统地介绍了万寿宫的兴起、许真君其人和神话传说、净明道派兴起与复兴、省内外万寿宫兴建的历史沿革与背景等。特别是首次对分布在全国各地的万寿宫（大部分为江西会馆）建筑进行了实地调查或文献史料研究，还以省市行政区为单位，作出统计分析，予以重点介绍。②本书正是在此基础上进一步掌握会馆万寿宫建筑在我国区域空间上分布的特

---

① 江苏省博物馆编《江苏省明清以来碑刻资料选集》，清·汤倓《江西会馆万寿宫记》，三联书店出版社，1959，第 359—360 页。
② 章文焕：《万寿宫》，华夏出版社，2004。

征。陈立立、邓声国整理，清代金桂馨、漆逢源编纂的《万寿宫通志》是了解净明道派祖庭南昌西山玉隆万寿宫和南昌铁柱万寿宫建筑历史沿革的重要志书，[①] 其中的图、记等反映了不同历史时期南昌西山玉隆万寿宫和南昌铁柱万寿宫建筑布局形制、历史演变等情况；清道光年间和清同治年间的《新建县志》《南昌县志》、清同治年间的《南昌府志》也是掌握这两座南昌万寿宫建筑面貌的重要资料，为研究这两座万寿宫建筑在清末时期的变化和布局形制提供了一定的史料依据。由张圣才、陈立立、李友金主编的《万寿宫文化发展报告（2018）》反映了最近的万寿宫文化研究的成果。[②] 该书分别从许逊信仰与地方移民社会的秩序构建、许真君精神所蕴含的人文价值、明清时期江西各设区市和西南诸省万寿宫发展情况等进行阐述和介绍，为了解万寿宫文化传播方式和许真君信仰在不同地区的影响程度提供了参考。

目前从建筑学角度对江西会馆进行研究的成果主要集中在具体实例的介绍，或分析江西会馆在某一地区分布的特点等，还不能够做到从整体上深入挖掘江西会馆建筑特征与文化价值。由于大多数江西会馆供奉许真君，并以万寿宫命名，一些论文、专著不能严格区分会馆万寿宫与净明道万寿宫的性质及概念的不同，甚至将明清时期的京师江西会馆也划入万寿宫的范畴。实际上，当时北京只有一所供奉许真君的铁柱宫，其他京师江西会馆只供奉儒家忠贤和乡土先贤，这也是当时政治制度的要求。认为以万寿宫命名的江西会馆建筑受南昌铁柱宫建筑风格影响的观点也比较流行，这种观点常以南昌铁柱宫真君殿的抱厦为例说明，这是对江西传统建筑文化缺乏深入了解所致。从建筑风格上来说，铁柱万寿宫正殿属于殿堂与庙堂混合式，会馆万寿宫前殿和正殿或为庙堂式，或为敞口式，建筑等级低于铁柱万寿宫正殿，因而两者建筑风格不同。铁柱万寿宫真君殿前的牌楼式抱厦出现在清雍正三

---

① 陈立立、邓声国整理，清·金桂馨、漆逢源编纂《万寿宫通志》，江西人民出版社，2008。
② 张圣才、陈立立、李友金主编《万寿宫文化发展报告（2018）》，社会科学文献出版社，2019。

年（1725 年），其后的重修中，取消了真君殿明间前的抱厦，直到同治十年（1871 年），才重新在真君殿明间前采用抱厦形式。在古代社会，一种风格从创立到成熟需要很长的时间，且只有相当多的工匠掌握其营造要义时，才有可能由江右商民带到遥远的省外，按故土的建筑风格建造。以云南会泽会馆万寿宫为例，其在山门和戏台采用了木牌楼形式，与铁柱万寿宫正殿抱厦屋顶形式一样，也是庑殿顶式，其建造年代最早在清康熙五十年（1711 年），最迟比铁柱万寿宫晚三十七年，即清乾隆二十七年（1762 年）重建了会泽会馆万寿宫；如果铁柱万寿宫抱厦形式为原创，不可能在三十几年的时间内，有相当数量的江西工匠能够熟练掌握其设计、制作与安装工艺，并通过江右商带到云南。这也说明铁柱万寿宫正殿前的抱厦与会馆万寿宫山门与戏台木牌楼形式一样，来自江西传统建筑的木牌楼做法。

从建筑形态学的角度研究净明道万寿宫建筑形制与特点，对掌握会馆万寿宫建筑特征有一定的帮助。有关净明道万寿宫建筑的研究是严重滞后的，目前还没有关于江西净明道万寿宫建筑方面的研究论文或专著。江西境内现有依法登记的净明道万寿宫宗教场所 83 座，数量大大超过江西境内现存的会馆万寿宫，其中相当一部分净明道万寿宫保持清末民初的建筑风格。因此，本书从形态学角度对江西境内净明道万寿宫建筑进行了分类，在提出不同类型的净明道万寿宫建筑特点的基础上，重点阐述南昌西山万寿宫和铁柱万寿宫在不同建筑历史发展时期的建筑布局和主要建筑特征，并对不同类型的净明道万寿宫建筑布局与形制做了归纳性的梳理，以此作为与会馆万寿宫建筑比较的基础。

会馆万寿宫与南昌西山万寿宫、铁柱万寿宫的建筑形态是不同的，但是，都保持了很深的江西传统建筑文化理念和许真君信仰。江西传统建筑文化理念是在江西自然环境、人文环境和经济条件的影响支配下形成的，熔铸了中华民族的灿烂文明，服从社会生活中一定时代的政治礼制和宗教思想，反映了中华文化深层心理结构的共同特征，体现了江西传统文化深厚的内涵。明清时期江西古代建筑形成了成熟的建筑风格，其来自于江西古代建筑数千年的实践经验的积累、提炼和升华的过程，这一过程将历史悠久、底蕴深厚的中国古代建筑的精义内化为适合江西地方特色的建筑思维和营建规则。江西传统建筑注重结构特征和材料的表达，材料使用与构造工艺相配，营造工艺既遵循规制，又因地制宜、灵活多变。在中国传统社会中，有"家国同构"之说，家庭之外的社会关系如会馆、帮会等直至国家都有一种类似亲属血缘关系的现象。明清时期，中国各省会馆都有集体供奉的乡土神明，以此为纽带，树立集体象征和精神支柱。大多数江西会馆之所以选择许逊作为会馆崇祀的乡土神明，是因为其集儒者、英雄人物和神话人物为一体，历代皇帝多次加封赐号，深得江西社会各阶层的尊崇。对于官绅阶层来说，尊崇许逊是因为他是儒者；对于江西移民来说，人格化的乡土神明是最好的；而对于江右商帮来说，崇祀许真君，主要是构建一个以乡土神明为核心的商人信仰圈，这对地域性商帮的形成与发展能够起到不可忽视的依托和保障作用。因此，作为民间公共建筑的会馆万寿宫，其建筑文化含义比净明道万寿宫更广泛、更深远，蕴含的建筑文化价值更有普遍性。

关于江西传统建筑研究，目前江西省内建筑学者有了一些研究成果，其中姚糖《江西古建筑》是介绍江西现存古代建筑类别的专著。[①] 该书介绍了江西传统聚落、古建筑类型、营造技术、装饰装修手法和建筑形式的特点。黄浩《江西民居》以江西天井式居住建筑为重点，用大量的实例介绍了江西传统民居应用不同形式的天井，构成居住建筑空间的方法与手段。[②] 其介绍的江西天井式民居的实例为深入研究会馆万寿宫以天井为中心的建筑组合方式提供了参考。

本书在实地调研、文献阅读和史料分析、归纳、比较的基础上，首先概述净明道万寿宫建筑和会馆万寿宫建筑产生的缘由和发展过程，并从形态学

① 姚糖、蔡晴主编《江西古建筑》，中国建筑工业出版社，2015。
② 黄浩编著《江西民居》，中国建筑工业出版社，2008。

角度论述其布局特征，在分类比较的基础上，提出会馆万寿宫与净明道万寿宫建筑的异同。从建筑形态学来看，南昌西山万寿宫、铁柱万寿宫与会馆万寿宫有较大的差异，而处在县乡的净明道万寿宫与祠宇型会馆万寿宫建筑有着大致相同的特征。但是，南昌西山万寿宫、铁柱万寿宫与会馆万寿宫建筑作为江西传统建筑的组成部分，其遵循的中国传统建筑思想的原则是一致的，表达文化内涵的基础都是中国传统文化，建筑性质和功能的不同，使得建筑形态与风格不同。通过对会馆万寿宫建筑思想和表现手法的分析，可以看出其与江西传统建筑一脉相承的关系，在表达建筑意义方面，会馆万寿宫建筑几乎涉及了文化的所有层面。

处在不同地域的会馆万寿宫呈现的建筑形态有所不同，但是，都保持了很深的江西传统建筑文化理念和许真君信仰。北方的江西会馆万寿宫，由于其所在地的地理气候环境等因素，建筑风格与江西传统建筑有较大的差异。尽管如此，仍然能在某些方面反映江西传统建筑的特征。如陕西商洛市商南县江西会馆，为了冬季取得更多的阳光，合院代替了天井，但是，空间序列则反映了江西宗祠的结构形态，这是因为将江西宗祠的结构关系植入江西会馆，既留住了家族宗祠空间意象的记忆，又使没有血缘宗亲关系的同籍乡人汇集在同一空间，共同崇敬福主许真君，叙桑梓之谊，排怀乡之愁。陕西石泉县在夏季没有长江以南地区那样高温湿热，当地民居中没有采用内天井的习惯；江右商却在石泉县会馆万寿宫的前殿和正殿之间，以中轴线对称的方式布置了一口横向的长方形天井，其目的并不是为了采光通风，而是以"天井"寄托江右商对家乡的思念，呈现"德之地"的文化理念。人字形马头墙是江西传统民居的习用做法，在江西称为金字山墙，陕西石泉县会馆万寿宫在前殿两侧山墙采用了人字形马头墙形式，寄寓财源不断的期望。在大致相同的自然环境条件下，处于不同省份的会馆万寿宫建筑与江西传统建筑有着更多的共同特征，尤其是在我国西南地区保存较好的会馆万寿宫建筑，尽管有过多次重修，糅合了当地文化习俗，掺杂了当地的一些营建工艺，现存建筑的装饰装修整体水平与江西现存传统建筑相比还有一些差距，但是，从建筑思想、空间布局、建筑单体形制和采用的建筑图像符号等方面，仍然能够看出当时的会馆万寿宫建筑风格反映了江西传统建筑的营造思想，采用了江西传统建筑的成熟工艺与经验，表达了江西传统习俗信仰和审美趣味。其中有不少的会馆万寿宫建筑被列入国家级或省级文物保护单位，至今仍是当地传统建筑文化的典范和标志，为所在地人们普遍称赞，视为历史文化瑰宝。

将会馆万寿宫建筑置于江西传统建筑文化发展的背景之下进行研究，不仅是研究会馆万寿宫建筑空间组织与形式、营造技术与装饰装修之特点，还要研究其为什么要这样做和如何做，以更好地阐释其在哪些方面表现了江西传统建筑特征，又在哪些方面体现了江西传统文化的精华。这可使人在感受会馆万寿宫建筑魅力的同时，领略江西传统建筑文化的深厚底蕴；对会馆万寿宫建筑历史文化价值的挖掘，可进一步确立其建筑文化遗产的地位；在科学保护好的同时，为合理运用提供参考。在调研中，笔者感受到，每座会馆万寿宫都有它独特的历史以及文化内涵，在修缮时要保存原有的建筑形制、外观、建筑结构、建筑材料和营建工艺，要坚持不改变建筑原真性，坚持做到不拆真遗存、不建假古董，确保不丢失会馆万寿宫建筑历史文化信息，这也是写作本书的动力之一。更重要的是笔者希望以此为契机，推动江西传统建筑研究全面深入开展，而不是仅仅局限在某种建筑类型。尤其是在当下乡村人居环境建设背景下，仿古、仿洋、拼凑中西样式已经蔓延到了农村，一些地方借民宿旅游、新农村建设之名，不顾实际，照搬照抄，虽然外观"焕然一新"，但是丧失了传统村落特征，丢掉了记忆，失去了乡愁。因此，面对乡村建设现实的挑战，全面深入研究江西传统建筑各种类型，找出其形成因素、发展规律、建筑特征和历史文化价值，提炼好江西传统建筑营建经验与技艺，对强化建筑历史文化遗产和乡村风貌特征保护，促进传承与创新融合，建设无愧时代的乡村人居环境具有重大的意义。

本书只是阶段性的研究成果，还有一些工作需要深入进行，例如，由于老一辈木匠师傅都不在了，收集江西各地传世的木作口诀难度很大，因而还不能做到从木作规律层面上完整体现会馆万寿宫建筑特征；在本书中也未涉及到地区之间的建筑文化交流给会馆万寿宫建筑特征带来的变化；沉淀在会馆万寿宫上的红色往事还有待挖掘。总之，会馆万寿宫建筑研究还需要不断有人接续，从而更全面地体现其历史文化价值与建筑地位。

本书结构分以下几个部分：

第一章，概述江西万寿宫建筑的由来与发展过程，提出会馆万寿宫建筑性质与分布特征，从建筑形态学的角度归纳净明道万寿宫和会馆万寿宫建筑布局类型及特点。

第二章，比较会馆万寿宫与净明道万寿宫建筑在空间布局结构和主要建筑单体形制等方面的异同。

第三章，从江西传统建筑思想、营造技艺、建筑意义表现手法等方面阐述会馆万寿宫与江西传统建筑一脉相承的关系，以揭示其深厚的文化底蕴。

第四章，通过会馆万寿宫建筑实例的介绍，进一步理解其建筑特点，在感受会馆万寿宫建筑魅力的同时，领略其文化价值。

马志武

2023.4

目 录

第一章

万寿宫建筑的
由来与发展

江西万寿宫作为有代表性的江西地方传统建筑，承载着江西民间人文信仰和乡土情怀。其前身始于东晋纪念许逊的场所。北宋时期，许逊信仰受到了高度重视，传说中的许逊飞升之地南昌西山游帷观不断升格，宋大中祥符三年（1010年），"游帷观"升观为宫，称"玉隆宫"；宋徽宗于政和六年（1116年）复赐御书"玉隆万寿宫"，还诏令仿西京洛阳崇福万寿宫式样在玉隆宫旧址上建造玉隆万寿宫，并亲书"玉隆万寿宫"匾额。从此，作为祀奉许逊场所的江西万寿宫正式亮相于历史舞台。明清时期，随着工商会馆和移民会馆兴起与发展，江右商帮和江西移民将万寿宫带出江西，使得万寿宫中既有净明道派和民间信仰的场所，也有江右商帮、江西移民设立的会馆。

第一节　许真君信仰与江西净明道万寿宫建筑发展

许真君本名许逊，字敬之。东汉末，群雄割据，中原大乱，其祖避乱徙居豫章。吴赤乌二年（239年）正月二十八日，许逊生于南昌县长定乡益塘陂，即后来《南昌县志》记载的许仙村，今南昌高新区麻丘乡。许逊七岁而孤，躬耕负薪养母，以孝悌著闻。他刻意为学，博读儒家经史，明天文、地理、历律、五行、谶纬之书，尤嗜神仙修炼之术。闻吴猛学道能通灵达圣，年二十九，拜师吴猛，悉传其秘。后被郡里举为孝廉，42岁被西晋朝廷任命为蜀郡旌阳县令。在任旌阳令期间，他近贤远佞，惩治贪污，释放含冤关进监狱里的良民百姓，尽量减轻人民的租税负担，领导抗灾救灾，组织发展生产，使得社会安定，人民安居乐业。

因此，他在当地吏民中具有崇高的威望，人称许旌阳。东晋内乱，许逊弃官东归，随吴猛游历江湖，寻师访道，得谌母真传。时值鄱阳湖区常为洪水所害，他率民治理，足迹遍及湖区各地，成效显著。从此，在赣北、赣中民间广泛流传着许旌阳斩蛟治水的故事，许逊成了治水的英雄人物。许逊治理水患 30 年，不追求功名利禄，积功累德，经世济民，赢得百姓崇敬。人们用喜闻乐见的神话故事讲述他的忠孝行为与传奇，许逊遂被神化。传说东晋孝武帝宁康二年（374 年），许逊一百三十六岁时，携同家属、弟子 42 人及鸡犬驾着羽盖龙车升天了，从此，许逊上天成了神仙，民间称其为真君。南宋创立的"净明忠孝"道派，以许真君为祖师，道界称其为九州都仙或高明大使。明清时期，许逊作为民众造出来的神灵，随着赣人迁徙蜚声中外。

一、许真君信仰与影响力

道教是一种在我国土生土长的宗教，它由殷商时期的鬼神自然崇拜、战国时期的方术和神仙信仰以及两汉时期的黄老学说杂糅而成。早期的许逊道派，一方面是崇尚孝的家族信仰，另一方面来源于"东汉时期的谶纬儒学及其方仙道术"。[①] 两者结合，并向道教靠拢。谶纬是两汉神学的重要组成部分。"谶"起源于先秦，是方士预测未来吉凶祸福的符验或征兆。"纬"是方士化的儒生以符箓瑞应，附会儒家经典诗、书、礼、乐、易、春秋、孝经编造的书，故又称"七纬"。董仲舒提倡天人感应、阴阳五行学说，为谶纬神学发展提供了有利条件。汉成帝以后"谶"与"纬"二者合流，成为一股神学思潮。东汉南昌县人唐檀曾入洛阳太学学习京《易》、韩《诗》、颜氏《春秋》，喜好灾异星占之学，曾借灾异之变抨击宦官、外戚专权，后回到南昌办私学，教授生徒。许逊孝道教受唐檀的影响，都是带有谶纬神学色彩的东汉儒学，"一是以纬书表达孝道内容，二是用谶语预言许逊为众仙之长。"[②] 这就是许逊孝道教的渊源。

六朝散佚文献如《豫章记》《许逊别传》《鄱阳记》《幽明录》等诸多文献中可

---

① 章文焕：《万寿宫》，华夏出版社，2004，第 214 页。
② 章文焕：《万寿宫》，华夏出版社，2004，第 214 页。

见关于许逊传奇的零星记载，但许逊作为道教人物的形象依然十分模糊，仅以孝道显名南昌及周边地区，其影响力甚为微弱。许逊信仰在初唐引起了皇家的注意，对孝道从民间信仰发展成为正统道教的推动作用巨大。唐贞观初年，丰城道士张开先"缵述许祖遗传"，擅长道术，祈雨救民；获李世民敕建旌阳宝殿和塑像。[①] 这一事件对于孝道派从民间信仰发展成为正统道教的推动作用是巨大的。孝道派在中唐以后获得发展，与中唐西山道士胡慧超的积极活动有着密切的关系。唐高宗永淳年间（682—683年），道士胡慧超隐居南昌西山，自称曾从许真君、吴猛受授延生炼化超三元九纪之道，能檄召神灵，驱使雷雨。他在西山二十余年里坚持不懈地弘扬许逊的仙迹，为孝道派的正统化作出了重大贡献，使民间对治水功臣许逊的朝拜，演变成了对道教神仙的信仰。传说胡慧超曾抵京邑，诏除寿春宫狐妖，甚灵验，赐号"洞真先生"。武则天、唐明皇也曾召见胡慧超，使其仙名远播。胡慧超造作兰公、谌母传授吴猛、许逊二君孝道秘法的故事，完成了孝道信仰与吴、许真君信仰的融合，形成了新的"吴许孝道派"。胡慧超撰写《洪州西山十二真君传》之后，以游帷观为中心的许逊仙道传闻和"灵宝净明宗旨"始渐为外人所知。《旧唐书》和《新唐书》收录了由胡慧超撰写的《洪州西山十二真君传》，北宋初年的《太平御览》中录有《许逊别传》，乐史编纂的《太平寰宇记》中也有许真君的记载。名不见经传的许逊，经孝道派门人的不断踵事增华，宋以后逐渐成为有深远影响力的道教人物。北宋王安石在《重建旌阳祠记》记中历数许逊为政廉明、爱民如子、斩蛟治水、造福后代的不朽功绩，"能御大灾，能捍大患者则祀之，礼经然也。""公有功于洪，而洪人祀之虔且久。"[②]

宋朝时期，许真君信仰受到了高度重视，游帷观不断升格。宋真宗大中祥符三年（1010年），"游帷观"由观升格为宫，称"玉隆宫"。宋徽宗于政和二年（1112年）封许逊为"神功妙济真君"，在道教神仙谱系中的地位仅次于正一派道

① 陈立立、邓声国整理，清·金桂馨、漆逢源编纂《万寿宫通志》卷之二，江西人民出版社，2008，第49页。（以下引用作简略处理）
② 《万寿宫通志》卷之十五，宋·王安石撰《重建旌阳祠记》，第225页。

教祖师张道陵，又传说其曾做蜀郡旌阳县令，故又称其为"许旌阳"。宋徽宗于政和六年（1116 年）复赐御书"玉隆万寿宫"，还诏令仿西京洛阳崇福万寿宫式样在玉隆宫旧址上建造玉隆万寿宫，并亲书"玉隆万寿宫"匾额。至此，许真君信仰日隆，为南宋初创立净明道派奠定了基础。净明道诞生于宋室南渡初特殊的社会背景中，当时康王赵构在江南立足未稳，社会秩序混乱，一大批仓皇南渡的北宋官僚士庶，多饱尝家破人亡、妻离子散之痛；北方强大的武力威胁，使人们迫切需要祈求神明佑护，获得精神上的安慰。在宋代统治者的一再推崇下，许逊道派正式形成净明道派。南宋净明道的教旨主要表现在以封建伦理孝悌之实践及内丹修炼为施行道法的基础，以心性即所谓"净明"为全部教义的主眼、枢要。其以许逊为祖师，并奉许逊为玉皇大帝四大天师之一的高明大使，从而奠定了许逊在道教诸神中的地位。宋高宗在绍兴二十八年（1158 年）赐玉隆万寿宫御书十轴；南宋理宗赐予内帑，重修被金兵毁坏的西山万寿宫，[①]命道官 21 员至逍遥山改建灵宝道场，进行国祀。[②]由于朝廷对西山万寿宫的重视，民间朝奉万寿宫也就更加积极，每年的朝奉活动在宋代就已演变成蔚为壮观的庙会。

南宋净明道派不久即中断。元朝统治者知道汉人非武力所能压服，不能不倚重江西龙虎山道教正一派统领三山符箓，收服人心。元成宗即位之年（1295 年），加封许逊为"至道玄应神功妙济真君"。[③]此时，元代西山玉隆万寿宫道士刘玉已在西山洪崖建坛，重建净明道。在其主持下，净明道派有了恢复性的大发展。刘玉不仅在组织上重建了净明道，而且对净明道的教义作了重新的阐释。其基本特点是"以老子为宗"，"以忠孝为本"，吸取了较多的南宋理学思想，使原来形式粗糙、仙气很重的许逊忠孝之道，变成颇具理学色彩，颇多思辨内容的净明之道。从而使重建后的净明道，不管在组织上还是在思想内容上都具有新的面貌。刘玉对净明教义的阐释，主要围绕"净明忠孝"四字展开，强调不把忠孝只挂在口头上，而是务求"真践实履"，即贯彻到行动中去。确认忠孝为其教义的核心，但

① 《万寿宫通志》卷之十五，清·熊益华撰《万寿宫废兴颠末记》，第 241 页。
② 《万寿宫通志》卷之二，第 41 页。
③ 《万寿宫通志》卷之二，第 45 页。

又不把忠孝局限于奉养父母、敬事君长的日常行为上，而是将它扩展到"一物不欺""一体皆爱"的广阔范围；特别着重要求在思想上涵养忠孝观念，使之逐渐达到不染不触一点杂质的净明境界。刘玉称此纯洁净明的忠孝为真忠至孝，以之作为修持净明道的最高理想。

明代净明忠孝教旨深入儒林，弘扬许真君净明忠孝者蔚然成风。万历年间大学士张位对净明忠孝的解释代表了当时具有官方背景的文人和官员的见解："真君学术视孔门修身应世为何如也？有能净不染，明不眩，忠不欺，孝不违，非圣德乎？"[1] 清顺治九年（1652 年），全真派丘处机的第八代弟子徐守诚入西山万寿宫修道，研究净明忠孝之道，在学说上力图融合全真道与净明道。以朱道朗为首的青云谱道院创建新净明道派，提出"净明为体，忠孝为用，冶儒释道于一炉，全真南北宗为一体"，力图推动净明道派理论创新。随着净明道及万寿宫的影响显著增强，各大臣频频上奏要求皇帝对许真君赐加封号。清嘉庆八年（1803 年），嘉庆皇帝在江西巡抚秦承恩"祷雨灵应"奏请下，封许真君为"灵感普济之神"列入祀典。[2] 咸丰皇帝在江西巡抚的奏请下，亲书"诚祈应感"四字匾额赐给万寿宫。[3]

万寿宫的广泛兴建促进了许逊信仰依附庙宇等活动更加深入人心，成为江西民俗文化生活中的一个重要部分。洪州百姓自晋代开始纪念许逊，约定八月初一至十五日为朝拜活动日，附近各地民众都要到游帷观进香，并且还遵循许真君当年南去松湖朝拜谌母祠和西去高安祥符探望女婿的惯例，组织巡游活动。自唐代起，朝拜者便十分热烈。《万寿宫通志》中记载了唐代西山万寿宫朝圣活动的热闹场面："中秋为旌阳上升之日，游帷观士庶群集，车马纷集，昼夜喧闻十余里，若阛阓。"[4] 朝圣者川流不息，涌至西山。朝圣期间，"每日笙管弦歌，旌旗载道，远迩皆扶老携幼，肩舆乘骑络绎于路，商贾百货之贸易，奇能异技之呈巧，茶坊酒

① 《万寿宫通志》卷之十五，明·张位撰《重建万寿宫记》，第 231 页。
② 《万寿宫通志》卷之二，第 46 页。
③ 《万寿宫通志》卷之七《省城行宫》，第 118 页。
④ 《万寿宫通志》卷之十二，第 186 页。

炉，旅邸食肆，漫山蔽野，相续十余里之间，阅两月乃稀。"① 正月二十八为真君诞辰日，"邑中多谒宫上寿。其里人有建醮称贺者，有赛灯者，有接驾迎銮，迁座尸祝者，抑又有游灯遍田野，以祈丰年，除旱涝虫蝻者，环逍遥山数十里，至今尽然。"② 清以后，前往西山万寿宫和南昌铁柱万寿宫朝圣人数更为众多，每年八月朝圣期间，以西山为中心，方圆百里的香客成群结队，以族、村、乡为团体，有组织地前往朝拜、进香。进香队伍场面宏大，昭示着大的祸患已经平息，表达了百姓安居乐业的喜悦。总之，许真君信仰的发展是由各种力量共同推动的，上至皇帝，下至官僚、文人阶层，再到底层百姓，在这些力量的推动下，许真君崇拜逐步扩大到全国，许逊也从一个地域性神灵变成全国性的大神，由江西福主成为全国普天福主。

二、净明道万寿宫兴建与发展

"万寿"一词，意为长寿，《诗经·小雅·天宝》曰："君曰卜尔，万寿无疆"。在《庄子》《楚辞》中有生动的神人或神仙的故事。传说中神仙不同于一般鬼神，不是生活在冥冥之中的精灵，而是形如常人却长生不死，是逍遥自在、神通广大的超人，他们又有不死之药可以超度世人。秦始皇求仙人仙药而不可得，汉武帝最热心于神仙方术。东汉晚期山东的一些石墓画像内容突出反映神仙思想，如仙人骑白鹿、仙人云车以及各种奇禽异兽，说明神仙崇拜已成为风俗。《老子》《庄子》都不讲炼丹和符箓，因为它们本不是道教经典，亦不追求肉体的长生不死、羽化成仙。但老子、庄子极重养生和炼神，老子讲"谷神不死""深根固柢，长生久视之道"；③ 庄子进一步发表"先天地生而不为久，长于上古而不为老"。④ 道教正是抓住、借用、发挥、膨胀了这些思想，从养生论中发展出长生论，从而形成了道教的理论体系。东汉时社会上下都流行黄老祭祀，它为道教的老子信仰打

① 《万寿宫通志》卷之十一《开朝》，第175页。
② 《万寿宫通志》卷之十一《开朝》，第174页。
③ 摘自《老子》第六章、第五十九章。
④ 摘自《庄子·大宗师》。

下了基础。汉末道教主要神化《老子》,汉以后又神化《庄子》《淮南子》,唐代又推尊《列子》《文子》,宋以后的《道藏》几乎将道家著作网罗无遗。唐代皇帝于佛、儒、道三家中特别重视道教,道教因之大盛。唐高宗李治为老君上尊号;唐玄宗李隆基崇老好道,遍立庙观;《唐六典》载,开元间"凡天下观总计一千六百八十七所"。天宝元年(742年)兴建崇奉老子的玄元庙,改名"玄元宫",可能是道"观"改名"宫"的开端。宋以后"万寿宫"或"万寿观"逐渐见载于各种史籍,到宋徽宗时,因出生之前,他父亲哲宗听说泰州道士徐神翁有预知功能,便请他预测后嗣,徐神翁说了一句"吉人君子"的话,恰巧应了徽宗赵"佶"的名字。徽宗即位后,于崇宁二年(1103年)将他召至京师,赐号"虚静先生",并为他兴建仙源万寿宫,这很可能是万寿宫走出皇宫,用于民间道观名称的开始。为了对抗辽金侵略,抑佛崇道,宋徽宗自号神霄帝君,令天下皆建神霄万寿宫,加"万寿"二字,蕴含着祝贺古代皇帝万寿无疆,保护王朝安定的用意。各地不少宫观由他赐额万寿宫,以至"万寿宫"遍天下。明清以后,在中国社会具有较大影响力的,却是源自江西,崇拜许逊的万寿宫。

以万寿宫命名祀许真君的场所源于宋徽宗政和六年(1116年)复赐御书"玉隆万寿宫"。"玉隆万寿宫"位于南昌西山,是净明道派的祖庭,其前身为1600余年前的东晋"许仙祠",由许逊族人和里人在许逊"飞升之地"所立;到南北朝时改名"游帷观";宋大中祥符三年(1010年),"游帷观"由观升格为宫,称"玉隆宫";政和六年(1116年),宋徽宗诏令仿西京洛阳崇福万寿宫式样在玉隆宫旧址上建造玉隆万寿宫,并亲书"玉隆万寿宫"匾额。

南昌铁柱万寿宫,其前身是"旌阳祠",始建于晋永嘉六年(312年),民间为了纪念许逊镇蛟之功,在传说中的"铁柱镇蛟"之地而建。"旌阳祠"的历史延续700余年。北宋曾巩重修旌阳祠时,规模有所扩大,但是,与西山玉隆万寿宫相比,旌阳祠建筑等级和规模相差甚远。直到明代,南昌铁柱宫的建筑等级规模和空间结构形态才得以根本改变。明代是多方力量汇集兴建万寿宫的兴盛时期,特别是铁柱宫受到朝廷、政府官员以及士商广泛持久的重视,地位日益上升,"为江右香火最胜"。明嘉靖二十五年(1546年),世宗朱厚熜为西山万寿宫和铁柱宫赐额"妙济万寿宫",① 从此,南昌"铁柱宫"才有"万寿宫"之名。

宋元以后,大量具有官方背景的文人和地方官员开始成为许真君崇奉活动的重要参与者。地方官员在修造万寿宫时大都明确表示不崇道教,"初非予之崇尚仙灵、表扬玄教,诚念其功德之及民,于今不朽"。② 推崇许真君只是崇德报功。随着封建王朝统治者的竭力推崇,又有江西民众对许真君的灵验传说日益笃信而产生的顶礼膜拜,许真君成为江西全社会的共同福主。江西境内净明道派万寿宫不断向各县乡扩散,许多祀许真君的场所也纷纷以万寿宫命名。如江西进贤县李渡万寿宫、江西宁都县小布镇万寿宫、江西临江镇万寿宫、江西于都县黄屋乾万寿宫等。广义的净明道派万寿宫虽然不以万寿宫命名,却是供许逊为主神的道教场所。这些场所有多种称呼,如宁州的仪翔宫、建昌的广福观、新干的招仙观、吉水的崇元观、丰城的乌石观等。

江西省境内,晋代在许逊曾经活动过的地方兴建起来的祠、观是祀奉许逊的万寿宫的前身,共有 17 所,分布在南昌周边;南北朝开始向南昌以外地区扩散;明代后期,特别是清代,凡是有许真君传说的地方,就有万寿宫存在,并由江西扩散到周边省份。明代以前江西所建净明道万寿宫 60 余座;③ 明初至万历年间,江西仅有 6 县建立净明道万寿宫;明后期至清雍正朝,江西有 15 个县建立净明道万寿宫;清乾隆时期,增加到 34 个县;清嘉庆、道光两朝,增加到 52 个县,清咸丰时期,由于战争的原因,净明道万寿宫往各县扩散的势头方被中断。据李平亮统计,明清时期共建 343 座。④ 根据江西宗教管理部门的数据,江西境内现有依法登记的道教万寿宫 83 座(表 1.1)。

表1.1 江西省现有依法登记道教万寿宫数量统计表

序号	设区市	区县	名称
1	南昌市	安义县	安义县龙安万寿宫

① 《万寿宫通志》卷之七《省城行宫》,第 118 页。
② 《万寿宫通志》卷之十四,清·岳濬《新修万寿宫碑记》,第 215 页。
③ 章文焕:《万寿宫》,华夏出版社,2004,第 109 页。
④ 陈立立等编《万寿宫民俗》,江西人民出版社,2005,第 208 页。

续表

序号	设区市	区县	名称
2	南昌市	进贤县	进贤县白圩万寿宫
3	南昌市	进贤县	进贤县焦石万寿宫
4	南昌市	进贤县	进贤县李渡万寿宫
5	南昌市	进贤县	进贤县三阳万寿宫
6	南昌市	青山湖区	南昌市青山湖区慈母万寿宫
7	南昌市	青云谱区	南昌万寿宫
8	南昌市	新建区	南昌市新建区西山万寿宫
9	九江市	柴桑区	九江市柴桑区万寿宫
10	九江市	柴桑区	九江市经开区万寿宫
11	九江市	瑞昌市	瑞昌市万寿宫
12	九江市	武宁县	武宁县大田万寿宫
13	九江市	武宁县	武宁县上汤万寿宫
14	九江市	武宁县	武宁县新牌万寿宫
15	九江市	武宁县	武宁县南岳万寿宫
16	九江市	修水县	修水县庙岭乡万寿宫
17	九江市	修水县	修水县彭姑万寿宫
18	九江市	修水县	修水县纱笼万寿宫
19	九江市	修水县	修水县上杭乡万寿宫
20	九江市	修水县	修水县渣津万寿宫
21	九江市	都昌县	都昌县万寿宫
22	九江市	浔阳区	九江市浔阳区万寿宫
23	赣州市	安远县	安远县江口万寿宫
24	赣州市	安远县	安远县龙泉湖万寿宫
25	赣州市	赣县区	赣县区韩坊镇万寿宫
26	赣州市	赣县区	赣县区湖江镇万寿宫
27	赣州市	赣县区	赣县区小坌万寿宫
28	赣州市	会昌县	会昌县万寿宫
29	赣州市	会昌县	会昌县益寮万寿宫
30	赣州市	宁都县	宁都县固村万寿宫
31	赣州市	宁都县	宁都县万寿宫老官庙

续表

序号	设区市	区县	名称
32	赣州市	宁都县	宁都县小布万寿宫
33	赣州市	上犹县	上犹县紫阳万寿宫
34	赣州市	兴国县	兴国县枫边乡万寿宫
35	赣州市	兴国县	兴国县长冈乡万寿宫
36	赣州市	兴国县	兴国县白石万寿宫
37	赣州市	兴国县	兴国县茶园万寿宫
38	赣州市	兴国县	兴国县鼎龙万寿宫
39	赣州市	兴国县	兴国县杰村乡万寿宫
40	赣州市	兴国县	兴国县良村万寿宫
41	赣州市	兴国县	兴国县隆坪乡万寿宫
42	赣州市	兴国县	兴国县圩上万寿宫
43	赣州市	兴国县	兴国县永丰万寿宫
44	赣州市	于都县	于都县黄屋乾万寿宫
45	赣州市	于都县	于都县上脑村万寿宫
46	赣州市	于都县	于都县禾丰万寿宫
47	赣州市	于都县	于都县岭背万寿宫
48	赣州市	于都县	于都县罗坳万寿宫
49	赣州市	于都县	于都县桥头万寿宫
50	赣州市	于都县	于都县小溪万寿宫
51	赣州市	于都县	于都县新陂万寿宫
52	赣州市	于都县	于都县银坑万寿宫
53	萍乡市	上栗县	上栗县长平万寿宫
54	萍乡市	上栗县	上栗县兰田万寿宫
55	萍乡市	上栗县	上栗县楼下万寿宫
56	萍乡市	上栗县	上栗县清溪万寿宫
57	萍乡市	上栗县	上栗县上栗万寿宫
58	萍乡市	湘东区	湘东区大路里万寿宫
59	萍乡市	湘东区	湘东区腊市万寿宫
60	萍乡市	湘东区	湘东区麻山万寿宫
61	萍乡市	湘东区	湘东区万寿道教

续表

序号	设区市	区县	名称
62	萍乡市	湘东区	湘东区油塘万寿宫
63	上饶市	广丰区	上饶市广丰区横山万寿宫
64	上饶市	鄱阳县	鄱阳县万寿宫
65	上饶市	铅山县	铅山县万寿宫
66	上饶市	信州区	上饶高铁经济试验区万寿宫
67	上饶市	余干县	余干县瑞洪万寿宫
68	宜春市	丰城市	丰城市伽山万寿宫
69	宜春市	丰城市	丰城市剑邑万寿宫
70	宜春市	丰城市	丰城市金凤山万寿宫
71	宜春市	丰城市	丰城市万寿宫
72	宜春市	铜鼓县	铜鼓县万寿宫
73	宜春市	宜丰县	宜丰县黄陂万寿宫
74	宜春市	宜丰县	宜丰县天雷万寿宫
75	宜春市	樟树市	樟树市经楼万寿宫
76	宜春市	樟树市	樟树市临江万寿宫
77	吉安市	吉水县	吉水县八社万寿宫
78	吉安市	吉水县	吉水县南坪万寿宫
79	吉安市	吉水县	吉水县沙元万寿宫
80	抚州市	南城县	南城县祥岗山万寿宫
81	抚州市	南丰县	南丰县董溪村万寿宫
82	抚州市	南丰县	南丰县陶田万寿宫
83	抚州市	南丰县	南丰县新圩上万寿宫

第二节　南昌西山万寿宫与南昌铁柱万寿宫建筑历史发展阶段与布局形式特征

　　江西净明道派万寿宫祖庭有两座，一是南昌西山玉隆万寿宫，具有 1600 多年的历史，另一座是南昌铁柱万寿宫，其前身早于西山万寿宫，有 1700 余年的历史。两座南昌万寿宫在漫长的建筑历史演变中，建筑规模或大或小，循环反复，屡圮屡修，最终稳定在以中轴线上的殿堂为中心，院落渗透，外围墙垣包绕的布局形制上。

一、西山玉隆万寿宫建筑历史阶段与布局结构特征

南昌西山玉隆万寿宫，简称西山万寿宫，或叫"逍遥山玉隆万寿宫"，位于许逊结庐之地、南昌城郊约30公里处的西山，它是南宋净明道的发祥地，被称为净明道万寿宫的祖庭。

西山万寿宫建筑历史可分为建筑起源、建筑荒废、建筑复兴、建筑规模鼎盛完备、建筑规模衰减、建筑规模与布局形制稳定六个阶段（表1.2）。

（一）建筑起源阶段。从东晋许逊"升天"（374年），"里人与其族孙简就地立祠"曰"许仙祠"，到南北朝时改名"游帷观"，[①]是西山许逊道派建筑起源阶段。东汉道教建筑被称为"治"，亦称"庐""靖"或"静室"，到东晋时称为"祠"，都是一间屋子，作为信徒反省或举行宗教仪式的场所。北朝周武帝时，道教的活动场所改称为"观"，意思是观星望气，与建筑规模没有太大的联系。当时的"许仙祠"应为"一祠一室"或"一观一间"（图1.2.1）。

图1.2.1 祠、观示意图 马凯绘

---

① 《万寿宫通志》卷之七《宫殿》，第106页。

表1.2 明清南昌西山玉隆万寿宫建筑形制演变及特点

年代	主要建设活动	布局形制和主要建筑特点	说明	资料来源
东晋（374年）	里人与其族孙简就地立祠	一祠一室	在逍遥山飞升之地立祠，名曰许仙祠	《万寿宫通志》，卷之七，考，第106—107页
南北朝		一观一间	改许仙祠为游帷观	《万寿宫通志》卷之四，第72页
隋炀帝年间（569—618年）			火焚观废	
唐高宗永淳年间（682—683年）	重建	合院式道观	天师胡惠超重建之，扩大了游帷观的范围	《万寿宫通志》卷之五，传，胡真人，第84页；卷之七，考，第107页
五代南唐时期（937—975年）	复修			
宋真宗大中祥符三年（1010年）	真宗赐额曰"玉隆"，赐内帑，增修观宇		升观为宫，曰玉隆宫 王安石《重建隆阳祠记》"祥符中，升其观为宫"	《万寿宫通志》卷之二，纪，第44页；卷之七，考，第107页；卷之十五，志，第225页

续表

年代	主要建设活动	布局形制和主要建筑特点	说明	资料来源
宋徽宗政和二年（1112年）和政和六年（1116年）	政和二年，加赐"万寿"二字；政和六年，诏以西京崇福万寿宫为例，敕建大殿六、小殿十二、五阁七楼、三廊七门，旁起三十六堂以处道众	以殿、阁为中心的五路并进布局形制。形成建筑规制完整，内外明确，空间有序、殿阁重叠、院落互联、功能完备的庞大道教建筑群中间三路沿轴线由南向北布置山门、钟星门、六大殿、六阁、十二小殿；东、西宫墙内侧的两旁路布局灵活变通，采用平行错开置建筑的布置方式。布置三廊、七楼、三十六堂；建七门	朝廷派承务务郎方轸监造，复赐御书曰"玉隆万寿宫"	《万寿宫通志》卷之一，第25页；卷之二，纪，第44页；卷之七，考，第107—108页；卷之十五，志，熊益华《万寿宫废兴颠末记》，第241页
宋理宗宝庆元年（1225年）	局部重修	建筑特点：1.玉册阁和敕书阁为三重檐歇山顶，其余各殿阁均为四柱三间歇山式重檐，正脊有宝瓶、脊吻，飞檐下挂风铃，丹粉刷饰，木构架部分为华丽彩画。2.高明殿前置两炉、石砌露台，带式五级台阶。3.中、东、西山门为独立柱三间三楼歇山顶牌楼，棂星门重檐歇山式四柱三间重檐歇山式牌楼		
元仁宗延祐三年（1316年）	赐内帑重修大殿		赐内帑，重修敕金兵毁环的建筑	
元泰定二年（1325年）		二殿中峙，廊序参列于前，而以左右拱翼	撤故构新，作别殿六楹：在十一真殿旧址筑重屋一区，上为青元阁，下为洞	《万寿宫通志》第107页；卷之二十五，考，柳贯《玉隆万寿宫兴修记》，第226页
元至正十二年（1352年）			红巾军火毁	

续表

年代	主要建设活动	布局形制和主要建筑特点	说明	资料来源
明洪武年间（1368—1398年）	重建正殿		草率数椽，薄修祀事	《万寿宫通志》卷之十五，志，熊益华《万寿宫废兴颠末记》，第242页
明万历年间（1573—1620年）	明万历十年至十三年（1582—1585年）重修正殿、三官殿、官门，增建逍遥逋庐等	高明殿面阔为八柱七间，重檐歇山顶		《万寿宫通志》卷之十四，志，万恭《重新玉隆万寿宫碑记》，第209页
	明万历十七年（1589年）重修三清殿等			《万寿宫通志》卷之七，考，第111页
清顺治年间（1644—1661年）	顺治十二年（1655年）廓清界址，查出明塘，重建四周宫墙；顺治十六年（1659年）建玉宸阁			《万寿宫通志》卷之七，考，第112页；卷之十五，志，熊益华《万寿宫废兴颠末记》，第242页
清康熙年间（1662—1722年）	康熙二年（1663年）重修高明殿、三清殿、玉皇阁；康熙四年（1665年）重建官门、逍遥逋庐；康熙八年（1669年）重建诺母殿，粗建关帝殿，迁建三官殿等	玉皇阁居中；东路和西路轴线先拱翼，东路轴线为三官殿，三清殿，西路轴线为正殿；于西面宫墙内侧建逍遥逋庐；西面宫墙外的北面为三路并行附属建筑等，宫外放生池的西面为大戏堂	关帝殿位于诺母殿前	《万寿宫通志》卷之一，图，第29页；卷之七，考，第107页；卷之十四，丁步上《重修玉隆万寿宫石镌记》，第217页

续表

年代	主要建设活动	布局形制和主要建筑特点	说明	资料来源
清乾隆年间（1736—1796年）	乾隆三年（1738年）重修玉宸阁，完成高明殿；乾隆四年（1739年）重修玉宸阁、三清殿、三官殿，头门三洞，并列仪门三重，新构关帝殿、东西廊房等牌楼、东西廊房等；乾隆八年（1743年）增建夫人殿，建祠楼庐室八所	形成以殿阁为中心、五路并行，各有界墙；各路院落相对独立又可相互联系的建筑群。主要建筑特点：1. 前门为八字形附墙式六柱五间三楼；仪门为四柱三间歇山式牌楼，分别对应中东西三路院落式建筑群。2. 殿阁处在中轴线上，院落包绕殿阁，中间三路第二进两侧为廊庑。高明殿为四柱三间重檐歇山顶	关帝殿建在玉皇阁之前	《万寿宫通志》卷之一，图，第31页；卷之七，第107页，第112页；卷之十八，志，董文炜《重修逍遥山万寿宫记》第318—319页
清嘉庆年间（1796—1820年）	嘉庆六年（1801年），在东路轴线第一进大殿前东侧新增文昌阁；嘉庆八年（1803年），重建山门、望仙楼	基本保持乾隆年间重修时的布局形制		《万寿宫通志》卷之七，考，宫殿，第108页；清胡执恭等编纂，王令策整理《黄堂隆道宫志》卷之十二，梁溥龙《重建逍遥山文昌宫记附》，江西人民出版社，2008年1月出版，第94页
清道光年间（1821—1850年）	道光元年（1821年）募修夫人殿；道光八年（1828年）募修真君殿并建四周院墙；道光十四年（1834年）募修玉皇阁；十五年（1835年）修谌母殿；十六年（1836年）修夫人殿；十七年（1837年）迁建文昌宫；二十三年（1843年）修三清殿，殿前建宝亭二座；二十四年（1844年）修关帝殿；二十八年（1848年）修三官殿	保持五路并行、各有界墙的院落式建筑群格局，中路轴线由二进改为三进三院，正中轴线东西两路为二进三院。主要建筑特点：1. 高明殿为面阔五间重檐歇山带回廊，双重合基。2. 在建筑群中移到面南宫墙处增设了"飞升福地"仪门的南面宫墙处增设了戏台，取消了乾隆年间中间三路第二进两侧为廊庑的形制	道光十七年（1837年），将嘉庆六年（1801年）新增的文昌阁从东路轴线建筑群中移到门外墙东，在筑群中移到门外墙东，恢复了乾隆年间形成的规整有序的布局形制	《黄堂隆道宫志》卷之一，图，梁溥龙《重建逍遥山文昌宫记附》，94页；清·同治十年《新建县志》卷之七十，寺观，玉隆万寿宫

续表

年代	主要建设活动	布局形制和主要建筑特点	说明	资料来源
清同治年间（1862—1875年）	同治六年（1867）重建西山万寿宫 同治十三年（1874年）工竣	保持道光年间五路并行、院落式建筑群形制。西路轴线两侧增加了庑廊 主要建筑特点：首次在高明殿前增加了重檐歇山牌楼式抱厦。在头门面明间南面增加了栏板，东西两侧增加了塘岸边处增建了"道岸""仙衢"两道宫门	1861年，太平军焚毁万寿宫 1867年重建，"正殿七重，旁屋及道院共数十余进，一律兴修，石池燕子前、四月呈、砖墙缭其外，于是瓦砾之故址，顿复巍焕之旧观。"	《万寿宫通志》卷之一，图，考，第108页，第37页；卷之七，《又光绪戊黄页；卷之十，四月呈、江西通志局票》第388页
清光绪年间（1875—1908年）	光绪二十九年（1903年）高明殿、关帝殿被大火烧毁 光绪甲辰年至丙午年（1904—1906年）高明殿、关帝殿、玉皇殿、诸母殿、三清殿、三官殿、逍遥靖庐、望仙楼及四周围墙垣并一一修整	保持了同治年间的格局。山门由清道光十六年的八字形无柱五楼牌楼式山门，调整为八字皆宫鼎形八柱七间五楼牌楼式山门，其中，明间三柱不落地，稍间开券门、明间为重檐式样，明间、稍间开券门		《逍遥山万寿宫通志》宣统刊本、新序

（二）建筑荒废阶段。从"隋炀帝时焚毁，观亦寻废"①到唐高宗永淳年间（682—683 年）之前，是西山许逊道派建筑荒废阶段。而地处丰城市梅林镇陇城村乌石峰的乌石观，则地位突出。"相传许旌阳飞茅策马过湖，修药炼丹于此。"②在南朝宋永初年间（420—423 年）就"始构巍殿三重"。③唐贞观二年（628 年），李世民敕"乌石观"建旌阳宝殿，④关西陈宗裕奉诏督造，次年告竣；陈宗裕撰《敕建乌石观碑记》，记载了旌阳宝殿高约 11 米，面阔约 20 米，进深约 13 米；并在旌阳宝殿后创建三清殿。此时的乌石观已经是两进大殿组成的建筑群了，而"游帷观"还处于荒废状态。

（三）建筑复兴阶段。唐高宗永淳间（682—683 年）至五代南唐（937—975 年）是西山许逊道派建筑复兴阶段。高道胡慧超来到南昌西山重建游帷观，扩大了其范围。⑤游帷观建筑由墙垣包围，有山门作为出入口，"门外凿三井，以避火灾"。⑥此时的道观为院落式建筑。

（四）建筑规模鼎盛完备阶段。北宋政和六年（1116 年），重建西山许逊道派场所，并以"玉隆万寿宫"命名，此时的西山万寿宫进入规模形制的鼎盛与完备阶段，形成自外而内、殿阁重叠、院落互联、多路轴线平行并进、外围墙垣构成院落外廓的空间形态。如果没有历史上的多次圮毁，应该是我国最大的道教建筑群之一。

汉代以后的重要庙宇多半是官立的，其建筑内容和形式作为王朝的一种基本制度，也是礼制的一项内容，为政治服务。北宋政和六年（1116 年），宋徽宗诏令按照西京崇福宫建筑式样重建西山许逊道派场所，敕造的单体建筑有六大殿、十二小殿、五阁七楼（未包括冲升阁）、三廊七门、三十六堂等。⑦按宋朝规制，

---

① 《万寿宫通志》卷之四，宋·白玉蟾《旌阳许真君后传》，第 72 页。
② 《万寿宫通志》卷之七《丰城县》，第 121 页。
③ 《万寿宫通志》卷之十四，唐·陈宗裕《敕建乌石观碑记》，第 205 页。
④ 《万寿宫通志》卷之二《御赐服物》《附：乌石峰敕诰一道》，第 49 页；卷之十四，唐·陈宗裕《敕建乌石观碑记》，第 204 页。
⑤ 《万寿宫通志》卷之七《南北朝、唐、五代》，第 107 页。
⑥ 《万寿宫通志》卷之五《胡真人》，第 84 页。
⑦ 《万寿宫通志》卷之一《图》，第 24—25 页。

皇帝敕造的建筑须按宋《营造法式》的要求营建，不论建筑物造于何地，都有图纸、法式和条例加以约束。因此，建筑式样统一，无地区性的差别。由于人力、财力和技术的集中，这些建筑能够反映当时全国最高的技术和艺术水平。第二年建成后，宋徽宗亲书"玉隆万寿宫"匾额。

北宋西山万寿宫以殿、阁为中心，五路并进。宫墙外的南面是明塘、幡杆、山门等，此为俗界；幡杆、山门之后为仙界。中间三道山门和棂星门分别对应中间三路主轴线上的建筑群，以轴线对称的方式由南向北布置六大殿、六阁和十二小殿；主要殿、阁在主轴线上递进排列。中间三路两侧的旁路布局灵活变通，采用平行错开长条建筑的方式，布置三十六堂、廊房、方丈所、库房、神厨等附属建筑和设施。

中路轴线上的中山门为四柱三间三楼歇山顶牌楼，中轴线上的布局为两进一院落，起到联系西路和东路院落的作用。东路东山门为四柱三间三楼歇山顶牌楼，中轴线上依次为东山门、棂星门、列仙殿、玄帝殿、紫微阁和敕书阁；玄帝殿南面两侧对称布置轮藏殿、冲升阁、三清殿、老祖殿。西路山门也是四柱三间三楼歇山顶牌楼，中轴线上依次为西山门、棂星门、高明殿和玉册阁；玉册阁南面两侧对称布置谌母殿、兰公殿、三官阁和玉皇阁。东山门和西山门的两侧旁路各有十八堂、廊房和方丈所、库房、神厨等附属建筑及设施。此次重建，按照北宋官式建筑的要求，六殿六阁均为四柱三间重檐歇山顶，玉册阁和敕书阁布置在最北端，在整个建筑群中等级最高，为三重檐歇山式屋顶。殿、阁均立在石台基之上，高明殿（祀许真君）前有垂带式五阶蹬道。这些布局使西山玉隆万寿宫成为内外分明、功能完备、空间有序、殿阁重叠、院落渗透、外围墙垣围合出院廓的庞大道教建筑群（图1.2.2）。

（五）建筑规模衰减阶段。元明时期为西山万寿宫建筑规模衰减阶段。元泰定二年（1325年），撤故构新，作别殿六楹：在十一真殿旧址筑重屋一区，上为青元阁，下为祠。[①] 规模远逊于北宋时期。元至正十二年（1352年），红巾军火毁

---

① 《万寿宫通志》卷之十五，元·柳贯撰《玉隆万寿宫兴修记》，第226页。

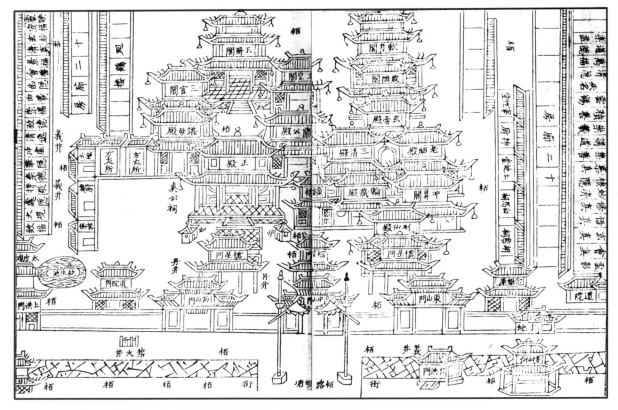

图 1.2.2 北宋政和六年敕建玉隆万寿宫之图 资料来源:《万寿宫通志》卷之一

西山万寿宫,"虽元成宗元贞元年(1295 年)欲敕修旧址,而至此则一大废矣。"[1]
与南昌铁柱万寿宫相比,明代西山万寿宫建设一直处于下风,仅在明万历年有过
昙花一现。万历十一年(1583 年),除了重建正殿、三官殿、宫门,还增建了逍
遥靖庐等;至万历十三年(1585 年)秋告竣。"正殿凡七楹,缭以石垣,华以赫
垩,广袤规制皆若故,而堂构则更新矣。"[2]首次提高了高明殿建筑等级,为面阔
八柱七间重檐歇山顶。此后的重修,又恢复了原有面阔四柱三间的等级规制。万
历十一年(1583 年)的重建没有形成一定的规模,建筑布局也不完整。

(六)建筑规模与布局形制稳定阶段。清康熙年间(1662—1722 年)重修规
模较大,共建造四殿一阁,粗建关帝殿;形成玉皇阁居中、东侧纵向中轴线上排
列两殿、西侧纵向中轴线上排列三殿的格局;并在宫墙西侧内设置了逍遥靖庐。

———————————————

[1] 《万寿宫通志》卷之十五,清·熊益华《万寿宫废兴颠末记》,第 240 页。
[2] 《万寿宫通志》卷之十四,明·万恭撰《重建玉隆万寿宫碑记》,第 209 页。

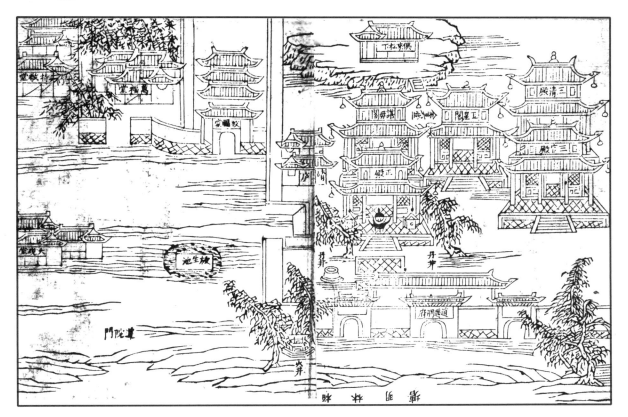

图 1.2.3　清康熙年间重兴西山万寿宫图　资料来源：《万寿宫通志》卷之一

首次在宫墙外面的放生池西侧建造了大戏堂，戏堂由数座房屋组成，戏台位于南面。在宫墙西侧外的北面还有三路并行的附属建筑。由于建筑组群布局松散，使得主路的空间统领作用不强，内外主从关系不分明（图 1.2.3）。

　　从清乾隆三年（1738 年）起，西山万寿宫进入建筑规模与布局形制稳定阶段。形成了以殿、阁为中心，五路并行、各有界墙的院落式布局形制。各路之间的院落建筑群既独立又可相互联系。时任江西巡抚甘肃临洮人岳濬主导了此处重建工程，并提出了建筑规模和布局要求："余因殿阁似五岳形势，酌定规模，分为中、东、西三大院，各建界墙……东边另建道院，为道侣栖息之所；西边鼎建逍遥靖庐及真西山先生祠宇，大小配合，共成五院，周围俱造墙垣、走廊，又建仪门三座，角门八处，一概用砖，以期历久。"①

---

①　《万寿宫通志》卷之十八，清·董文伟撰《重修逍遥山万寿宫记》，第 318 页。

　　清乾隆三年（1738 年）重建的西山万寿宫建设用地为矩形，东西长度大于南北长度。建设用地分为宫外、宫门和宫内建筑群三个部分。宫门外南面部分为俗界，有入口场地、碑亭和禁火井等。宫门部分主要由前门、套院和仪门等组成；前门为八字形六柱五间三楼附墙式歇山顶牌楼，设三门洞，门洞前有垂带式九级台阶，中间门洞上部横匾书"万寿宫"三字；北面宫墙上的仪门为三座单檐歇山式，分别对应北面中间三路建筑组群；套院由宫墙围合而成，在东、西宫墙内侧两旁路的轴线上有进入道院、逍遥靖庐、祠宇等建筑的入口。宫门北面部分为仙界，用界墙划分为五路；中间三路建筑均为两进，殿、阁位于纵向中轴线上，在第二进建筑东西两侧均有廊庑，形成殿阁纵向排列，院落包绕殿阁且相互渗透，界墙围合出院落外廊的格局。东、西宫墙内侧的两路，分别布置了道院和逍遥靖庐等建筑。中路建筑组群占地最大，首次将关帝殿置于正中轴线第一进的位置，仪门等级最高。这是因为清代统治者对关羽的崇祀有增无已，关帝被看作政权的保护神。顺治九年（1652 年）敕封关羽为忠义神武关圣大帝。雍正时，追封关羽父祖三代为公爵。乾隆三十三年（1768 年）加封关羽为"忠义神武灵佑关圣大帝"。西山万寿宫的关羽崇拜是当时的政治制度要求，也与社会氛围相合拍。清乾隆三年（1738 年，）江西巡抚岳濬"见关圣帝君法身与真君父母南北相向，夫人有上下，神有尊卑，人神一体，岂有真君孝敬父母之内庭，常屈关圣帝君为宾乎？大为失体，亟宜改建。"[①]于是，"新构关帝殿"，将其布置在正中轴线第一进，玉皇阁的前面。乾隆三年（1738 年）的建设，重新确立了西山万寿宫空间布局形态，虽然不及北宋时期的规模，但是，建筑布局规整，体系完备，空间有序，礼制规范，有着明确的轴线关系和祭祀对象，既庄重又有仪式感（图 1.2.4）。

　　在嘉庆六年（1801 年）到光绪二十九年（1903 年）的历次重修中，西山万寿宫总体布局结构仅有微小的调整，保持了乾隆年间的格局；主体建

---

① 《万寿宫通志》卷之十八，清·董文伟撰《重修逍遥山万寿宫记》，第 318 页。

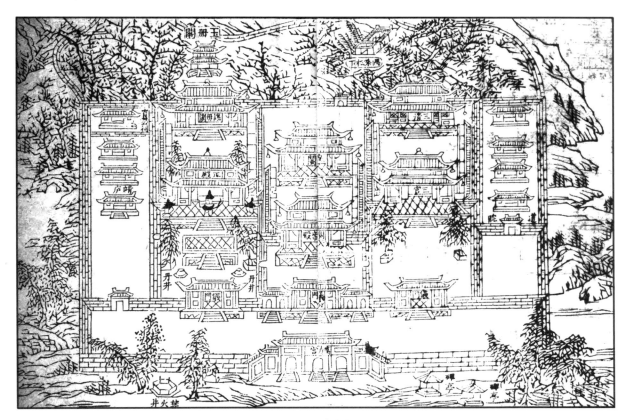

图 1.2.4　清乾隆三年重修西山万寿宫图　资料来源:《万寿宫通志》卷之一

筑等级、立面装饰和排序则不断发生变化。道光八年（1828 年）重修高明殿时，其面阔由四柱三间重檐歇山改为六柱五间重檐歇山带回廊；在"飞升福地"仪门的南面宫墙处设立了戏台。[①]道光十年（1830 年）和道光十六年（1836 年）的图表明，取消了中间三路第二进的庑廊，在正中轴线北端增加了夫人殿，形成正中轴线两殿一阁的形制（图 1.2.5）。道光十七年（1837年），将嘉庆六年（1801 年）新增的文昌阁从东路轴线建筑群中移到山门外墙之东，恢复了乾隆年间形成的轴线对称、规整有序的布局形态。[②]同治七年（1868 年）重建西山万寿宫，除关帝殿和高明殿外，供奉不同神灵的建

①　清道光《新建县志》,《黄堂隆道宫志》卷之一《图》, 第 22 页。
②　清同治《新建县志》卷七十《玉隆万寿宫》；清·胡执恫等编纂，王令策整理《黄堂隆道宫志》卷之十二，清·梁溥龙《重建逍遥山文昌宫记附》, 江西人民出版社, 2008, 第 94 页。

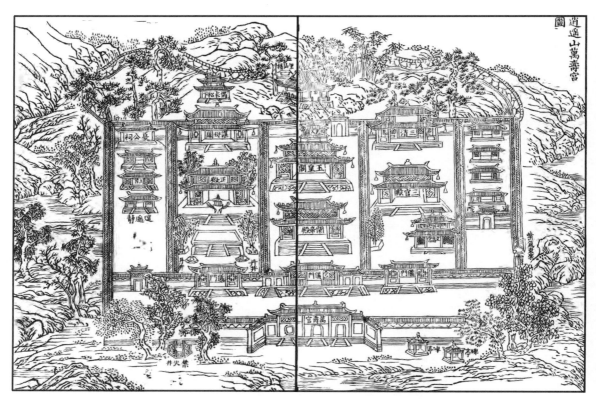

图 1.2.5-1 清道光十年逍遥山万寿宫图 资料来源：清道光十年《新建县志》卷首

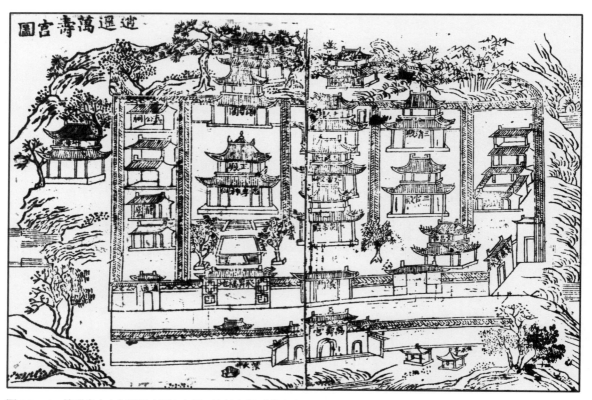

图 1.2.5-2 清道光十六年逍遥山万寿宫图 资料来源：《黄堂隆道宫志》卷之一

筑排序较道光年间的布局发生了变化：取消了阁的建筑形制，形成中路轴线三殿三院，在真武殿前廊正中增加了牌楼式抱厦；东路轴线由南向北设有三官殿、谌母殿，两侧没有庑廊；西路轴线也是两进两院，在高明殿前廊正中增加了牌楼式抱厦，夫人殿两侧有庑廊（图1.2.6）。光绪二十九年（1903年），高明殿、关帝殿被大火烧毁。在当地绅士主导下，"旌阳正殿、关帝殿、文昌宫皆鼎新重建，玉皇殿、谌母殿、夫人殿、三清殿、三官殿、逍遥靖庐、望仙楼及四周墙垣并一一修整，俾臻全美"。①

　　现在的西山万寿宫共有十二殿：高明殿、关帝殿、三官殿、谌母殿、三清殿、夫人殿、玉皇殿、财神殿、文昌殿、车神殿、药王殿、太乙殿，以及宫门、仪

图1.2.6　清同治七年重建西山玉隆万寿宫图　资料来源：《万寿宫通志》卷之一

① 《逍遥山万寿宫通志》宣统刊本，新序（此资料由西山万寿宫提供）。

图 1.2.7　西山万寿宫现状图　马凯摄

门、道德门、办公楼等建筑，占地面积 32000 多平方米（图 1.2.7）。

二、铁柱万寿宫建筑历史阶段与布局结构特征

　　南昌铁柱万寿宫位于南昌城内翠花街和棋盘街之间，为许逊治水镇蛟之处，因宫前有许逊镇压孽龙的铁柱，故称"铁柱宫"，又称"铁柱万寿宫"或"南昌万寿宫"。南昌铁柱万寿宫以许真君铁柱镇蛟、治理水患而闻名于世，地位尊崇，声名远播，与上海城隍庙、南京夫子庙同为江南三大著名宫观庙宇。

　　南昌铁柱万寿宫整体分东西两部分，东部为主体部分，其中轴线上的布局与西山万寿宫相似，以中轴线对称的方式布置殿阁和配殿、廊庑，形成庄重的宫庙格局；西部为道院等附属部分，采用以天井为中心的建筑组群布局方式，与周边店铺一起形成街道，呈现道商融合、世俗化的氛围。

　　铁柱万寿宫建筑历史经历了"一祠一室"、建筑布局形制探索、建筑布局形制成熟三个发展阶段（表 1.3）。

表1.3　明清南昌铁柱万寿宫建筑形制演变及特点

年代	主要建设活动	布局形制和主要建筑特点	说明	资料来源
晋永嘉六年（312年）	民间自发在"铁柱镇蛟"之地建祠	一祠一室		
唐懿宗咸通年间（860—874年）			赐额"铁柱观"	《万寿宫通志》卷之七，考，附：省城行宫，铁柱万寿宫，第118页
北宋真宗大中祥符二年（1009年）			赐名"景德观"	
北宋曾巩知洪州时期（1076—1077年）	修葺一新			《万寿宫通志》卷之十五，王安石《重建旌阳祠记》，第224页
北宋徽宗政和八年（1118年）			封许逊"神功妙济真君"，改名为"延真观"	《万寿宫通志》卷之七，考，第118页
南宋宁宗嘉定年间（1208—1224年）			题额"铁柱延真之宫"	
明英宗正统元年（1436年）	建韦丹祠	真君殿、韦丹祠并峙，韦丹祠位于真君殿西侧	复名"铁柱宫"，纳入官方祭祀体系	《万寿宫通志》卷之十四，胡俨《豫章许、韦二君功德碑》，第206页
明正德年间（1506—1521年）	赐金修葺铁柱万寿宫	明正德甲戌年（1514年）在真君殿后创建玄帝殿 形成中轴线上真君殿、玄帝殿、玉皇阁三进殿、阁建筑布局形式		《万寿宫通志》卷之二，纪，第45页；卷之十五，邹旸《铁柱宫玄帝殿记》，第232页

续表

年代	主要建设活动	布局形制和主要建筑特点	说明	资料来源
明嘉靖年间（1522—1566年）	两次遭火灾，化为灰烬，明世宗两次拨帑助修。嘉靖二十六年（1547年）和嘉靖四十五年（1566年）两次重建	宫门内中轴线上，由南向北依次为真君殿、玄帝殿、玉皇阁，四周宫墙，两侧无庑廊，二道宫门之间，院落两侧无祠庙，有歌舞台	嘉靖二十五年（1546年）世宗赐名"妙济万寿宫"；推测《万寿宫通志》卷之一所载末明年代的图为嘉靖年间或隆庆年间重修之图	《万寿宫通志》卷之一，图，第34页；卷之二，纪，第45页；卷之七，考，第111页
明万历庚子年至戊申年（1600—1608年）	万历二十八年（1600年）火灾，化为灰烬，在全省募捐重建	以一殿一阁为中心，形成宫内二进二院建筑群形制。真君殿和玉皇阁位于中轴线上，两侧有供奉诸仙的庑廊，钟鼓楼等，殿前有敕书亭。宫周环以墙，二道宫门，前宫墙上各设券洞三，宫门南面有明塘。前门街东西各有一蚬门 建筑特点：殿阁廊柱为石柱；增加了栏杆	首创真君殿一重，高若干，方广若干，风雨侵凌，议增廊加栏，稍淺，且便扃鐍，继前门，二门，继仙两廊铁柱池，钟鼓楼，又诸仙圣像易铜以塑，继画四壁仙迹，继建玉皇阁，门左右开瓮门。又外用墙围之，继前街，宫以内诸前辟小沼，深三尺，宫内貌美哉轮奂，庙貌焕焉，叹未尝有	《万寿宫通志》卷之十五，张位《重建万寿宫记》，第230—231页
清顺治十四年（1657年）	倡修			
清康熙年间（1662—1722年）	康熙十四年（1675年）重修			《万寿宫通志》卷之七，考，第118页

续表

年代	主要建设活动	布局形制和主要建筑特点	说明	资料来源
清雍正年间（1723—1735年）	雍正元年（1723年）毁于火，雍正二年（1724年）重修，雍正三年（1725年）竣工	形成以殿以阁为中心，宫内布三院、宫外一进一院的布局形制。宫内中轴线上，由南向北依次为真君殿、后殿、玉皇阁。两侧为东西庑，十二水府诸神祠，外有游廊，宫之后殿，左右拱翼，各三间；二道宫门内的院落东西侧有祠庙，宫门外最南端有歌舞台 真君殿六柱五间带回廊，首创真君殿重檐歇山带牌楼式抱厦，真君殿面阔25.1米，进深16.8米，高14.4米；石栏杆、汉白玉甬道；真君殿两侧附有十二殿和真人殿		《万寿宫通志》卷之一，图，第33页；卷之十五，裴傑度《重修许真君祠记》，第220页
清道光年间（1821—1850年）	癸卯甲辰年间（1843—1844年）倡修，重修二廊大殿、玉皇阁，二廊建店面二十九间等，戊申年（1848年）工竣	真君殿位于台基上，前设七步垂带式台阶连接甬道，建筑八柱七间重檐歇山前门为三滴水附墙式牌楼，装饰有两洛地柱，两垂花柱。牌楼正中一券门，侧各一券门		《万寿宫通志》卷之七，考，附省城万寿宫，第118页；清道光二十九年《南昌县志》《国朝重修铁柱万寿宫图》
清同治年间（1862—1874年）	同治十年（1871年）阖省绅商集资重修	真君殿前设垂带式七级台阶连接甬道，建筑八柱七间重檐歇山带牌楼式牌厦。前门，二门为三滴水附墙式牌楼，牌楼下设左中右三瓮门		《万寿宫通志》卷之一，图，第39页；清同治《南昌府志》，卷十三，典祀，祠庙

续表

年代	主要建设活动	布局形制和主要建筑特点	说明	资料来源
清光绪二年（1876年）、光绪三十四年（1908年）	清光绪二年（1876年）重修；添造了逍遥别馆一所。清光绪戊申年（1908年），江西总商会在万寿宫西庑附近建建劝工劝业场、会所	总体为"宫观＋天井式民居"布局方式，建筑密度高，规模大，空间复杂。在原宫内中轴线上的第一进院落布置了两组封火墙包绕的天井式建筑群，两组建筑群中间是甬道，通向十几级垂带式踏道。南北中轴线上的院落纵向重叠扩展，为五进四院式主轴线上的真君殿和玉皇阁的布局形制保持了清同治年间格局。主入口门楼立面几乎占据整个南面宫墙，歇山式屋顶起六楼，八柱不落地，券形门洞高大，门外是垂带式台阶。真君殿东侧是天井式建筑组群，西侧有通道通向西路庞大建筑组群和商业街。玉皇阁建筑等级最高，台阶中间是陛石，上面雕刻龙凤云纹	拓地数亩，大兴土木，不数月而告成，会所告成矣。于正殿西庑，工劝业之场置陈列所，一时百货麕集，光怪陆离，任来观此，如入山阴道中，应接不暇。其以此欤？加以是宫经重新修葺，金碧辉煌，丹青绚烂，益洋洋而大观也	清宣统三年（1911年）《铁柱高风图》题跋，南昌八大山人纪念馆提供（原图收藏于南昌八大山人纪念馆）

（一）"一祠一室"阶段

晋永嘉六年（312年），民间为纪念许逊镇蛟之功，在传说中的"铁柱镇蛟"之地建旌阳祠。"一祠一室"的阶段约700年。北宋曾巩重修旌阳祠，规模有所扩大。直到明代，其建筑规模和布局形制才得以根本改变。

（二）建筑布局形制探索阶段

明代是多方力量汇集，广为兴建铁柱万寿宫的兴盛时期。铁柱万寿宫受到朝廷、政府官员以及士商广泛持久的重视，地位日益上升，"为江右香火最胜"。明太祖朱元璋曾驾临隆兴（南昌）铁柱宫，英宗正统元年（1436年）又复名"铁柱宫"，将许逊纳入官方祭祀体系，每逢春秋两季，地方最高官员必须率各级官员前往祭拜，使得铁柱万寿宫既有道观传统，供道士祀神祈祷，又被列入祀典，为地方官吏祭祀备办祭品，行事宫内，儒道合一。

明嘉靖元年（1522年）南京翰林院孔目邹旸撰《铁柱宫玄帝殿记》，记载了明正德甲戌年（1514年）在真君殿后添建玄帝殿："……玄帝之神未有栖所，捐资鸠匠，命道纪邓继禹即宫之兑方增创玄帝行殿，殿设铜像及瓶几贲铺，凡既备矣，黝垩丹臒侈以金碧周缦，以甓前限以门，门外左盘龟趺，以树碑；右为炉冶，以焚楮，峥嵘壮丽，美矣至矣！"[①]玄帝殿是"增创"，说明正德甲戌年（1514年）后，真君殿与玉皇阁之间才有玄帝殿；其体量不大，高约7米，面阔和进深6米左右。从记中可知，明正德甲戌年（1514年），铁柱宫建筑规模为中轴线上二殿一阁，殿阁位于中轴线上，真君殿位于第一进，其正面两侧各有一座小型亭式建筑；殿阁两侧没有庑房，院落包绕殿阁，宫墙围合出院廓。南面入口处为两道宫墙套院形制，宫墙上各有三个券门。

《万寿宫通志》中载有一张不明年代的铁柱万寿宫的旧图，图中玄帝殿在真君殿之后、玉皇阁之前；真君殿为六柱五间重檐歇山顶，宫外的明塘南面有歌舞台（图1.2.8），可能这是明嘉靖二十六年（1547年）或四十五年（1566年）重修铁柱万寿宫时记载的图。一是图名为"铁柱万寿宫"，嘉靖二十五年（1546年）

---

① 《万寿宫通志》卷之十五，明·邹旸《铁柱宫玄帝殿记》，第232页。

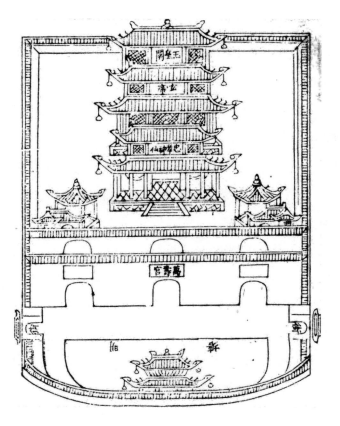

图 1.2.8　推测建造年代为明嘉靖年间铁柱万寿宫图
资料来源：《万寿宫通志》卷之一

世宗朱厚熜为西山万寿宫和铁柱宫赐额"妙济万寿宫"，[1] 自此，"铁柱"之后才有"万寿宫"的名称，因此，此图应出现在嘉靖二十五年（1546 年）之后。嘉靖二十六年（1547 年）和四十五年（1566 年）铁柱万寿宫两次火灾，宫为灰烬，世宗两次拨帑助修。[2] 嘉靖四十五年（1566 年）末，世宗逝世，考虑重建工程的时间，在隆庆年间（1567—1572 年）可以竣工，可能此图最迟绘制于此时。二是此图东西两侧只有宫墙，没有庑房，而万历二十八年至万历三十六年（1600—1608 年）重建的铁柱万寿宫，中轴线两侧有供奉诸仙的庑房，以后这种形制一直没有改变，因此可以进一步判断其为万历年之前重修的旧图。三是从明万历年到清顺治年之间没有大的重建活动。清雍正三年（1725 年）的重修，"东西庑十二水府，诸神祠六重；门外游廊左十五楹，右十八楹，水府殿二楹，宫之后殿左右拱翼各三楹。西墙外张葛萨殿五楹，官厅三楹。皆鼎建者。……宫之后殿、玉皇阁及门外歌舞台，皆仍其旧"。[3] 意思是保留了康熙年间留下的后殿、玉皇阁及门外歌舞台，其他建筑包括东西庑十二水府、三圣祠、白马祠和宫门内的院落东西两侧的祠庙皆为重

① 《万寿宫通志》卷之七《省城行宫》，第 118 页。
② 《万寿宫通志》卷之二，第 45 页。
③ 清同治《南昌府志》卷十三，清·裴律度《重修许真君祠记》。

建。康熙年间的真君殿之后是后殿，不是玄帝殿，殿阁两侧有庑房、祠庙等附属建筑，因此，此图不可能为康熙年间留下的图。以此判断，很可能在嘉靖二十六年（1547年）至隆庆年间，铁柱万寿宫中轴线的最南端就有歌舞台建筑。明万历二十八年至三十六年（1600—1608年）的重修没有涉及歌舞台，此后应该有过重修歌舞台的建设活动，只是史料上没有记载。

（三）建筑布局形制成熟阶段

此阶段有三个时间节点：

1. 明万历年间确立了宫内以一殿一阁为中心，沿南北中轴线纵深方向形成殿阁重叠、院落互联的院落式组群形制。万历庚子仲冬（1600年），铁柱宫又遇火灾，化为灰烬。大学士张位号召在全省范围募捐大修。原计划仿照金陵灵谷寺无梁殿的砖结构形式建造真君殿，以免火灾，因没有合适的工匠，只能作罢。万历戊申冬（1608年）重建工程竣工，张位撰《重建万寿宫记》。[①]从张位的记中可知，万历年间的重修，南北中轴线上的空间序列依次为明塘（水池）—广场及前街—带套院的两道宫门—宫内第一进院落—真君殿—宫内第二进院落—玉皇阁。真君殿和玉皇阁轴线两侧对称布置供奉诸仙的庑廊、钟楼和鼓楼。南面前街东西两侧各开一个瓮门，供市民出入。当时重建活动没有涉及到歌舞台。此次重建，突出了真君殿的主体建筑地位，扩大了真君殿南面的外廊进深，以防风雨侵袭，且便于通行；殿阁廊柱改为石柱以免火患，增加了外廊栏杆。

2. 清雍正三年（1725年）完成的重修，形成宫墙前门之外一进一院、宫内三进三院的布局形制。宫内中轴线上的布局为两殿一阁，由南向北依次排列真君殿、后殿和玉皇阁（注：图中未出现后殿，记中有描述）。首创真君殿六柱五间重檐歇山带牌楼式抱厦。扩大了中轴线两侧附属建筑的规模，东西两侧庑房有水府祠，真君殿左右有十二殿和真人殿，后殿东西两侧有面阔三间的配殿，宫门内的套院东、西两侧有供奉诸神的祠观。宫门外的最南端为歌舞台，在西侧宫墙外围添加了附属建筑组群（图1.2.9）。

3. 清道光二十九年（1849年）重修的铁柱万寿宫图记表明，此时建筑规模

① 《万寿宫通志》卷之十五，明·张位《重建万寿宫记》，第230—231页。

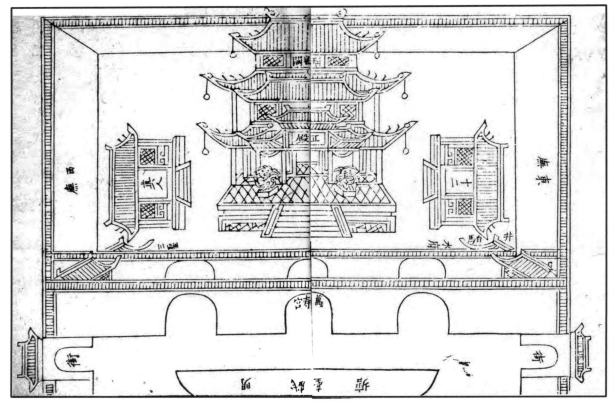

图 1.2.9　清雍正三年重建铁柱万寿宫图　资料来源:《万寿宫通志》卷之一

格局和布局形制已经成熟。南北中轴线上仍然分宫外和宫内两部分;宫外为三合院式建筑组群, 带套院的两道宫门形制没有改变, 但是正中轴线上的入口由墙垣式门洞改为附墙式牌楼, 牌楼正中之下有一个券形门洞;两侧仍然保持原有墙垣式券门形式;恢复了明万历时期宫内中轴线上的布局形制, 宫内中轴线上为两进两院。两侧庑房供奉诸神, 且有外廊相互联系;真君殿和玉皇殿均为八柱七间重檐歇山, 又一次提高了主体建筑等级地位 (图 1.2.10)。

同治九年 (1870 年) 开始的重修, 保留了道光年间的布局形制, 取消了墙垣式券形门洞形制, 两道宫门改为三滴水式门楼, 中间部分高高升起, 巍峨雄伟, 牌楼下设左中右三个瓮门。恢复了雍正三年 (1725 年) 真君殿带牌楼式抱厦的形式, 真君殿和玉皇阁为八柱七间重檐歇山带牌楼式抱厦 (图 1.2.11)。

宣统三年 (1911 年) 绘制的《铁柱高风图》反映了光绪二年 (1876 年)、光绪三十四年 (1908 年) 两次重修与添加建筑的面貌。中轴线上的空间布局复杂, 规模与密度大大超过同治年间。南北中轴线上的院落纵向重叠扩展, 为五进四

037

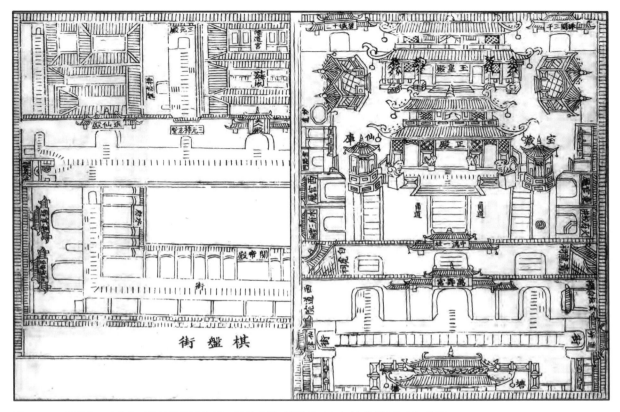

图 1.2.10 清道光二十九年重修铁柱万寿宫图 资料来源：清道光二十九年《南昌县志》卷首

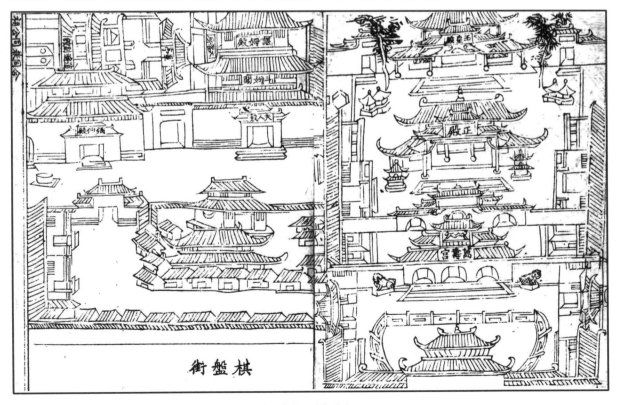

图 1.2.11 清同治十年重修铁柱万寿宫图 资料来源：《万寿宫通志》卷之一

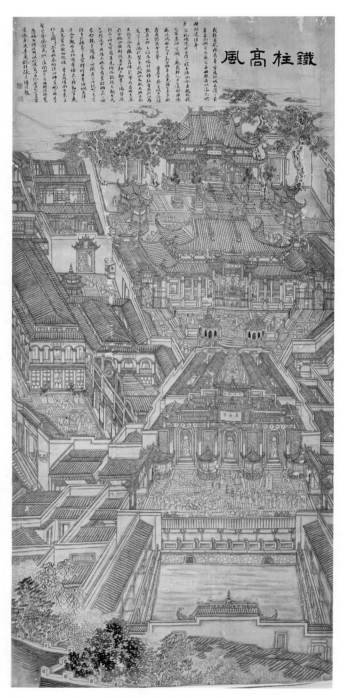

图 1.2.12　宣统三年《铁柱高风图》　南昌八大山人纪念馆提供

院。山门门楼起六楼，八柱不落地，券形门洞高大，门外是垂带式台阶，立面几乎占据整个南面宫墙。在原宫内第一进院落布置了两组天井式建筑群，其外围用封火墙包绕，两组建筑群中间是甬道，通向十几级的垂带式蹬道。封火墙北面各有一门，可进入正殿两侧通廊和东西两路建筑组群。真君殿形制不变，仍然为八柱七间重檐歇山带抱厦，其前廊两侧台阶与真君殿两侧通廊相通，从通廊也可进入玉皇阁，玉皇阁的院落为二合院，大殿保持八柱七间重檐歇山带抱厦形制，其台阶中间是陛石，上面雕刻龙凤云纹。从通廊前的通道也能进入西部道院等天井式建筑组群，建筑组群与店铺构成街道。东侧旁路用地狭窄，沿南北纵向排列天井式组群，形成墙外有屋、屋外有墙的格局。《铁柱高风图》表明，围墙采用了江西传统民居封火墙的组合形式，有三花、五花和猫弓背式封火墙等形式。此外，前街东西两侧瓮门改为牌楼式入口（图1.2.12）。民国四年（1915 年），铁柱万寿宫旁边的店铺失火，两座大殿被毁，省、市各界集资重修，历经 5 年方才完工。真君殿仍然为八柱七间重檐歇山带牌楼式抱厦（参见图 2.1.1）。

抗日战争期间，南昌沦陷，万寿宫损坏严重。中华人民共和国成立后，南昌市商会主持整修铁柱万寿宫，1970 年铁柱万寿宫被毁，后改建为南昌二十一中。2013 年，南昌市政府打造万寿宫历史文化街区，在原址上以同治年间的布局形制为蓝本重建了铁柱万寿宫。

第三节　江西其他净明道万寿宫建筑布局结构特征

分布于江西县乡的净明道万寿宫建筑布局主要有廊庙型、祠宇型和传统住宅型。

一、廊庙型

所谓廊庙型即主体建筑之间有庭院式回廊，其两侧配殿外侧有长廊，形成廊院，并与庭院式回廊相通，中轴线上的主体建筑至少为三进。《净明宗教录》作为青云谱净明道道观的经文教义，对道院建筑有明确的要求："俨若廊庙之制，或三进、七进、九进以合阳数，或重楼宝级，云台花榭，不亚天都。"[①] 以明代宗室后裔朱道朗为首的南昌青云谱道观道人，是净明道派的一个支派，从一开始就有全真道介入，拥有系统的道派戒规、修炼方法及斋醮科仪。该派崇奉吕洞宾，吸收了全真道很多成分。清顺治十八年（1661 年），朱道朗在南昌梅湖岸边重建道院，改名"青云圃"，此后屡有修缮。清嘉庆十九年（1814 年）再次修缮，并更名"青云谱"，沿用至今。青云谱道观坐北朝南，整体布局西部为道观，东部为园林。道观部分由中路三进主体建筑和许祖殿东面的三官殿、斗姥阁组成。中轴线上的主体建筑以天井为中心，自南向北依次为关帝殿、吕祖殿和许祖殿。天井两侧为配殿，供奉全真派南宗、北宗的祖师以及净明道派十二真君。配殿两侧都

---

① 陈立立整理，清·胡之玟编纂《净明宗教录》卷九《道院》，江西人民出版社，2008，第 216 页。

图 1.3.1-1　南昌青云谱道观航拍图　马凯摄

（左）图 1.3.1-2　青云谱道院的长廊　马志武摄

（下）图 1.3.1-3　青云谱道院建筑回廊　马志武摄

图 1.3.2　青云谱道院天井　马志武摄

有朝向天井的檐廊，与相邻庙堂檐廊连通，形成回字形走廊；配殿外侧的檐廊朝向园林，从关帝殿前廊进入长廊，直通许祖殿的前廊，将主体建筑和两侧配殿包围在内部，形成内有回字形走廊、外有长廊的廊庙式道院（图 1.3.1）。青云谱建筑群体量均衡，三座主体建筑之间均为天井，围合出的天井尺度宜人，天井内莳花植树，幽静雅致（图 1.3.2）。地面铺砌、花坛、建筑台基等处理简约精细，木构架构造清晰明了，木装修色彩以褐色为主，额联增添了建筑文化的内涵。建筑外墙为清水墙，墙基为当地的红石，小青瓦屋面，外观显得朴素大方。建筑周围古木参天，林木葱郁，园林主题植物为竹、荷花、樟树，与周边环境协调。体现了"精而不华，素而不饰，从简而有文，朴而有理"的格局。[1]

① 　陈立立整理，清·胡之玟编纂《净明宗教录》卷九《道院》，江西人民出版社，2008，第 216 页。

二、祠宇型

（一）"庭院 + 天井"式

聚族而居是江西古代乡土聚落最明显的特征，因而江西村落宗祠特别多。宗祠的基本功能是供奉宗族祖先的神位，定时祭祀。通常江西宗祠从前到后主要有三部分：一是门屋；二是享堂，或称拜殿，是家族举行祭拜仪式的地方；三是寝堂，是供奉祖先神位的地方。第一进和第二进之间通常是庭院，第二进与第三进之间是天井，庭院与天井两侧一般有走廊或厢廊。分布于江西县乡的净明道派万寿宫一般将宗祠的享堂作为拜殿，将宗祠的寝堂作为真君殿。通常第一进和第二进之间为庭院，第二进与第三进之间是天井，故此类布局为祠宇型"庭院 + 天井"形制。

临江万寿宫位于江西省宜春市樟树市临江镇府前街居委会万寿宫街 8 号，始建于明洪武年间，明、清、民国历代都有重修。三路轴线并行布局，左右两路为配殿和附属房屋，内供"释、道、儒"等塑像。建筑通面阔 23 米，通进深 59 米，占地面积约 1385 平方米。中路为"庭院 + 天井"组合，由山门、过厅、戏楼、庭院、真君殿、天井、玉皇殿和庭院两侧的看楼组成（图 1.3.3）。

江西赣南地区是许逊信仰的重要地区之一，万寿宫在许多县乡有着广泛的分布，承载着客家人对许真君的信仰与敬奉。赣南农村至今还有 30 座依法登记的祀许真君的道观。江西省宁都县小布镇万寿宫始建时间无考，明嘉靖年间，当地就流传许真君在此显灵的传说。清嘉庆十八年（1813 年）重建小布万寿宫，总占地面积 1400 余平方米。宫内墙上嵌有清嘉庆十八年《小布许真君庙碑记》，记载了小布数十个村不同姓氏的客家人选择许真君作为共同崇奉的神明的经过。小布万寿宫由小布、黄陂、大沽、洛口、钧峰、永丰上溪等八乡七十二村半共二百八十四个自然村的村民集资兴建，现在还有七十二村半理事会，其聘请道士管理宗教场所。小布万寿宫坐西南朝东北，在庭院处将万寿宫分为两部分。第一部分以戏台、观众席为主，戏台位于中轴线上的外围墙垣内侧，台基较高，有专门的台阶上下，戏台后台为演员用房。戏台两侧为架空的看楼，当地称为"酒楼"，是有钱人品茶喝酒观戏的雅座，各有楼梯联系。观众席四周开敞，上有歇

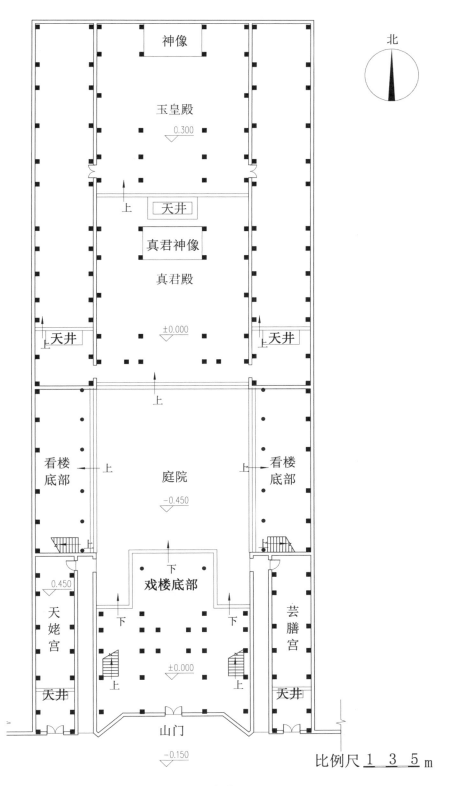

北

神像

玉皇殿
▽ 0.300

上 天井

真君神像

真君殿
▽ ±0.000

上 天井   上 天井

看楼
底部   庭院   看楼
底部

▽ −0.450

戏楼底部
0.450

天
姥
宫   ▽ ±0.000   芸
膳
宫

天井   上   上   天井

山门
▽ −0.150

比例尺 1 3 5 m

图 1.3.3　宜春樟树市临江镇万寿宫平面图　马凯绘

图 1.3.4-1　宁都县小布万寿宫航拍图　马凯摄

图 1.3.4-2　小布万寿宫戏台与观众席　马志武摄

图 1.3.4-3　从过厅看小布万寿宫高明殿　马志武摄

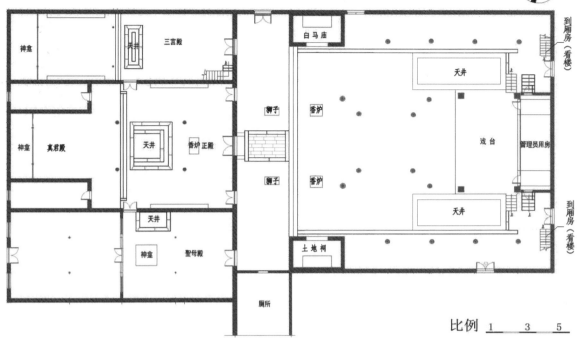

图 1.3.4-4　赣州宁都县小布万寿宫平面图　马凯绘

山式屋顶，可全天候观看演出。观众席的西南处是庭院，庭院左侧是白马庙，上设钟楼，庭院右侧为土地祠，上设鼓楼，祠前有两座化钱炉。庭院之西南为第二部分，外有界墙，并行三路纵向布局，中路山门通向前殿和高明殿。左右两路为三官殿、谌母殿，分别有一个入口，三路之间有侧门横向联系。入中路山门后，为两进一天井，拜殿面阔三间约 8.9 米，进深约 4.8 米，明间上有藻井。拜殿通过天井两侧走道与高明殿前廊相连，前廊面阔三开间约 8.9 米，进深 2.1 米。高明殿实为"一堂两内"形式，明间正面敞口，面阔 6.2 米，进深约 7 米，其上方有藻井，两侧是厢房。神龛位于明间后墙处，许真君神像居中（图 1.3.4）。

（二）天井式

江西乡村规模小一点的祠堂，没有专门的寝堂，祖先神位设置在拜殿后墙前的神橱里。例如江西永丰县欧阳文忠公祠堂，始建于宋，多次重修，现在的祠堂为清嘉庆年间重修，坐北朝南，砖木结构，硬山墙式；布局为二进一天井，面阔三开间，通面阔 15 米，通进深 29.5 米（图 1.3.5）。规模较小的万寿宫和江西小

图 1.3.5-1 吉安永丰县沙溪镇西阳宫欧阳文忠公祠 马志武摄

图 1.3.5-3 欧阳文忠公祠入口上的藻井 马志武摄

图 1.3.5-2 欧阳文忠公祠平面图 马凯绘

型宗祠一样，将拜殿和真君殿合为一处；许真君神像设在拜殿内，拜殿为敞口厅，有前廊，向天井敞开；神像位于一个三面围合，正面敞开的空间内，一般靠后墙设置。

江西省兴国县良村万寿宫为小型宗祠布局形制，位于兴国县良村镇约溪村街上组，始建于清嘉庆六年（1801年），清咸丰六年（1856年）重修，由当地村民集资所建，至今还作为当地村民从事宗教活动的场所。良村万寿宫占地面积460平方米，坐西朝东，砖木结构，布局为两进一天井（图1.3.6）。与江西一些宗祠在门屋处设置戏台一样，良村万寿宫在山门内设置戏楼，进入山门，有一通高过厅，前为戏楼架空层，可以通行；左右有通向两侧架空的廊楼通道，与第二进房子的前廊形成回字形走廊。戏楼面对天井，两侧的廊楼二层成了看戏的地方，称为看楼。戏台为品字形，

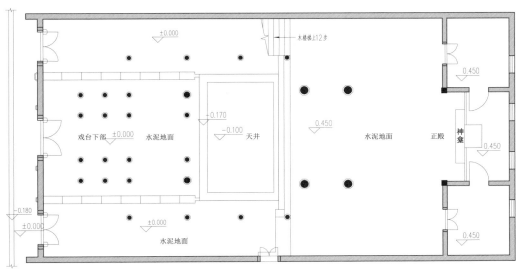

比例 1　3　5 m

图1.3.6　兴国县良村万寿宫平面图　马凯绘

图 1.3.7　兴国县良村万寿宫敞口厅及后墙神龛　马志武摄

可三面观看演出，戏台上有藻井和彩画，有"出将""入相"两门和作为后台的耳房，耳房与两侧的看楼连通。第二进为面向天井的敞口式拜殿，其面阔三间约 13.2 米，进深约 9.5 米；拜殿外廊的檐口下有斗拱，出挑深远。敞口厅明间后面有一凹入式空间，进深很浅，为设置神龛所用，神龛靠近后墙；两侧次间是厢房，房门面向拜殿开启（图 1.3.7）。

江西省兴国县兴莲乡官田村万寿宫始建于 1902 年，坐东朝西，砖木结构，由附近村民集资所建。两进一天井布局形制；第一进为戏楼，设在门屋内，入山门有一通高过厅，前为戏楼架空层，可以通行；左右有通向底层架空的看楼走廊，与第二进建筑的前廊形成回字形走廊，前廊进深约 2.5 米；祀许真君活动在拜殿举行，其面阔 6.57 米，进深近 10 米，神龛在拜殿的后墙；拜殿两侧为厢房（图 1.3.8）。

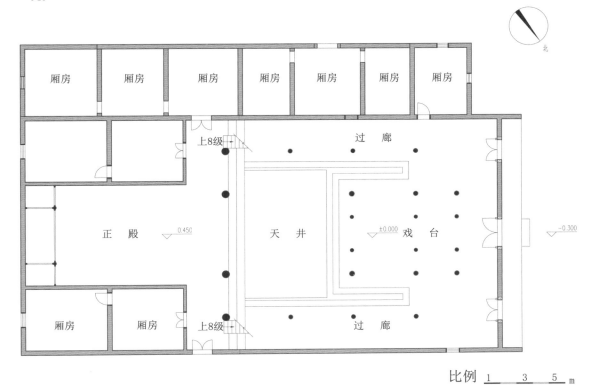

厢房	厢房	厢房	厢房	厢房	厢房	厢房

上8级

过　廊

正　殿　▽0.450

天　井

▽±0.000　戏　台

▽-0.300

上8级

过　廊

厢房　厢房

比例 1　3　5　m

图 1.3.8-1　兴国县兴莲乡官田村万寿宫平面图　马凯绘

北

图 1.3.8-2　兴国县兴莲乡官田
村万寿宫山门内的通高过厅
马志武摄

三、传统住宅型

宗祠由住宅而来，位于村落的小型万寿宫常采用中小型传统住宅布局形制，内部不设戏台，简单实用。江西中小型传统住宅平面布局的显著特征：一是以天井为中心，形成以"进"为单元的组合形式。二是"一堂两内"式布局，即"一明两暗"，明间为堂屋，作为家庭的日常起居和餐厅空间，其面向天井敞开，堂屋前廊进深一般在2.5米左右；通常在堂屋后墙处设置神位，用于祭祖；堂屋两侧的次间为住房。三是天井两侧或是厢廊，或是向天井开敞的檐廊。

江西省于都县葛坳乡黄屋乾万寿宫始建年代不详，清乾隆、咸丰年间两次重修，均由当地村民集资建设，现存清乾隆四十七年（1782年）青石碑一通，镶嵌在宫内墙体上。在当地的传说中，黄屋乾曾经是许真君显真身的地方，因此黄屋乾万寿宫成为周边地区信徒进香朝拜的圣地，至今仍然是赣南现存净明道派万寿宫之中香火最旺的一座。主体建筑建在半山坡上，有高大的台阶通向山门；山门是黄屋乾万寿宫唯一遗留下来的清代建筑物，山门上的浮雕图案涉及的宗教内容全是关于许逊信仰的形象展现。进入山门是过厅，相当于住宅的下堂，其通向前方的穿堂和两侧走廊，过厅进深3米，其上方有一藻井；过厅前方的穿堂是江西民居中采用的不露明天井形式，其上方歇山式屋顶从四周屋面升起，用高窗采光；第二进建筑为"一堂两内"布局，堂屋前的前廊面阔三开间，总面阔约11.81米，进深2.2米；放置真君神位的堂屋明间面阔约5.81米，进深约9米，两侧次间为面阔3米的厢房，厢房门向堂屋前廊开启；神龛在堂屋后墙处，有三尊神像，许真君神像居中（图1.3.9）。

江西吉安新干县七琴镇万寿宫为两路轴线并行布局方式，主路为传统住宅布局方式，由门廊式入口进入过厅，即住宅的下堂；第二进建筑为"一堂两内"式布局，有前廊，明间是堂屋，作为祭祀空间；两次间为辅助用房，神像位于堂屋后墙。中轴线上的通廊面阔与堂屋明间面阔相同，将下堂和上堂连成工字形平面。天井在通廊两侧，天井另外两侧也有檐廊，连接过厅和堂屋前廊，形成天井内侧有工字廊，天井外侧有回廊的布局方式（图1.3.10）。

以上布局类型及实例见表1.4。

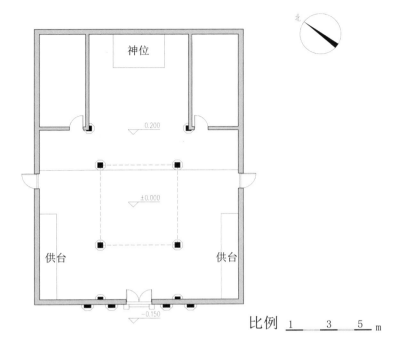

图 1.3.9　赣州于都县葛坳乡黄屋乾万寿宫平面图　马凯绘

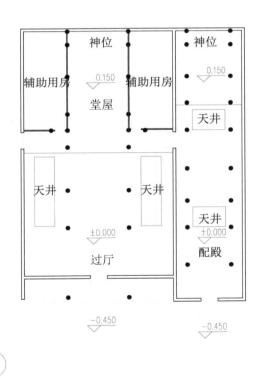

图 1.3.10　江西吉安新干县七琴镇万寿宫平面图　马凯绘

表1.4　净明道万寿宫布局类型及实例

类型	名称	平面结构	特点
宫观型	南昌西山万寿宫		以体量高大的殿阁为中心，殿阁四周被院落环绕，各路之间都有界墙分隔，界墙构成矩形院落外廊
	南昌铁柱万寿宫		中轴线上殿堂重叠，院落互联

续表

类型	名称	平面结构	特点
廊庙型	南昌青云谱道观		主体建筑在中轴线上，两侧有配殿、廊庑，形成内有回廊、外有长廊与主体建筑前的横廊连通的回廊
祠宇型（庭院＋天井）	赣州宁都小布万寿宫		通常主路第一进围绕庭院布局，第二进围绕天井布局

续表

类型	名称	平面结构	特点
祠宇型（庭院＋天井）	宜春樟树临江万寿宫		通常主路第一进围绕庭院布局，第二进围绕天井布局
祠宇型（天井式）	赣州兴国兴莲万寿宫		围绕天井布局，一般为二进一天井

续表

类型	名称	平面结构	特点
祠宇型（天井式）	赣州兴国良村万寿宫	正殿 天井 看楼 看楼 戏台	围绕天井布局，一般为二进一天井
传统住宅型	赣州于都黄屋乾万寿宫	神位 堂屋 供台 过厅（倒座）供台	采用江西天井式民居中的中小型住宅布局形制，通常只有一进天井

续表

类型	名称	平面结构	特点
传统住宅型	吉安新干七琴万寿宫		采用江西天井式民居中的中小型住宅布局形制

第四节　会馆万寿宫由来与发展

　　会馆是明清政治、经济、社会和文化变迁的产物，也是同乡籍人在异乡设立的一种有固定专属建筑物的自治社会组织，致力于异地同籍乡人情谊的维系和互助。江西会馆的兴起、繁盛与衰落，经历了一段漫长的历史过程，明初至中叶是江西会馆的形成时期，依据目前已发掘的史料，最早出现的江西会馆可上溯到明永乐年间（1403—1424 年），首先是江西浮梁人在北京设置了会馆。浮梁会馆"在北京正阳门外东河沿街……明永乐间邑人吏员金宗舜鼎建"。[①] 明中叶到清咸同时期，江西工商会馆、移民会馆纷起频出，江西会馆进入全盛时期，会馆在数量、区域分布和规模方面不断扩大。根据记载和不完全统计，明清时期江西会馆有 1000 余所，其中省外 800 余所，大部分以万寿宫命名，分布广泛，清末江西

―――――――――――

① 清·乔桂修、贺熙龄纂《浮梁县志》卷五《京都会馆》，清道光三年刊本。

会馆步入衰微蜕变时期，直至 1949 年随着社会的变迁而退出历史舞台。

何炳棣把会馆分为试馆、工商会馆和移民会馆三类，提出"会馆是同乡人士在京师和其他异乡城市所建立，专为同乡停留聚会或推进业务的场所，狭义的会馆指同乡所立的建筑，广义的会馆指同乡组织"。[①] 按其分类概念，本书将江西会馆分为京师江西会馆、江西工商会馆和江西移民会馆。将京师会馆单独列出的原因是其主要由在京的江西府县官绅试子会馆组成；当时在南昌等府也有试子会馆，由于建筑规模太小，故不予讨论。本节通过分析不同性质的江西会馆，阐明会馆万寿宫产生的背景、区域分布与发展特点。

一、京师江西会馆

明清时期的会馆最早产生于北京，各地在北京的会馆称为京师会馆或京都会馆。"京师为首善之地，凡四海辐辏而至者，莫不求一栖息之所。"[②] 吕作燮先生在《试论明清时期会馆的性质和作用》一文中罗列了明代各省会馆在北京的数目，指出明代江西在北京的会馆有 14 所，占北京会馆总数的 34% 强。[③] 从清入关到清乾隆年间，江西会馆有 66 所，占北京会馆总数的 1/3。[④] 光绪《顺天府志》统计清光绪年间在北京的江西会馆有 64 所，据吕作燮先生的考证，光绪时已废江西会馆 13 所，还有 51 所。[⑤] 尽管如此，各省在北京的会馆数量仍以江西为第一。清末至民国时期的北京江西会馆有 72 所，[⑥] 但房产却在渐渐地流失，规模也在慢慢地缩小。

明清时期江西在北京总共建立会馆 112 所（未计通州 2 所、江西婺源县 3 所、民国初年建立的 3 所），按会馆性质划分，有官绅试子会馆 107 所；官绅试子会馆

① 何炳棣：《中国会馆史论》，台湾学生书局，1966，第 11 页。
② 清·陈纪麟、汪世泽纂《南昌县志》卷二《京都会馆》，清同治九年刊本。
③ 南京大学编《中国资本主义萌芽问题论文集》，吕作燮《论明清时期会馆的性质和作用》，江苏人民出版社，1983，第 177 页。
④ 章文焕：《万寿宫》，华夏出版社，2004，第 148 页。
⑤ 南京大学编《中国资本主义萌芽问题论文集》，吕作燮《论明清时期会馆的性质和作用》，江苏人民出版社，1983，第 180—181 页。
⑥ 《中国会馆志》编委会编《中国会馆志》，方志出版社，2002，第 77—80 页。

的专祠 3 所，明初设立的 1 所专祠毁于明末，到清代只有 2 所；城内祀许真君的铁柱宫及附产萧公堂 1 所；行业会馆 1 所。①

（一）官绅试子会馆

官绅试子会馆以固定的馆邸供科举试子和进京官绅驻足，也为同籍乡人和在京任职的官僚聚集提供服务。官绅试子会馆的设立与维持主要由在京任职的本籍官员和亦儒亦商的士人发挥作用，还有就是用钱买得功名的商人。会馆属于捐资的公产。

官绅试子会馆源自明代官员易籍就任制度的规定，凡为官京城者都要自择居邸，或购置，或租借，退休后须返回原籍。因而最初的会馆既是外地在京任职的官员居住地，也是在京任职的同籍官员聚集场所。永乐十三年（1415 年），明政府决定将三年一次举行的科举考试地点由南京迁往新都北京，此后明清科举考试地点都设在北京，直至科举考试废除。国家按例为各省举子赴京考试提供一定的车马费，不提供食宿。三年一次的会试，平均每次进京应试的至少有六千余人，食宿成为应试举子的大问题。这种现象引起了已经考中进士、身为朝中官员同乡的关注和同情。来自不同地域的官吏非常渴望自己乡井的子弟科举及第以便入朝为官，于是他们邀集同乡中的官宦、亦儒亦商的士人等合力集资，或捐自宅，或在北京城里购置地产、修建房屋，以固定的馆邸供来京的同乡应试举子居住，也为同籍京官聚集、本邑官员进京入觐者驻足、应试后听候分配到外省上任的新官暂住之用。江西是科举兴盛之省，以读书为重，以中举、入仕为荣。根据《江西进士》明清进士名录，自洪武四年（1371 年）到崇祯十六年（1643 年）江西总共产生文进士 2910 人；清代，江西总共产生文进士 1727 名。② 虽然与明代相比，清代有所下降，但在全国仍然排名前列。科举的持续旺盛促进了江西传统科举文化的发展。由于江西对科举的高度重视，同籍举子中进士后，全家乃至全族、全乡沾光，因此，包括官绅在内的社会群体都愿意出资出力，为的是本乡的试子有朝一日能惠及乡里，这形成了江西府县不断在北京兴建官绅试子会馆的风气。

---

① 参见白继增、白杰《北京会馆基础信息研究》，中国商业出版社，2014，第 278—285 页。
② 江西省地方志编纂委员会办公室编著《江西进士》，武汉大学出版社，2018，第 224—270 页。

从建筑使用功能来看，江西在北京的官绅试子会馆建筑主要有三种类型：

1. 居住型

专供同乡试子或进京入觐的本邑官员居住的会馆称为居住型会馆。这些会馆都是在购买旧宅的基础上加以改扩建，为北京四合院中小型住宅形式，一般规模较小。南州别墅是南昌县的会馆，位于长巷下头条胡同，始建于明隆庆、万历年间，与南昌会馆相对而立，只有正房六间，仅可住五六人（图 1.4.1）；南昌东馆也是始建于明隆庆、万历年间，位于长巷上四条胡同，有正房十二间，约可住十人。[1] 南城县京师会馆始建于明代，位于正阳门外长巷三条胡同，会馆只有十二间房间。[2] 弋阳县京师会馆位于长巷胡同，"明嘉靖二年（1523 年）邑绅汪少保兄弟捐资三百五十两买李姓基地，建屋两楹两廊各八间"。[3] 浮梁会馆，所购旧址为北京合院式住宅，建设用地为梯形平面，背南面北，"自门至后堂凡三层，东西皆有厢房，为地深七丈一尺，北阔三丈二尺，南阔五丈二尺余"。[4] 明代封建等级制度森严，对建筑面阔与梁架有明确的规定，建筑面阔不过三间。以此推算，浮梁会馆北面为入口，用地面积

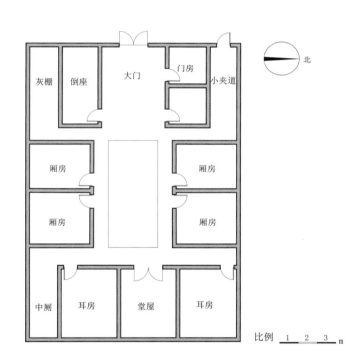

图 1.4.1　清道光十六年的南州别墅
马凯根据清同治九年《南昌县志》卷之二绘制

①　清·陈纪麟、汪世泽纂《南昌县志》卷二《京都会馆》，清同治九年刊本。
②　清·孟焆等修，黄佑等纂《建昌府志》卷十八《公廨》，清乾隆二十四年刊本。
③　清·蒋继洙等修，李树藩等纂《广信府志》卷二之一《公廨》，清同治十二年刊本。
④　清·乔桂修，贺熙龄纂《浮梁县志》卷五《京都会馆》，清道光三年刊本。

330余平方米；自门到后堂有三进建筑，第一进建筑安排入口大门和附属用房，第二进建筑安排中门和两侧的房间，第三进建筑为后堂，两进院落进深较浅，院落两侧有厢房，房间数量少。

2. 居住与礼仪宴集并重型

此类会馆房间数量较多，有两进以上的院落。馆内安排客厅、正厅、左右厢房、试子用房、厨役、花院等；在保障试子或进京入觐的本邑官员居住同时，兼有在京同籍官员聚会、议事、祭祀和应酬客人的功能。一般按三轴线并行布局，例如上高县和新昌县合建的上新会馆，在中厅后按三轴线并行布局。上高县和新昌县合建的原会馆在北京草厂胡同，仅三小间，地偏潮湿又狭小。明万历丁未年（1607年），两邑合议，卖掉草厂胡同的旧馆，用其价款生息，另筹款购买吉安府旧馆进行重修。吉安府旧馆"蕨基宽广，舍宇轩昂"，[1] 位于正阳门外的长巷下四条胡同内最好的位置，离内城很近，生活方便。明末上新会馆被附近侵占，后经同籍在京任职的官员调解赎回。清康熙乙丑年（1685年），上高、新昌两邑清查基址，大小房屋并铺面共四十余间，以后屡有修葺。从清同治九年《重修上高县志》[2] 记载中得知，上新会馆是四合院式建筑，围墙将会馆封闭，围墙外有店铺8间，围墙内有店铺6间，会馆大门位于南面围墙东侧。北京四合院大门一般安排在东南，按形制为如意门。围墙、店铺和面阔五开间的前栋围合成第一进院落，厨房紧靠前栋的西面山墙；第二进院落由前栋、中栋和东面的厢房、西面的围墙围合而成，中栋为面阔三开间的客厅，应是聚会、议事、祭祀同乡儒家先贤的场所；第三进呈三轴线布局，中路轴线的院落由中栋、面阔三开间的上栋及院落两侧位于东、西方向的建筑山墙和围墙围合而成，东西两路的东园和西园由堂屋、正对堂屋的下房等围合而成。上栋为来宾用房，应是同籍京官休闲之处，上栋东西两侧的堂屋应是客人起居之处，东园堂屋的对座和西园的下房为客房，科举考试时，为进京试子所用（图1.4.2）。

---

① 清·冯兰森等修，陈卿云等纂《重修上高县志》卷三《会馆》《上新会馆缘由记》，清同治九年刊本。

② 清·冯阑森等修，陈卿云等纂《重修上高县志》卷三《会馆》《京师会馆附》，清同治九年刊本。

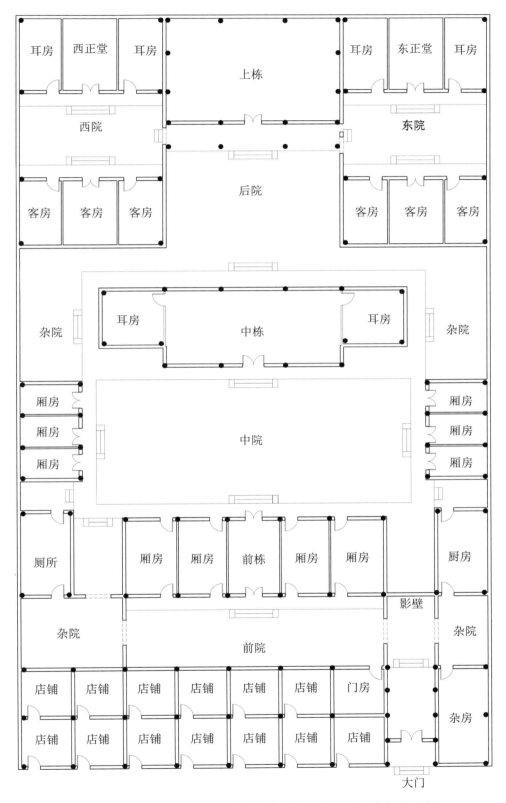

图 1.4.2 上新会馆平面图 马凯根据清同治九年刊本《重修上高县志》卷三《会馆》绘制

3. 礼仪宴集型

此类会馆规模较大，主要为本省、府在京的上层人士团拜、集会、接风、应酬客人所用。建筑为北京大宅形式，一般不住常人。宣武门外大街的江西会馆是江西省级会馆中建造时间最晚、规模最大者，也是江西省级会馆的主馆。其旧址在今北京西城区宣武门外大街 28 号，建筑格局为北京四合院大宅形式。清光绪九年（1883 年），江西新建会馆移至王广福斜街，将其东馆旧址南扩、北连、东接，建成一个省级的大会馆，并改名为江西会馆。江西会馆是京师江西籍士大夫团拜宴集之所，具有休闲、娱乐、议事等功能，科举制度废除之前，兼为试子服务。民国二年（1913 年）孙鸿仲将自己顺治门外房屋产业 "东至永光寺西街，西至宣武门大街，南至南通会馆，北至刘元周药铺，一并卖于江西会馆"，[①] 次年江西会馆再次扩建。馆匾为张勋所题。张勋，人称 "辫帅"，被清朝政府任命为江苏巡抚兼两江总督、南洋大臣。江西会馆临街为一排半西洋式楼房，外有铁栏围墙。院内主要建筑有两座举子楼，一座值年执事楼；戏楼坐西朝东，三面为双层看楼，包括池座在内，配有大戏台和大罩棚，可容纳 2000 多人集会或观赏演出。[②] 江西府县京师会馆因创建时间早，建设用地面积小，故这些会馆内部没有戏台建筑。宣武门外大街的江西会馆建造时间较晚，建设场地较大，是继湖广会馆、广州新馆、全浙会馆之后，在会馆内部添建戏台的省级会馆，使之成为 "士大夫团拜宴集之所"，与湖广会馆、安徽会馆并称京师三大会馆戏场。科举制度废除后，会馆的聚乐功能突出，成为看戏、同乡聚会、政界团体议事、军政要人和社会名流举办活动以及喜庆寿诞宴席的场所。当时江西会馆显赫一时，名气不亚于现存的湖广会馆。参照湖广会馆布局方式，江西会馆应保持了三轴线并行的格局。北京大宅从入口到主院都有外院，有轿厅值房，通过位于中轴线上的正面垂花门，才进入主院。因此，进入江西会馆主院应是通过西面的半西洋式楼房大门进入外院，两侧有轿厅值房和供役用房等。

---

① 北京市宣武区房管局档案，民国三年四月直隶行省行政公署税务厅筹备处第 1514 号。
② 白继增、白杰：《北京会馆基础信息研究》，中国商业出版社，2014，第 287—288 页。

通过中轴线上的第二道门，进入由值年执事楼和南北两侧的举子楼围合而成的主院。值年执事楼位于中轴线上，其东面有花园以及两侧通向戏台、观众厅的连廊等建筑；两侧偏院轴应有接待私友的小客厅和供在京同乡官员诗酒宴集的场所，还有厨房等附属用房。戏楼和观众厅位于东面，有附属出入口等建筑。二十世纪八十年代江西会馆被夷为平地，在原址上盖起了长城风雨衣公司大楼，现在大楼又改为招商银行宣武支行，大楼前的场地也是江西会馆的旧址。

以上三种类型的京师江西官绅试子会馆均在馆内祭祀本乡儒家忠贤，不祀许真君。除清嘉庆八年（1803 年）改建的南昌会馆（老馆）有一面阔三间的神堂、[①] 浮梁会馆有单座建筑作为乡贤祠，内供本乡历代名人，[②] 绝大多数官绅试子会馆内部没有专门供祭祀之用的房间。例如，上新会馆从清康熙乙丑年（1685年）到清道光二十五年（1845 年）的 160 年内，有过多次增建、改建和维修，在多次的改扩建记载中，均未提到有单座建筑供奉乡土先贤。[③] 即使是规模最大的江西会馆也是利用值年执事楼举行祭祀乡土先贤的活动。

（二）官绅试子会馆的专祠

专祠的功能主要是祭祀本乡儒家忠贤和议事，不设客房。为满足规模性的集体祭祀活动的需要，省馆有专祠谢枋得祠，府馆有明初的吉安会馆专祠怀忠祠和清代的二忠祠。谢枋得祠始建于明中晚期，占地 4.33 亩，有房 117.5 间。[④] 曾经是江西籍在京官员集中祭祀的地方，也接纳在京的同籍士绅、举子祭祀。谢枋得，字君直，号叠山，江西弋阳人，与文天祥考取同科进士，后在信州率兵抗元失败，流亡福建山区。元至元二十六年（1289 年）至大都，在悯忠寺绝食而死。明景泰皇帝赐谥号"诏益天祥忠烈，枋得文节"，并"建祠于尽节之所"，即北京法源寺后街之处。为纪念他，南昌叠山路也以其号命名。明初的吉

---

① 清·陈纪麟、汪世泽纂《南昌县志》卷二《京都会馆》，清同治九年刊本。

② 胡春焕、白鹤群：《北京的会馆》，中国经济出版社，1994，第 253 页。

③ 参见清·冯阑森等修，陈卿云等纂《重修上高县志》卷三《会馆》《京师会馆附》，清同治九年刊本。

④ 白继增、白杰：《北京会馆基础信息研究》，中国商业出版社，2014，第 287—288 页。

安怀忠祠和清代的二忠祠是吉安会馆的附属专祠，供吉安在京同籍官员、士绅和试子集体祭拜。怀忠祠建于明前期，位于内城府学胡同，祀文天祥，明末毁。二忠祠建于清顺治三年（1646 年），现馆址为新潮胡同 13 号，祭祀文天祥和李忠肃。

（三）其他性质的江西京师会馆

1. 祀许真君、萧公神的江西京师会馆

北京铁柱宫是北京城内唯一一处祀许真君的江西京师会馆，接纳在京的江西籍人祭祀。"铁柱宫本名灵佑宫，祀许旌阳真人，萧公堂祀鄱阳湖神，均为江西公所。"铁柱宫创建于明万历年间（1573—1620 年），《万寿宫通志》载："万历朝，颁给《道藏经》于万寿宫，时江右漕士建庙京师，疏请名额，上亲赐灵佑宫。"[①] 铁柱宫位于今崇文门河沿中段路南（原崇文区打磨厂路北），占地 1.95 亩，有房间 45.5 间。清朝末年铁柱宫开始办学校，21 世纪初学校被撤并，现为前门派出所所在地。铁柱宫附产萧公堂，位于西打磨厂街 197 号（旧为西段路北），建于明万历三年（1575 年），祀江西水神萧公，现为民居。

2. 京师江西行业会馆

由于江西府县的正统观念很强，视其京师会馆为公署或公廨类建筑，没有"名分"的商人不能入住。除浮梁会馆允许考试余年到京交易的浮梁商人驻足之外，[②] 绝大多数江西京师会馆皆不安排到京经商的本乡商人居住。按照当时的行政区划，通州的江西漕运会馆和江西商馆（均祀许真君）不属于京师会馆。因此，江西在北京没有工商会馆，只有一所建于清代的书业会馆，称文昌会馆，由江西书商捐资购买土地所建。[③] 该会馆位于西城区琉璃厂东街东段路北，以文昌祠为主体建筑，祀文昌帝君，后毁于火。

总之，明清时期，江西在北京共有 112 所会馆，除文昌会馆祀文昌帝君、铁柱宫及其附产萧公堂祀许逊和萧公外，祭祀对象都为儒家忠贤。虽然明清时

---

① 《万寿宫通志》，第 45 页。
② 胡春焕、白鹤群：《北京的会馆》，中国经济出版社，1994，第 253 页。
③ 白继增、白杰：《北京会馆基础信息研究》，中国商业出版社，2014，第 319 页。

期的江西万寿宫一直得到官方的支持与鼓励，江西籍官员和具有官方背景的文人也是许真君信仰活动的重要参与者，但是，明清时期的江西讲究正统，省、府、县视其京师官绅试子会馆为公署或公廨类建筑，强调会馆的政治属性，会馆建筑内只能供奉儒家忠贤，通常利用厅堂的一隅摆放同乡先贤牌位或肖像。规模性的集体祭祀乡土儒家忠贤的活动则在省馆专祠谢枋得祠或吉安二忠祠举行。官绅试子会馆的建筑类型以北京四合院住宅为主，按照会馆规模等级，会馆入口大门的形制为北京四合院的广亮大门、金柱大门、蛮子门等，如京师新建会馆、庐陵会馆入口是金柱大门，京师丰城会馆和谢枋得祠入口是蛮子门（图1.4.3）。祀许真君的活动须在京师铁柱宫举行，故此类会馆在建筑形制上与会馆万寿宫建筑有本质的不同，不能泛化为会馆万寿宫。

图 1.4.3-1　重修后的京师新建会馆　马志武摄

图 1.4.3-2　京师新建会馆入口　马志武摄

（左）图 1.4.3-3　重修后的京师丰城会馆　马志武摄
（下）图 1.4.3-4　丰城会馆入口倒座　马志武摄

图 1.4.3-5　重修后的京师江西庐陵会馆　马志武摄

图 1.4.3-6　庐陵会馆入口　马志武摄　　　　图 1.4.3-7　重修后的京师江西会馆谢枋得祠入口　马志武摄

二、江西工商会馆

江西工商会馆的发展与江右商帮发展壮大分不开。江西史学界学者很早就开展了对江右商帮的研究，从江右商帮起源背景到人员组成和商业活动、商业文化等都有较为详细的阐述，在此不一一赘述。宋代江西商品贸易运输极盛，为全国主要输出粮食省份之一，茶叶产量占全国首位，手工业得到很大发展。采矿与冶铸业的地位也很突出，丝麻业发达，纺织品中不少成为贡品。造船数量在全国占比很高。元朝秉承宋朝的发展。从元顺帝至正十一年（1351 年）红巾起义开始，中原等地区陷入了旷日持久的战乱之中。相比之下，东南地区的战事则较为缓和。江西在元末农民战争中没有受到大的战争破坏，政治、经济和文化诸方面仍在全国居重要的地位，仍是全国屈指可数的人口和经济大省。明太祖朱元璋以南京为基地，江西是第一个设立行省的地区。此后明军进兵湖广、两广、云贵，都以江西为基地；北伐中原的明军主力虽从南京出发，军需给养却多依赖于江西；明军北伐偏师也是从江西、湖广出发进军河南、陕西、四川。随着明军的推进，开始了江西有史以来第一次大规模的向外移民。江右商帮便在这个时期形成并迅速流向全国各地，占领了广阔的市场。江右商经营的商品，又多是人们日常生活的必需品如粮食、布匹、木材、纸张、瓷器等，满足经受战争劫难地区的需要。明政府实行了长时期的海禁，形成广州一口通商的格局。国内南北贸易和对外贸易主要依靠运河—长江—赣江—北江—珠江这条全长近三千公里的南北大通道，其贯穿北京、天津、河北、山东、江苏、安徽、江西、广东等八省市，在江西境内则占三分之一。由于江西颇得舟楫之便，鄱阳湖汇聚江西五大河流，省内赣江贯穿江西南北全境，为江西经济特别是商品经济的发展和江右商的活动提供了前所未有的机遇，江右商帮依赖这条南北大通道得以发展壮大，以其人数之众、操业之广、渗透力之强为世人所瞩目，对当时中国社会经济产生了不可低估的影响。直到鸦片战争以前，这一格局无大的变化。江右商帮经营的商品种类繁多，主要是以本地丰富的土特产为基础，其经营行业也是在此基础上发展起来的，有瓷业、茶业、粮食业、纸业、木材业、布业、药材业、盐业、杂货业、冶矿业等。此外，江右商帮还经营典当业、钱业、蓝靛业、烟业、书业、杂货业等，其经营行业庞杂，丰富了明清市场的经营产品与项目，促进了明清社会经济的发展。随着江右商帮的发展壮大，江西工商会馆在省内外迅速发展起来，江右商所及之处，均建会馆，大部分以万寿宫命名，故江右商在哪里，万寿宫就在哪里，江西文化就传播到哪里。

（一）省内江西工商会馆

江右商以本地物产为依托，全面介入经营本地物产的行业。省内江西工商会馆以通向鄱阳湖的水陆商道为中心，主要沿境内五大河流城镇、重要商贸交易集散地分布，会馆一般以万寿宫或府、县地名命名。这些会馆成为城镇商业、手工业专业墟场、商品集散地的依托以及节日庙会、文化娱乐的中心，许真君成为当地航运、商贸的保护神。

明清时期的江西樟树、河口、吴城和景德镇发展成为全省重要的港埠，交通的发达和经济的繁荣成为工商会馆滋生的沃土。

樟树地处赣江中游，唐宋以来，即为江西货物集散要地。明清时期，更以药、木两材闻名全国。传统输入商品主要有川广药材和赣南、赣西木材；输出商品主要有枳壳、赤矾、棉布。清康乾时期，"商民乐业，货物充盈"，药市空前兴旺。樟树药商先是辗转千里，深入产地从事药材贩运，后来坐地经营，向湖南、湖北、四川、广东、广西、贵州、云南、河南、山西、陕西、河北、辽宁等产药地区和交通要埠作辐射状发展，形成全国规模的"樟树药业网"；全盛时，樟树镇有药材行、号、店、庄200余家。清光绪十三年（1887年），临江府药商集资建设的"三皇宫"，为药商聚集的场所，具有会馆的性质（图1.4.4）。

铅山县河口镇位于信江中游，是江西联系闽、浙、皖的重要水路中心，镇内有9弄13街，人口达10万，便利的水路交通促进了河口镇手工业和商业的发展，"货聚八闽、川、广，语杂两浙、淮、扬，舟楫夜泊，绕岸灯辉"，其与上海的松江、江浙的苏杭、安徽的芜湖、江西的景德镇并列为"江南五大手工业中心"，为中国资本主义萌芽最早的地区之一。各地商帮纷纷来此建会馆，清代外地商人在河口建造的会馆有18座之多，外省会馆有山陕、徽州、浙江、中州、泾县、旌德、全福、永春等；本省有建昌、昭武、洪州、吉安、赣州、临江、贵溪、万

图1.4.4 清光绪十三年临江府药商集资建设的"三皇宫" 马志武摄

载会馆等。铅山县建昌会馆位于河口镇解放街，南临大街，北隔信江与九狮山相望，清嘉庆间（1796—1820年）由建昌府南城商帮所建，是河口镇十八大会馆中唯一保存较完整的会馆。建昌会馆恢宏大气，营造工艺精湛，木雕精美，不仅反映了当时河口商业的繁荣，也体现了清代江西传统建筑的风格（图1.4.5）。

永修县吴城镇，明清时期由南昌府新建县管辖，"五方杂处，千家烟火，一巨镇也"，是赣江下游重要的水运集散中心。外省商帮和本省府县商人均设会馆，清朝时期有48座，抗战以前尚余20余所，本省有吉安、抚州、武宁、奉新、都昌、龙南、安义、建昌、靖安等会馆，还有一座净明道派万寿宫。1939年初，日军出动大批飞机在吴城上空投掷燃烧弹，一片火海，仅有几座会馆幸存。现存的吴城吉安会馆遗址始建于明代，清嘉庆二十三年（1818年）和道光七年（1827年）两次重修；会馆占地面积1000余平方米，山门是吉安会馆唯一留存的清代建筑，为四柱三间五楼石结构附墙式牌楼（图1.4.6）。

（右页上）图1.4.5 江西铅山县河口镇建昌会馆鸟瞰图 马凯摄

（右页下）图1.4.6 江西永修县吴城镇吉安会馆山门 马志武摄

图 1.4.7-1 现存明清景德镇会馆遗址分布图 资料来源：景德镇自然资源和规划局

图 1.4.7-2　景德镇南昌会馆遗址图
资料来源：景德镇自然资源和规划局

图 1.4.7-3　景德镇南昌会馆侧入口遗址
马志武摄

　　明中叶后，景德镇民窑业及商品经济有了长足发展，外省在景德镇设立的会馆有福建会馆（天后宫）、湖北会馆、山西会馆、湖南会馆、广肇会馆（广州与肇庆）、苏湖会馆（苏州与湖州）、宁波会馆（宁绍书院）等7所。江西所属府兴建的有抚州会馆（昭武书院）、南昌会馆（洪都书院）、饶州会馆（芝阳书院）、吉安会馆（鹭洲书院）、建昌会馆、临江会馆（章山书院）等6所。江西所属县兴建的有瑞州会馆（筠阳书院）、奉新会馆（新芙书院）、湖口会馆、都昌老会馆、都昌新会馆、浮梁会馆等6所（丰城会馆建于1930年，故未计入）。会馆内有戏台、供奉乡土神明的正殿、酒厅（或酒楼）、义祀祠、议事厅、后花园等；通常厢房设有客房和厨房。会馆均有一定的资产，如南昌会馆有房产100多幢，大都在泗王庙一带。景德镇现有江西府、县的会馆建筑遗存或遗址有湖口会馆、南昌会馆、奉新会馆、瑞州会馆等。与会馆有关的地名有建昌弄、饶州弄、抚州弄、瑞州弄和湖口弄等（图1.4.7）。

图 1.4.8　江西铅山县陈坊会馆万寿宫俯视图　马凯摄

　　一些手工业发达、墟场商贸交易频繁的地方也有江西府县设立的会馆。江西上饶市铅山县陈坊乡以清代发展的制纸业闻名，手工造纸作坊遍布各个山村，陈坊街成为纸产品的集散地，聚集了赣、闽、晋、徽、浙、沪等商人来此经营连四纸生意。清嘉庆十九年（1814 年），江西南昌商人在陈坊老街中部偏南位置建设陈坊江西会馆，历经三年多完成。陈坊江西会馆又名万寿宫，其建成后，不但是当地江右商人互帮互助、联系同乡的纽带，也是当地文化娱乐中心和标志性建筑（图 1.4.8）。江西宜春市铜鼓县排埠镇江西会馆又名万寿宫，处于铜鼓县西南边陲，紧邻湘、赣两省边界，由于水路通畅，排埠在清代后期发展成赣西北重要的省界集市。万寿宫在下排埠的下街村，面对定江河码头，旁边还有福建会馆天后宫；山区木、竹在下排埠汇合后，扎排顺定江河下游经铜鼓县城入武宁县，或流至修水县城义宁镇，西汇入修河再进入鄱阳湖。排埠万寿宫建筑面积 700 余平方米，建于清道光二十三年（1843 年），由经营竹木的江右商投资建设（图1.4.9）。明代以来，赣州水东七鲤镇的贡江码头是赣南最大的木材集散地，贡江流域 11 个县的木材在此聚集，扎成木排后，顺流而下，由赣江入鄱阳湖，再进入长江；由于水运滩涂激流多，经常遭受翻排损失。经营木材生意的商人和排工就在七鲤镇建起了会馆，将许逊奉为木材水运安全的保护神，福建、广东、江浙的木材商人也参与了集资。万寿宫始建年代不详，清代重建，总占地面积 3478 平方米，总建筑面积 2821 平方米；建筑外围为青砖空斗马头墙，屋顶正脊和翘角为鱼龙尾，具有浓郁的江西传统建筑特色（图 1.4.10）。

图 1.4.9　江西铜鼓县排埠会馆万寿宫　马凯摄

图 1.4.10　赣州七鲤镇会馆万寿宫　蔡丽蓉提供

（二）省外江西工商会馆

省外江西工商会馆主要分布在进京南北干线即大运河沿线，密集分布在长江及其支流沿线工商城市、水运商贸重镇和物产丰饶地区；省内水运航道陆地延伸线至省外工商城市和镇场也有广泛分布。省外江西工商会馆常以万寿宫或省、府地名命名，如"江西会馆""豫章会馆""抚州会馆""建昌会馆"等，不管用何名称，绝大部分江右商帮均以许真君为福主，在馆内建真君殿祀许真君。

江西通过鄱阳湖与长江及其支流联系，由江西湖口县沿长江溯流而上可至湖北、湖南、陕西、云南、贵州、四川一带；沿长江顺流而下可到安徽、江苏等地区。沿线工商城镇都有江西工商会馆。

安徽省是江右商帮东出长江的必经之地，安庆、芜湖都有江西会馆。安庆江西会馆又名万寿宫，为江西籍商人在皖议事、食宿之地。清同治五年（1866年）扩充规模重建，大梁上有"大清同治五年岁次丙寅孟冬月旦，钦加布政使衔安徽按察使署布政使吴坤修重建"铭文；万寿宫占地近1400平方米，建筑面积近1400平方米；重建会馆的工匠来自江西九江湖口县，现存第二、第三进建筑，建筑轩昂壮观（图1.4.11）。四大米市之一的芜湖江西会馆又名万寿宫，始建于清顺治年间，同治十年（1871年），南昌新建人安徽巡抚吴绅修捐其购置住宅作为

图1.4.11-1　安庆江西会馆俯视图　马凯摄

图 1.4.11-2　安庆江西会馆嘉会堂外观　马志武摄

江西会馆,后由芜湖的江右商集资改造为江西旅芜士商集会之地。

江苏、浙江是明清时期商品经济最为发达的地区,明代徽商在这里有相当大的势力,清中叶又相继有宁绍帮崛起,但江西商人也十分活跃。苏皖浙境内由长江、钱塘江和大运河组成的南北航运网络,使得江西与其联系紧密。扬州隋唐以来为江淮百货的集散地,也是当时盐铁的转运港口,各方货物在此集散,商贾接踵摩肩。江西会馆在扬州新城花园巷,非常出名。在南京、镇江、常州、江阴、苏州、杭州、嘉兴、湖州等地都有江右商设立的工商会馆,均以万寿宫命名。

明清时期的苏州是全国最著名的工商业城市,东半城为手工业生产中心,西半城为商业区,不但市集贸易兴旺,铺户贸易繁盛,而且大批量、多品种的长途转运贸易也极为发达。清康熙二十三年（1684年）,江西仕商在苏州留园五福路购地建设江西会馆,会馆又名万寿宫,建筑坐北朝南,"规模亦颇宏敞深密",建材花费千余金。[1]清康熙四十六年（1707年）再次购地扩建,扩建后的万寿宫主入口分前门、二道门,殿宇巍峨,楼台整肃,既庄严又有仪式感;进入会馆山门后,又有中门、东西两角门;中轴线上的中门内设戏楼,戏楼底层是架空通道,

① 苏州历史博物馆编《明清苏州工商业碑刻集》,清·李玉堂等《倡修江西会馆碑记》,江苏人民出版社,1981,第325—326页。

二层是戏台，相隔院落朝向大殿正面；院落两侧是廊楼，廊楼总面阔约 27 米，高约 12 米，其底层为回廊；院落"宽绰可容旋马"，其中间是通向大殿的甬道；自大殿分三路纵向布置建筑，中路上的大殿内部中央巍然高坐真君圣像；大殿之后为后殿，后殿高 13 米有余，面阔同大殿，其为二层，楼之中有天后圣母神像，楼上"四壁高窗，目极千里"，能看见远处的虎丘；大殿左右两路各设客厅一所，也有院落，客堂空间"高轩爽朗"。[①]清乾隆七年（1742 年）、二十六年（1761 年）一再修葺；乾隆五十八年（1793 年）换旧更新，花费银两最多，共募集到 7034 余两白银，16 位官员、15 位江西籍巨商和 102 个商人或商号捐款。[②]苏州江西会馆遗址消失在二十世纪九十年代苏州城市改造之中。

上海位于我国东部沿岸，是晚近兴起的商业都会，辟为通商口岸后，成为沟通江南与南北市场联系的枢纽。清道光二十年（1840 年），江西全南人曾承显任上海知县，见沪上江西籍商民颇多，但无乡人会馆，遂邀请旅沪商人商议建立同乡会馆。曾承显"捐官俸以为之倡"，旅沪江西籍商人袁章煦等 6 人积极回应。次年上海江西籍商人集资购买了县治小南门外三铺董家渡街马姓的一块地，建设用地一亩二分，还在南门街设立义冢。清道光二十九年（1849 年）建成豫章会馆，亦称万寿宫。会馆有"门台、殿宇、楼屋、厅堂若干间；正殿供奉许真君，旁殿供奉五路财神，厅楼供奉文昌帝君诸神像。"[③]清咸丰二年（1852 年）再次购地重建，豫章会馆改名为江西会馆，会馆位于南市区董家渡路妙莲桥。捐款者有江西籍商人经营的 92 家商号和 6 位董事，其中 5 位是首创豫章会馆的董事。[④]光绪二十年（1894 年）上海道台、知县均由江西籍官员出任，上海江西会馆进入鼎盛期，除山门、前殿、正殿等建筑外，会馆增加了戏台、客房。光绪二十九年

① 江苏省博物馆编《江苏省明清以来碑刻资料选集》，清·汤俟《江西会馆万寿宫记》，三联书店出版社，1959，第 359—360 页。
② 苏州历史博物馆编《明清苏州工商业碑刻集》，清·周维岳等《重修江西会馆乐输芳名碑》，江苏人民出版社，1981，第 345 页。
③ 上海博物馆图书资料室编《上海碑刻资料选辑》，《新建豫章会馆始末碑》（清道光二十九年），上海人民出版社，1980，第 336 页。
④ 上海博物馆图书资料室编《上海碑刻资料选辑》，《江西会馆董事及同都各号捐输款数碑》（清咸丰二年），上海人民出版社，1980，第 339—344 页。

（1903 年）复建了文昌祠和财神祠；此后，又扩大了义冢；在临近会馆的外面建造了"东洋式"楼房。① 所谓的"东洋式"楼房，其实是广东近代住宅建筑的一种类型，后传入上海，其特点是没有石库门和天井，进门就是房间，上下层两个统间，没有灶台和晒台，衣服晒在弄堂里。二十世纪末，上海江西会馆遗址湮没于城市改造之中。

大运河是重要的粮食和食盐漕运线路，沿线重要城镇均有江西工商会馆。山东聊城江西会馆，亦名万寿宫，江西商人创建于清嘉庆十一年（1806 年），清道光四年（1824 年）扩建，历时十四年建成；会馆坐西朝东，前门直达运河岸边，通向码头。江西会馆曾为聊城八大会馆之一，现聊城仅存山陕会馆。随着中运河的开通与漕运的兴盛，徐州窑湾镇成为运河的主要码头之一，南来北往的客商云集于此。徐州窑湾江西会馆又称万寿宫，位于窑湾镇中宁街南端，始建于清康熙三十七年（1698 年），占地面积 3300 平方米，由南昌臧、喻、姚、宗、龚、涂、赵等七姓药商集资兴建；当时古镇的中药店均由江西会馆的七姓药商开设，他们把外地的中药运入江西会馆，零售或批发或加工成中成药出售；由于医德高、医术精、销药广、无假药、药价稳定，其控制了窑湾医药市场。江西会馆坐东朝西，五进四院落，为了避免经营部分与会馆部分的干扰，将建筑布局为两个功能区。第一个功能区由朝向街道的店铺、过厅、药王殿和两厢组成，构成一个四合院布局，为第一进院落；第二进院落是两个功能区的联系空间，药王殿和厢房廊道都有进入第二进院落的出入口。第二个功能区是会馆万寿宫部分，按照三进两院布局方式安排建筑组群，由位于第二进院落东面的真君殿、面向戏楼的厅堂和厅堂两侧的厢房围合组成第三进院落，真君殿面阔三间，进深五间，有前后廊，其两侧是火神庙；与药铺经营无关的人员从位于临街南端的万寿宫主入口进入东西向的长条巷道，再从第三进院落的南门进入会馆；第四进院落东端是戏楼，院落两侧是走马廊（图 1.4.12）。京郊通县原属河北省，濒临北运河，南漕河运尽输于此。清乾隆三十年（1765 年），江西 13 个运粮船帮集资建设江西漕运会馆许

---

① 参见江西工商联合会编《江西商会（会馆志）》，民国·周亦盘《上海江西会馆史略》，江西人民出版社，2017。

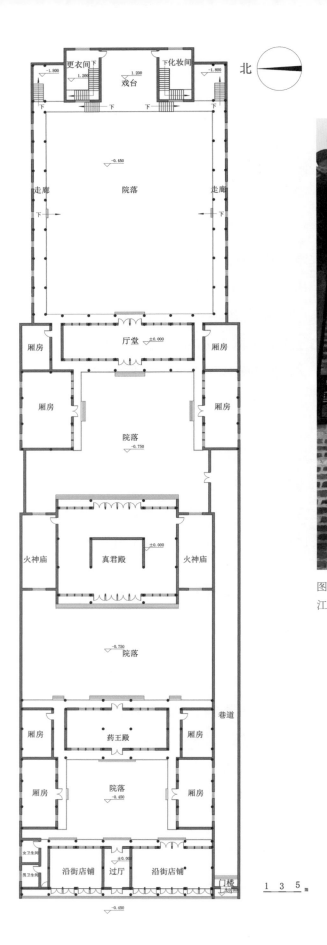

北

图 1.4.12-2 徐州窑湾万寿宫主入口
江苏人大教科文卫委提供

1 3 5 m

图 1.4.12-1 徐州窑湾万寿宫平面图 马凯绘

图 1.4.13　江山会馆万寿宫俯视图　马凯摄

真君庙，会馆四进院落，入内有戏台，前殿供奉许真君；后来作为江西运粮船工休息场所；清道光元年（1821 年）重修，改名万寿宫；1952 年城市改造，万寿宫被拆除。通县江西商馆，亦称万寿宫，建于清代，位于通州区北大街北口里路西（旧称河沿胡同），1956 年被拆除。

　　与江西上饶玉山县交界的浙江，经玉山陆路到达浙江境内，江西会馆主要分布在钱塘江水系沿线，江山港支流的衢州、建德等地，其次就是温州以及瓯江水系、龙泉溪苍南沿海区域。浙江省江山市廿八都万寿宫位于浙江省江山市廿八都镇枫溪村枫溪西岸，水安桥北，占地 946 平方米，建筑面积 583 平方米。明清时期有数百名江西人在廿八都一带经商。明代末年，江西籍商人集资兴建会馆，清乾隆年间扩建，以万寿宫命名。会馆具有江西传统建筑风格特征，轻巧通透，尺度宜人。江山市城关东部，现存"江西会馆巷"，因巷内的江西会馆得名，此会馆已被拆除（图 1.4.13）。

　　福建武夷山脉同江西相连，山中有多处隘口及分水岭通过河流与江西水路联

图 1.4.14　漳州市江西会馆戏台旧址　漳州市人大提供

运。江右商进入福建后，主要在闽江、九龙江、汀江及其支流崇阳溪、富屯溪、金溪等线路建造会馆。福建漳州江西会馆，又名万寿宫，作为联系赣商的纽带，具有商会性质；其始建于清道光二十年（1840 年），位于漳州市芗城区新华东路北一街东侧，即现在的世纪广场社区 10 栋和 13 栋之间；目前仅余残缺不全的戏台建筑，面积约 115 平方米，面阔三间，其中明间 4.5 米，左右次间各 3.5 米，进深 10 米；硬山屋顶，脊顶高约 10 米；檐下撑拱、垂柱、雀替均有木雕装饰，木柱下为鼓形石础（图 1.4.14）。

　　广东珠江支流北江经梅岭驿路与赣江的大余水相通，为中原入粤的主要线路。江西商人主要依托此要道经商，在广东的江西会馆，主要沿北江水系、珠江分布，如南雄、韶关、广州、佛山等重要的转运和港口城市。

　　明代江西商人就开始进驻河北、河南省。河间府的瓷商、漆商，宣化等地的书商、巾帽商等，“皆自江西来”。河南省在明代就是江西移民迁徙的主要地区之一，江右商到河南经商，有地利人和之便。河南四大名镇社旗镇是著名的水运码头，有 13 省商人在此经商，江右商在此建江西会馆。安徽六安市叶集是皖豫边界的商贸集镇，水陆便利，上通大别山，下达淮河，大别山的竹、木、茶、麻和外来的日用品在这里集散，自明清以来，商业贸易尤为繁荣，有六省在此设立会馆。叶集江西会馆又名万寿宫，始建于明万历年间，为江右商商贸办公和聚集之所。现存真君殿建于明万历年间，清代有过重修。正殿面阔三间，进深三间，抬梁式结构，硬山屋顶，翘角高昂，木雕精美。屋面为灰瓦，青砖砌筑马头墙。叶集江西会馆是皖西地区建造时代最早、保存最好的木结构建筑（图 1.4.15）。

图 1.4.15　安徽叶集江西
会馆正殿　安徽人大教科
文卫委提供

图 1.4.16　陕西石泉县江西
会馆　赵逵提供

陕南与川鄂相连，历史上是流民汇集之处，皆来自湖广、广东、安徽、江西，而江西流民则多从事工商业活动。陕南的安康市、商洛市等地还有遗存的江西会馆。安康市石泉县在历史上是汉水黄金水道的重要地段，也是四川入楚和通秦的主干通商道，曾经建有长江流域各省会馆 20 余个。江西会馆始建年代不详，清嘉庆十二年（1807 年）重修，其位于石泉县城关镇老街，坐北向南，现存前殿、正殿（图 1.4.16）。安康市紫阳县瓦房店江西会馆又称万寿宫，始建于1851 年，由江右商帮捐资而建，江西会馆包括主殿、戏楼、生活用房等部分，目前仅存的建筑是当年万寿宫的正殿，会馆墙上的老砖全部刻有"万寿宫"铭文

图 1.4.17　陕西省安康市紫阳县瓦房店江西会馆正殿　陕西人大教科文卫委提供

（图 1.4.17）。陕西商南县江西会馆位于商南县城老西街中段，始建于清光绪二年（1876 年），民国四年（1915 年）重修正殿。会馆坐北朝南，占地面积 800 多平方米，二进院落布局，现存房屋二十余间，中轴线上由南向北依次排列门廊式山门、前院、前院东西两侧的厢房、前殿、后院、后院东西两侧的厢房和正殿（图 1.4.18）。

　　甘肃省是古丝绸之路所在，商旅不断，江西商人也行走在其间。乾隆年间，江右商在兰州城东建会馆万寿宫；清道光七年（1827 年），在兰州金塔巷 118 号重建江西会馆，将许真君供奉于馆内铁柱宫，故江西会馆又称铁柱宫；金塔巷内的江西会馆曾经是兰州市文物保护单位，1992 年，因城市建设需要改造金塔巷，将铁柱宫享堂从金塔巷迁移到兰州市博物馆易地保护，并作为博物馆的大门；2016 年铁柱宫享堂被列入甘肃省文物保护单位（图 1.4.19）。

　　与江西毗邻而又地域辽阔的湖广，既是江西移民的主要移居地，也是江西商人的主要活动地区，湖广流行的"无江西人不成市场"的民谚生动地反映了江右商在这一地区的活跃程度。汉口各商帮以会馆为依托，各专其业，江右商帮在钱业、银楼、麻漆等业尤占势力。清康熙年间，江西南昌、临江、吉安、瑞州、抚州、建昌六府各商号捐资建成汉口万寿宫，占地面积 4000 余平方米，其"宏规

图 1.4.18　陕西省商南县江西会馆正殿　陕西人大教科文卫委提供

图 1.4.19　兰州铁柱宫享堂
霍卫平提供

式廊，华丽崇闳，推为通镇之冠。而门楼檐瓦，皆以景镇所产蓝描白磁，嵌镶铺覆而成，眺望一过，淡雅宜人"。[①]为汉口所有会馆建筑中最为宏壮者。太平天国起义军攻占汉口时，万寿宫遭受战火毁灭。清同治元年（1862 年），在原基址上重建汉口万寿宫，历时五年建成。重建后的万寿宫，建筑枋柱、屋顶采用景德镇青花和五彩瓷品装饰，"门楼规复旧制，仍以蓝描白磁为枋柱，惟鸳瓦参差，则

---

① 摘自清同治十二年十月初一日《申报》。

改着五彩，而陆离斑驳，庋止门外，蔚成巨观。"[1] 因屋顶采用景德镇五彩瓷瓦，显得色彩斑斓。1934年汉口万寿宫被人为火毁，所幸还留有三张照片，经考证有两张是俄罗斯人拍摄，一张是楼阁式建筑，屋檐起翘陡而深远，檐下使用江西传统建筑中常用的网状如意斗拱，江西传统建筑特征明显；另一张是真君殿内部照片，神龛下的横额书有"铁柱宫"三字；第三张摄于光绪年间，为正殿入口照片（图1.4.20）。

图1.4.20-1 俄国人拍的汉口万寿宫

总之，几乎所有的江西工商会馆都供奉许真君，所谓"凡至馆，其仰瞻金相，日益钦崇，视十三郡内且如同气，庶几休戚

图1.4.20-2 俄国人拍的汉口万寿宫

图1.4.20-3 清光绪汉口万寿宫

---

[1] 摘自清同治十二年十月初一日《申报》。

相关，缓急可待，无去国怀乡之悲。"① 这些会馆历经沧桑岁月，几乎没有建筑留存。从已有遗存、史料、老照片、口述等可知，以万寿宫命名的工商会馆，在布局上，遵循中国传统建筑院落布局方式，建筑至少三进，规模较大的呈多路并行布局。会馆主入口的山门按照江西传统建筑门制建造，并将万寿宫文化体现在山门额联、雕刻、装饰图案纹样等之中。绝大部分工商会馆有戏楼，主体建筑高大轩昂，正殿按南昌万寿宫形制安排神龛、牌位，祭祀许真君。一些工商会馆也会融合桑梓大神许真君于佛道、民间信仰乃至经商地本土信仰之中，在馆内增加殿阁，祭拜天后圣母、观音、关公等，体现了江右商帮在文化信仰上的包容性和灵活性。

三、江西移民会馆

四川《威远县志》载："清初各省移民来填川者，暨本省遗民，互以乡谊联名建庙，祀以故地名神，以资会合者，称为会馆。"② 江西移民会馆由江西移民设立，最初的功能是祀故土神明，主要集中在四川、云南、贵州、湖南、湖北、广西等地区。

明清时期的江西移民由三部分人员组成：一是三次农民大迁徙，即明初的"江西填湖广"、明中期的"流民进云贵"和清康熙年间的"湖广填四川"；二是明清时期的军政移民，主要在云贵川地区；三是商业移民，除了在西南地区商业屯田形成最早的一批商人外，从农村游离出来的破产农民，一部分成为手工业者和商人，这些人凭借手中少量的资金，或凭借自己一技之长，闯荡江湖。散布在各地移民中的江西商人，来往于江西与外流人口省份之间，或者是长居某地，形成了人数众多的商人集团。

江西移民迁徙他乡，许真君信仰也随之而来。最初云贵川和两湖地区的江西移民会馆建筑简陋，只建一祠祀许真君。乾隆十八年（1753年），四川新津县县

① 苏州历史博物馆编《明清苏州工商业碑刻集》，清·李玉堂等《倡修江西会馆碑记》，江苏人民出版社，1981，第325页。
② 清·李南辉修、张翼儒纂《威远县志》卷一，清乾隆四十年刻本。

令江西人黄汝亮撰《重修万寿宫记》，其中写道："吾乡人之入川也，涉长江，历鄱阳、洞庭、三峡之险，舟行几八千里，波涛浩渺，怵目骇心，而往来坦然，忘其修阻者，佥以为神之佑。故无论通都大邑，皆立专庙，虽十室镇集，亦必建祠祀焉。"[①] 江西移民以许逊为护佑的"福主"，每往他乡，同乡辄谋于会馆建庙而祀之。由于许逊的忠孝行为和思想顺应了历史潮流，成为古代中国理想人格的典范，乃至"豫章人祀之者遍天下"。[②]

重庆巴南区木洞镇会馆万寿宫是明代江西移民最早在重庆设立的江西会馆，建于明天顺三年（1459 年），正殿随檩枋下有"大明天顺三年葵酉秋月仲秋月重修谷旦立"题记（图1.4.21）。[③]重庆万寿宫为重庆八大会馆之一，清乾隆年间建，坐落在重庆东水门内，面向长江，由江西临江药商 13 家商号投资建设。临江商帮资金雄厚，大宗药材运销业务为其把持，所有药商开业，必须得到会馆同意，甚至连药号用的秤也要由会馆颁发方为有效（图 1.4.22）。

图 1.4.21　重庆巴南区木洞镇会馆万寿宫正殿　胡特摄

---

①　龙显昭、黄海德编《巴蜀道教碑文集成》，清·黄汝亮撰《重修万寿宫记》，四川大学出版社，1997，第 338 页。

②　清·侯肇元、刘长庚等纂修《汉州志》卷十六《艺文》，清嘉庆二十二年刻本。

③　重庆湖广会馆管理处编《重庆会馆志》，长江出版社，2014，第 39 页。

图 1.4.22　重庆湖广会馆门前的原江西会馆的石狮　马志武摄

江西与湖南的联系一是通过长江进入洞庭湖，再进入湖南境内的湘江、资江、沅江、澧水及其支流；二是沿赣州到湖南郴州的陆路、沿萍乡渌水入湘江。湘潭早在宋元时期就有江西商贾进入，濒临洞庭湖的岳州府，民户多以渔业为生，而"江湖渔利，亦惟江右人有"。地处南北冲要的长沙、衡阳，商贾汇集，也"以江西人尤多"。历史上江西移民多次迁往湖南地区，使许真君信仰与萧公、晏公信仰在湖南各地广为传播。随着江右商帮遍及三湘四水，服贾异地的江西商人把许逊作为自己的保护神，在迁移地建立万寿宫，位于湖南偏远之地的湘西山区、沅水沿岸水运市镇都有万寿宫的密集分布。明清时期，湖南地区江西移民所建移民会馆 228 所，分布于湖南 14 个市、州。[①]

湖南沅水的分流酉水、清水江、舞阳河流域是连接湖南和重庆、贵州的重要交通线路，沿线分布有大量的江西会馆。在云南的会馆主要集中在和贵州、四川、广西之间的水陆交通要道、相邻区域重要的关口及商贸城镇。在贵州和四川等区域，以乌江、嘉陵江、岷江、大渡河、赤水河为网络，江西移民会馆分布在大大小小的商业城镇之中。据云南、贵州、四川、湖南、湖北、重庆文物管理部门提供的资料，以上省市现存县级以上文物保护单位的江西会馆万寿宫有 69 处，其中贵州省 26 处，湖南省 13 处，四川省 11 处，重庆市 8 处，湖北省 5 处，云南 6 处（表 1.5）。

[①] 张圣才等主编《万寿宫文化发展报告（2018）》，彭志才、吴琦《湖南地区万寿宫文化发展报告》，社会科学文献出版社，2019，第 82 页。

表1.5 南方部分省（市）现存县保以上会馆万寿宫（截至2019年）

地域	序号	名称	文物级别	说明
贵州	1	石阡会馆万寿宫	国保	位于铜仁市石阡县汤山镇城北路，始建于明万历十六年（1588年），清康熙、雍正、乾隆时期几度重修。万寿宫三路轴线并行布局，真君殿在中路轴线上，占地面积2300平方米，建筑面积1620平方米
	2	赤水复兴会馆万寿宫	国保	位于赤水市复兴镇老街，始建于清道光十二年（1832年），清光绪八年（1882年）火毁，清宣统二年（1910年），重建，占地面积1200平方米，建筑面积1000平方米
	3	思南会馆万寿宫	国保	为国保单位思唐古建筑群的组成部分，位于铜仁市思南县城中山街，始建于明正德五年（1510年），清嘉庆六年（1801年）在现址再次扩大规模，占地面积4285平方米，建筑面积2424平方米
	4	镇远会馆万寿宫	国保	为国保单位青龙洞的组成部分，位于黔东南州镇远县㵲阳镇中河山麓中段梯级平台上，面朝㵲阳河，其始建于清雍正十二年（1734年），光绪二十六年（1900年）重修，建筑布局围绕四个庭院、五个天井进行
	5	松桃寨英会馆万寿宫	国保	为国保单位寨英古建筑群的组成部分，位于铜仁市松桃县寨英镇寨英村，占地面积1400平方米，始建于清乾隆二十六年（1761年），清同治三年（1864年）毁于苗民起义，同治十三年（1874年）冬重建
	6	金沙清池会馆万寿宫	国保	为国保单位"茶马古道"贵州毕节段的组成部分。位于毕节市金沙县清池镇，始建于清初，清光绪十九年（1893年）重建，占地面积2000平方米，建筑面积1372平方米
	7	黄平旧州仁寿宫	国保	为国保单位旧州古建筑群的组成部分，位于黔东南州黄平县旧州镇西中街，原为江西临江府会馆，始建于清乾隆五十一年（1786年），清光绪十四年（1888年）重建，占地面积897.6平方米
	8	遵义湄潭江西会馆（义泉万寿宫）	国保	为国保单位湄潭浙江大学旧址的组成部分，位于湄潭县湄江镇湄潭茶场，建于清光绪六年（1880年），建筑面积1300平方米
	9	丹寨会馆万寿宫	省保	位于黔东南州丹寨县龙泉镇双槐路南侧上段，建于清光绪三年（1877年），占地面积1020平方米，建筑面积500平方米，建筑为合院式布局
	10	贵阳青岩会馆万寿宫	省保	为省保护单位青岩古建筑群的组成部分，位于贵阳市花溪区青岩西街北段西侧，始建于清乾隆四十三年（1778年），道光十二年（1832年）重建，占地面积1500平方米，建筑面积700平方米

续表

地域	序号	名称	文物级别	说明
贵州	11	赤水会馆万寿宫	省保	位于赤水市中南正街，始建于清乾隆四十年（1775年），占地面积1200平方米，建筑面积850平方米，现为赤水市博物馆
	12	金沙茶园会馆万寿宫	省保	位于毕节市金沙县茶园镇中心完小门口，始建于清朝道光年间，"文革"期间万寿宫内厅、大厅被拆毁，现有戏台留存
	13	凯里会馆万寿宫	省保	位于凯里市老街中段，始建于明万历三十五年（1607年），占地面积1700平方米
	14	思南板桥会馆万寿宫	省保	为省保单位思南板桥红52团侦察排驻地旧址的组成部分，位于铜仁市思南县板桥镇
	15	松桃孟溪会馆万寿宫	市保	位于铜仁市松桃县孟溪镇孟溪村，清代建筑
	16	德江会馆万寿宫	市保	位于铜仁市德江县光明街，明清时期建筑遗址
	17	江口会馆万寿宫	县保	位于铜仁市江口县闵孝镇闵家场村，清代建筑
	18	松桃大坪场会馆万寿宫	县保	位于铜仁市松桃苗族自治县大坪场镇，清代建筑
	19	印江天堂会馆万寿宫	县保	位于铜仁市印江县天堂镇天堂村下街村民组，清代建筑
	20	六盘水郎岱会馆万寿宫	县保	位于六盘水市六枝特区郎岱镇，清代建筑
	21	盘州双凤会馆万寿宫	县保	位于六盘水市盘州市双凤镇九间楼社区官井街北侧，清代建筑，曾作为盘县女子小学
	22	毕节威宁会馆万寿宫	县保	位于毕节市威宁县草海镇西海村，清代建筑
	23	岑巩龙田会馆万寿宫	县保	位于黔东南州岑巩县龙田镇龙田村中街，清代建筑
	24	黄平重安会馆万寿宫	县保	位于黔东南州黄平县重安镇南街，清代建筑
	25	镇远青溪会馆万寿宫	县保	位于黔东南州镇远县青溪镇，清代建筑
	26	贵定平伐会馆万寿宫	县保	位于黔南州贵定县云雾镇平伐村新西街，清代建筑
湖南	1	怀化市洪江黔城会馆万寿宫	国保	位于怀化市洪江市黔城镇古城社区，始建于清道光二十四年（1844年），占地1000平方米，三路轴线并行布局，中路轴线方向为三进一庭院一天井方式，由山门、戏楼、前殿、正殿及看楼组成
	2	衡阳市常宁白沙会馆万寿宫	省保	位于衡阳市常宁市白沙镇三口村老街，白沙古建筑群中，建于清代
	3	湘潭市雨湖会馆万寿宫	省保	位于湘潭市雨湖区平政路十总正街，清顺治七年（1650年）南昌客商建
	4	郴州市桂东县沙田会馆万寿宫	省保	位于桂东县沙田圩北端，依轴线依次为山门、戏台、前殿、正殿，悬山式砖木结构，建于清代

续表

地域	序号	名称	文物级别	说明
湖南	5	湘西州泸溪县浦市会馆万寿宫	省保	又称豫章会馆，位于湘西州泸溪县浦市镇河街，坐西朝东，三进庭院式建筑，始建于明初，清道光年间再次重建，因修筑防洪堤拆除了万寿宫门与码头
	6	株洲市炎陵县十都会馆万寿宫	市级	位于株洲市炎陵县十都镇晓东村新圩组，始建于晚清，占地面积 535 平方米，由戏台、前殿、正殿组成
	7	湘西州凤凰县沱江会馆万寿宫	州保	位于湘西州凤凰县沱江镇沙湾社区，建于清乾隆二十年（1755 年），占地面积 4000 平方米，三路并行布局
	8	长沙市望城区乔口会馆万寿宫	县保	位于长沙市望城区乔口镇乔口社区古正街，建于清乾隆十三年（1748 年），坐北朝南，有戏楼、正殿二进建筑
	9	常德市津市新洲会馆万寿宫	县保	位于常德市津市市新洲镇万寿宫社区南街，始建于清中期
	10	张家界市三元宫	县保	位于张家界市永定区崇文街道办事处沿河街 109 号，是原大庸县万寿宫（亦称江西会馆，原址在现张家界敦谊小学，包括三元宫、真主堂、敦谊堂、戏台、玉皇殿、钟楼、鼓楼等）的一部分，于 2016 年搬迁至大庸古城境内
	11	永州市新田县龙泉会馆万寿宫	县保	位于永州市新田县龙泉镇先锋街 89 号，建于清道光年间
	12	怀化市靖州苗族侗族自治县渠阳会馆万寿宫	县保	位于怀化市靖州苗族侗族自治县渠阳镇河街 34 号
	13	湘西州永顺县灵溪会馆万寿宫	县保	位于湘西州永顺县灵溪镇万寿街
四川	1	成都市洛带会馆万寿宫	国保	位于龙泉驿区洛带镇江西馆街，始建于清乾隆十一年（1746 年）
	2	泸州市合江县白鹿会馆万寿宫	省保	位于合江县白鹿镇白鹿社区幸福中段，始建于清乾隆中期，现有建筑面积 2500 平方米
	3	自贡市大安会馆万寿宫	省保	位于自贡市大安区牛佛镇王爷庙社区，建于清康熙年间，坐东北向西南，现仅存正殿及后院厢房，建筑面积 445 平方米
	4	广安市武胜会馆万寿宫	省保	位于武胜县中心镇东南，始建于清乾隆三十八年（1773 年），三合院式布局方式，占地面积 1249.8 平方米，建筑面积 742 平方米
	5	南充市高坪区龙门会馆万寿宫	省保	位于南充市抚州移民建于清代，坐北朝南，占地面积 2150 平方米，现有建筑面积 1078 平方米，由正殿、前殿、戏楼、厢房组成，四合院式布局，正殿建于清康熙年间，前殿建于清道光二十九年（1849 年）

续表

地域	序号	名称	文物级别	说明
四川	6	南充市蓬安县周子古镇会馆万寿宫	省保	位于蓬安县周子古镇，单进四合院木结构建筑，始建于明中期，清中晚期再次重修，占地面积 800 平方米
	7	南充市仪陇县马鞍会馆万寿宫	省保	位于仪陇县马鞍镇文王林社区红军街，占地面积 840 平方米，坐东朝西，四合院布局，由戏楼、正殿及左右厢房围合成四合院，建筑面积 600 平方米
	8	内江市资中县罗泉会馆万寿宫	市保	位于资中县罗泉镇老街子街，始建于清代，建筑面积 980 平方米，由戏楼、厢房、正殿组成
	9	巴中市恩阳会馆万寿宫	市保	位于巴中市恩阳区恩阳古镇起凤廊桥头，始建于清朝道光年间，由江西籍商人集资修建，坐西向东
	10	遂宁市蓬溪县黄泥会馆万寿宫	县保	位于遂宁市蓬溪县黄泥乡双龙村，建于清代
	11	凉山彝族自治州喜德县会馆万寿宫	县保	位于凉山彝族自治州越西、喜德两县分界线上的小相岭，始建于清乾隆四十八年（1783 年）
重庆	1	江津真武会馆万寿宫	市保	位于江津区知坪镇真武场，由江西盐商建于清光绪三十年（1904 年）
	2	铜梁区安居镇会馆万寿宫	市保	位于铜梁区安居镇大南社区大南街 18 号，始建于清乾隆三年（1738 年），清同治三年（1864 年）重修，占地面积 1240 平方米，两进四合院布局，现有正殿、后殿，正殿檐下施如意斗拱五层 90 朵
	3	酉阳土家族苗族自治县龙潭会馆万寿宫	市保	位于酉阳土家族苗族自治县龙潭镇，始建于清乾隆二十七年（1762 年），清道光四年（1824 年）重修，三进二院布局，占地面积 2740 平方米，总建筑面积 2400 平方米
	4	潼南会馆万寿宫	区保	位于潼南区玉溪镇街村社区，始建不详，重建于清乾隆三十六年（1771 年），现存正殿
	5	巴南木洞会馆万寿宫	区保	位于巴南区木洞镇中坝村，始建于明天顺三年（1459 年），合院式布局，会馆总面阔 50 米，总进深 40 米，正殿为重檐歇山顶，随檩枋下有"大明天顺三年癸酉仲秋月重修谷旦立"题记
	6	江津花蛇凼会馆万寿宫	区保	位于江津区西湖镇骆崃村花蛇凼村，建于清代
	7	彭水苗族土家族自治县靛水许真君庙（江西会馆）	县保	位于彭水苗族土家族自治县靛水乡靛水村一组，现有正殿，始建年代不详
	8	彭水苗族土家族自治县万足会馆万寿宫	县保	位于彭水苗族土家族自治县万足镇，建于清咸丰五年（1855 年），二进院落式布局，总面阔 13.75 米，总进深 48.87 米

续表

地域	序号	名称	文物级别	说明
湖北	1	抚州会馆	省保	位于襄阳市樊城区汉江大道中段（原沿江中路205号），江西省临川商人所建，始建年代不详。会馆遗存清嘉庆七年（1802年）"禁止骡马进入会馆散放"告示碑。抚州会馆坐北朝南，中轴对称布局。现存建筑有戏楼、拜殿、正殿，占地面积约2000平方米。墙体多处发现镶砌有"江西抚馆"字样的铭文砖
	2	小江西会馆	省保	位于襄阳市沿江大道中段（原中山前街212号），建于清中晚期。小江西会馆是仓储式会馆。七进天井。会馆通开间9.64米，进深83.2米，中轴线对称。东墙上嵌有"江西会馆"石碑。外东山墙嵌有"江西会馆"铭文砖
	3	谷城盛康江西会馆	省保	位于后街，江西商帮建于清乾隆四十八年（1783年），占地面积1385平方米，由戏楼、看楼、正殿等组成，现存戏楼和正殿。正殿和戏楼墙体均发现有"江西"铭文砖镶砌
	4	十堰黄龙会馆万寿宫	省保	为省保单位黄龙古建筑群的组成部分，位于十堰市张湾区黄龙镇，建于清代
	5	十堰五峰会馆万寿宫	县保	位于湖北省十堰市郧阳区五峰乡南北峰村，建于清代
云南	1	会泽县会馆万寿宫	国保	位于曲靖市会泽县会泽古城三道巷49号，始建于清康熙五十年（1711年），清乾隆二十七年（1762年）重建，占地面积7546平方米，建筑面积2874平方米
	2	玉溪通海会馆万寿宫	国保	位于玉溪市通海县，为国保单位秀山古建筑群的组成部分
	3	昭通威信扎西镇江西会馆	省保	为省保单位扎西会议旧址的组成部分，始建于清咸丰六年（1856年），为木结构建筑，面积514平方米，1975年在旧址上复原
	4	昭通会馆万寿宫	市保	位于昭阳区凤凰街道办事处文渊街103号
	5	昭通巧家会馆万寿宫	市保	位于昭通市巧家县，始建于乾隆四年（1739年），占地1200平方米
	6	会泽县金钟镇临江会馆	县保	位于会泽县金钟镇西内街106号会泽中医院内，现仅存大殿，整体建筑坐南朝北，系歇山顶抬梁式结构。始建于清乾隆四十七年（1782年），为临江府药商所建。1999年11月由会泽县人民政府公布为县级文物保护单位

明清时期，贵州江西移民总共建造108座移民会馆，遍布贵州各地。在有明确始建年份的45座移民会馆中，建于明代的有5座，清初的有3座，康乾时期22

座，嘉庆至宣统年间15座。[①]
贵州省金沙县清池镇会馆万
寿馆，由江西移民始建于清
初，清光绪十九年（1893年）
重建，占地面积2000平方
米，建筑面积1372平方米，
坐北朝南，依中轴线自南向
北建山门、鱼池、小桥、戏
楼、前殿、正殿、后殿、阁
楼等。2013年3月为第七批
全国重点文物保护单位——
"茶马古道"贵州毕节段
的17个文物景点之一（图
1.4.23）。贵州毕节威宁自治
县县城有条江西街，因当时
江西移民于此经营银器而得
名。清康熙年间，已经在威
宁打下根基的江西商人集资
修建江西会馆，以万寿宫命
名，至今已有三百多年的历
史。现仅存牌楼式山门（图
1.4.24）。

许真君信仰在北宋时期
已经传播到巴蜀地区，明清
"湖广填四川"的移民运动，

图1.4.23　贵州省金沙县清池镇会馆万寿宫戏楼
贵州人大教科文卫委提供

图1.4.24　贵州毕节威宁自治县会馆万寿宫　贵州人大教科文卫委提供

---

① 张圣才等主编《万寿宫文化发展报告（2018）》，彭志军《贵州地区万寿宫文化发展报告》，社会
科学文献出版社，2019，第112页。

图 1.4.25-1　四川省南充市蓬安县周子古镇会馆万寿宫　俸瑜提供

使大量的江西移民入川
经商、垦荒，进一步推
动了许逊信仰在四川的
传播。巴蜀地区大部
分移民万寿宫建于清
代乾隆年间，正是清
初"湖广填四川"的高
峰时期，几乎每个县都
有 1 座或多座祭祀许真
君的移民会馆，平均

图 1.4.25-2　四川合江县白鹿会馆万寿宫戏楼、看楼和庭院　俸瑜提供

每县有 2 座。① 位于四川省文物保护单位周子古镇内的"万寿宫"亦称江西会馆，
据清《蓬州志》记载，其始建于明朝中期，清早期曾毁于兵患，清中晚期再次重
修，现存建筑遗址占地面积约 800 平方米。四川合江县白鹿镇江西会馆又名万寿
宫，建于清顺治二年（1645 年），地处川渝交界之处，位于合江县白鹿镇白鹿社
区幸福街中段，距合江县城 25 公里；会馆由山门、戏楼、两厢、正殿、后殿、厢
房等组成。现存建筑占地面积 3000 平方米，建筑面积 2500 平方米（图 1.4.25）。

---

① 张圣才等主编《万寿宫文化发展报告（2018）》，刘康乐《从旌阳祠到万寿宫》，社会科学文献出
版社，2019，第 52 页。

移民本身带有商业性，与工商会馆有着同样的目标追求。随着江右商帮的进入，分布在两湖、重庆、云贵川和广西等商贸流通繁盛的城市、场镇的江西移民会馆也纷纷向工商性质的会馆转变。明清时期，在襄阳地区有影响力的工商与移民双重性质会馆万寿宫就有 11 座，现仅存 3 座，都是湖北省文物保护单位（表1.6）。湖南湘潭市雨湖区平政路十总正街会馆万寿宫为湘潭地区江西商人的总馆，建于清顺治七年（1650 年），以其为中心，下辖场镇都有规模稍小的会馆万寿宫，构成了江西籍商民的商业活动圈。十总正街会馆万寿宫现仅存原后花园中的水阁（图 1.4.26）。广西明代人口较少，在"江西填湖广"时期有部分赣民迁徙到广西。清代广西商业开始兴起，江西商人也陆续涌入，江西盐商、木材商、药材商活动频繁。在广西境内主要水系及其支流，梧州、桂林、柳州、浔州、太平、镇安等地都有江西工商和移民双重性质的会馆。桂林阳朔的江西商户实力雄厚，县城整条西街除各种商铺外，房产大都为江西会馆所有。阳朔西街的江西会馆又名万寿宫，位于县城西街中段，占地 1000 多平方米，始建于明代晚期，为江西吉安籍商人所建，会馆三进两天井阶梯式布局。清光绪二十九年（1903 年），

图 1.4.26　湘潭雨湖区平政路十总正街江西会馆万寿宫后花园中的水阁　黄启忠摄

表1.6 明清时期湖北省襄阳地区主要会馆万寿宫

序号	名称	文物级别	说明
1	抚州会馆	省保	位于樊城汉江大道中段（原沿江中路205号），江西省临川商人所建，始建年代不详。会馆遗存清嘉庆七年（1802年）"禁止骡马进入会馆散放"告示碑。抚州会馆坐北朝南，中轴对称布局。现存建筑有戏楼、拜殿、正殿，占地面积约2000平方米。墙体多处发现镶砌有"江西抚馆"字样的铭文砖
2	小江西会馆	省保	位于沿江大道中段（原中山前街212号），建于清中晚期。小江西会馆是仓储式会馆，七进天井，会馆通开间9.64米，进深83.2米，中轴线对称。东墙上嵌有"江西会馆"石碑。外东山墙嵌有"江西会馆"铭文砖
3	谷城县盛康江西会馆	省保	位于后街，为江西商帮所建。建于清乾隆四十八年（1783年）。会馆占地面积1385平方米，由戏楼、看楼、正殿等组成，现存戏楼和正殿。正殿和戏楼墙体均发现有"江西"铭文砖镶砌
4	樊城江西会馆		位于樊城区中山后街东段244号，会馆创建于清乾隆末年。现已经荡然无存
5	老河口市江西会馆		建于清乾隆末年，位于胜利路立德粉厂，光绪《光化县志·坛庙》记载："万寿宫，谭家街北，鸳瓦铺银，构思精巧。""下会馆的铁旗杆，上会馆赛如金銮殿，江西会馆像座瓷器店。"1993年拆除
6	谷城县石花江西会馆		位于石花镇苍苔街，始建于乾隆二十一年（1756年）。已毁
7	谷城县石花抚州会馆		位于石花镇东门街150号，始建于清乾隆二十一年（1756年）。1966年拆除，现残存石门框和"万寿宫"石匾额
8	谷城县茨河抚州会馆		位于茨河镇下街，从汉江码头上坡约400米。会馆坐北朝南，损毁时间不详。会馆为旅居茨河的江西抚州商人所建，当地人称江西会馆。茨河是汉江南岸的码头，下街旧址面临汉江，交通便捷。《鄂北星火》中记载：抗战时期，江西会馆作过鄂北手纺织训练所的木工厂、宿舍和临时课堂
9	谷城县小河江西会馆		原址在汉江边河街，建于清乾隆四十年（1775年），1953年因河堤崩塌圮毁
10	宜城市东巩江西会馆		位于东巩镇星月路107号。会馆现存后院墙一段约30米墙上有"江西"二字的铭文砖，已毁
11	保康县寺坪江西会馆		位于寺坪镇东500米外蒋口村，始建于清道光九年（1829年），寺坪镇政府院内存道光二十五年（1845年）所立《万寿宫志》碑刻1通，以及柱础若干件。1970年，修建公路被拆除

资料来源《襄阳会馆志》

图 1.4.27 桂林阳朔江西会馆前殿
马志武摄

江西吉水县人在老会馆东南侧买下隔壁的土地，又兴建了一座新的江西会馆，名为石阳宾馆。两座会馆成为阳朔县城最大的建筑群，抗战时期许多文化名人如黄宾虹、齐白石、李四光、竺可桢等到阳朔时都曾在此住宿。阳朔两座江西会

图 1.4.28 桂林灵川县大圩镇熊村江西会馆位置图 桂林人大提供

馆大门上方均嵌"万寿宫"竖额，山门与戏台结合一体。民国时期，石阳宾馆在前殿设许真君牌位，真君殿改为接待往来同乡人士食宿之所。中华人民共和国成立后，新旧会馆均为公产，石阳宾馆为县粮食局办公场所。老会馆仍为公共活动场所，1962 年拆除老会馆山门和戏台，1965 年改为工人文化宫，1981 年阳朔县人民政府公布老会馆为县级文物保护单位；现仅存老会馆前殿（图 1.4.27）。处于桂林商道上的村落也有江西会馆，规模较小，一般为两进建筑。桂林市灵川县大圩镇熊村江西会馆位于熊村偏北，湖南会馆的南面，始建于明代，江西移民所建。会馆是江西人在此交流、交易的场所，也为过往江西籍商人提供休憩服务，建筑布局为两进两天井，面积约为 360 平方米，主体建筑二层，建筑前后都有天井，山墙为五花马头墙，具有江西传统建筑特色。在江西会馆旁边，江西移民还建了一座小型万寿宫，建筑仅有一进，三合院式布局（图 1.4.28）。

　　湖南、贵州、云南等地区的江西移民会馆经历了从单一敬奉江西地方水神萧公、晏公的水府庙到将许真君与萧公神、晏公神三位一体供奉于祠，再到规模扩张、文化更为全面的会馆万寿宫过程。萧公和晏公作为传说中的江西水神，明代它们的祠庙就遍布于湖南、贵州、云南等地。明中叶时，江西抚州、吉安商人遍布云南州县，清乾隆九年（1744年），云南楚雄双柏县鄂嘉镇"行商坐贾，渐次凑集，要之江右客居多，因无萧祠，俱为歉然"。[①] 于是，新旧客长率同籍客民，起意募捐建萧公庙。明清时期在云南以萧晏二公等命名的祠庙数量达64所，而以万寿宫命名的移民会馆只有54所，加上其他崇祀许真君的移民会馆等累计77所。[②] 清代商品经济发展，促使移民会馆分化，两湖、巴蜀和云贵地区的许多移民会馆一改初期的简陋建筑形象，或重建或扩建，以"万寿宫"命名，或名"旌阳祠""真君庙""江西庙"等，有的主祀许真君，兼祀萧公、晏公两位江西水神，还有把关公、观音等其他佛道神灵乃至湖南、贵州一带崇拜的水神杨泗将军作为配祀。移民会馆万寿宫功能也由初期的祀神、联谊扩展成为"祀神、相亲、相帮、乐善、重义、合乐、议事"之所。明初江西移民在贵州思南县县城乌江边建水府祠祀萧公神，明万历二年（1574年）府城张姓将乌江边的水府祠迁入今址修祠，祀许真君，兼祀江西萧公和晏公；清康熙二十三年（1684年），江右商人募捐购地，按会馆功能添加建筑，会馆建设用地面积4285平方米；清嘉庆六年（1801年），江右商人再次投资大加恢拓，建筑面积2421平方米，并以"万寿宫"命名会馆（图1.4.29）。

　　由于江右商帮慷慨而虔信，珍视同乡信义之谊，不惜重金，采用家乡的建筑材料和建筑工艺，按江西传统建筑风格，在异乡构建一个本土的所在，使寓居他乡的江西移民进入会馆，似乎回到了故乡。现存的湖广、云贵川等诸省会馆中，以会馆万寿宫建筑最为宏伟，江西传统建筑文化特征最为鲜明，彰显了明清时期江西人的经济社会地位和强大的乡情凝聚力。

① 萧虹霓主编《云南道教碑刻辑录》，清·罗仰錡《募建萧公祠引》，中国社会科学出版社，2013，第351页。
② 张圣才等主编《万寿宫文化发展报告（2018）》，彭志才、嵇慧琪《云南地区万寿宫文化发展报告》，社会科学文献出版社，2019，第138页。

图 1.4.29　贵州思南县会馆万寿宫　马凯摄

也有一部分江西移民会馆处在偏僻的农业和林业山区，这些地区的移民会馆受当地商品经济发展的影响，在活动内容上有所丰富，建筑规模有所扩大，但是，仍然保持以祭祀故土神明为主要功能的形态。云南大理自治州巍山自治县萧公祠是此类会馆中规模较大者。萧公祠位于巍山县南诏镇，始建于明万历年间（1573—1620年），清咸同间毁；清光绪二十四年（1898年），由江西移民李嵩山等捐资重建，祀萧公；萧公祠坐东向西，由三进二院及花园、水池等组成；据《蒙化志稿》记载，山门为面阔三间的重檐歇山顶，正面檐下竖额书"萧公祠"三字；入山门通过戏楼底层进入第一进院落，面对前殿，第二进为正殿，供奉萧公；今山门及戏楼均不存，仅存前殿和正殿。2013年萧公祠作为巍山县南诏镇古建筑群被国务院公布为第七批全国重点文物保护单位（图1.4.30）。

图 1.4.30-1　云南巍山县萧公祠前殿　马志武摄

图 1.4.30-2　云南巍山县萧公祠后殿　马志武摄

总之，大部分处于工商兴起的城镇和商品集散地的移民会馆以万寿宫命名，其以许真君作为自己的保护神，将万寿宫作为祀神、相亲、相帮、乐善、重义、合乐之所。一些移民会馆虽然不以万寿宫命名，但在馆内供奉许真君。还有一些会馆分布在以农业为主、商贸不够发达、交通偏僻的乡场，这些会馆或祀许真君，或祀萧公、晏公，保持初始会馆的形态，还有多少，无从考察。

四、会馆万寿宫

会馆万寿宫来自江西会馆，但是，江西会馆不一定都是会馆万寿宫。明清时期的会馆，无论何种性质，都具有"祀神、合乐、义举、公约"等四项社会功能。[①]"祀神"就是供奉共同信仰的神明，以此为纽带，树立集体象征和精神支柱。北京江西官绅试子会馆具有强烈的政治色彩，会馆只能供奉儒家忠贤，激励试子以其为楷模，牢固儒家思想根基。故此类会馆建筑形制与会馆万寿宫有本质的不同。

与许真君信仰文化最密切的是江西工商会馆和江西移民会馆。对于江西移民来说，人格化的乡土神明是最好的，"凡江右客家聚集之所，无不各建有庙，遇诞辰则祭展其诚，有公事则聚商其所，而过往官绅、士庶亦赖以居停。或云'万寿宫'或云'萧公庙'，为江右人之烟火，亦为江右人之会馆也"。[②] 许逊集儒者、英雄人物和神话人物于一体，深得江西移民的尊崇，他们不仅建立移民会馆万寿宫，还会在许真君诞辰的时候举行一系列庆祝活动，保持故土的民俗。对于江右商来说，崇祀许真君，主要是构建一个以乡土神明为核心的商人信仰圈，这样对地域性商帮的形成与发展能够起到不可忽视的依托和保障作用。"旌阳许仙真君，盖江右忠孝神仙也，而实为江右福星，直省府县以及各镇，莫不建立庙宇，崇祀圣象。凡所以将其诚敬，而乡人亦时借以叙桑梓之谊焉。"[③] 在共同的许真君崇拜的旗帜下，江右商民荣辱与共，忧患相恤，桑梓之情成为流寓他乡的江西籍人最

① 参见王日根《中国会馆史》绪论，东方出版中心，2018。
② 萧虹霁主编《云南道教碑刻辑录》，清·罗仰锜《募建萧公祠引》，中国社会科学出版社，2013，第351页。
③ 苏州博物馆编《明清苏州工商业碑刻集》，清·周维岳等《重修江西会馆乐输芳名碑》，江苏人民出版社，1981，第345—349页。

易接受的纽带。也正是依靠祀神明、联乡谊的形式来集结、联合、维系和扩大集体的力量，客居他乡的江右商民才得以不断拓展自己的发展空间。因此，既在会馆内祀许真君，又在会馆内开展相亲、相帮、乐善、重义、合乐、议事等日常事务的江西会馆，无论其属于何种性质，以何种名称命名，均称为会馆万寿宫。

官绅阶层势力是会馆万寿宫的倡导者，也是会馆万寿宫管理运作的组织者。清雍正十二年（1734年），江西籍官员、翰林院编修、山西道监察御史掌河南道监察御史加三级汤偀以"会馆万寿宫"为题，为苏州江西会馆撰写碑记，汤偀认为会馆万寿宫"盖吾豫章十三都士人，为旌阳真君崇德报功，联络桑梓而举创之者也。"①尊崇许逊是因为其忠孝节义、经世济民之功不在禹下，"真君独以一儒者，躬修至德，道气凌云，长蛟降龙，凡属水乡，咸沾过化存神之妙，其功不在禹下，是盖纯忠孝节义经济。"②江西籍官员在会馆万寿宫创建与发展中不同程度地保持着影响。济南市会馆万寿宫由时任济东泰武临道的江西黎川人陈守训、济南府知府江西南城人曾廷櫆率同乡重修。上海会馆万寿宫由时任上海知县江西全南人曾承显"捐官俸以为之倡"；光绪二十年（1894年）上海道台、知县均由江西籍官员出任，促使江西会馆进入鼎盛期。苏州市会馆万寿宫，从清康熙二十三年（1684年）购地建设会馆，到清康熙四十六年（1707年）再次购地扩建，清乾隆七年（1742年）、二十六年（1761年）一再修葺，五十八年（1793年）换旧更新，一直得到江西籍官员的支持与帮助。安庆江西会馆万寿宫是在时任安徽按察使署布政使、江西新建人吴坤修倡举下，扩充规模而重建。清同治十年（1871年），吴坤修任安徽巡抚，捐其自宅，号召江右商重建芜湖会馆万寿宫。云南迪庆维西傈僳族自治县当时是滇西北"茶马互市"的汇集点。《重修万寿宫碑记》记载："维西自乾隆年间，同乡曾太守守约莅任此邦；下车伊始，遂兴乡人议建万寿宫，以崇祀典。于是首损廉俸，劝谕功德，集腋成裘。卜地于印星坡之阳，鸠工庀材，不一年而土木告竣。彼时殿宇峥嵘，殿之下有戏楼，楼之侧又设两廊、客

① 江苏省博物馆编《江苏省明清以来碑刻资料选集》，清·汤偀《江西会馆万寿宫记》，三联书店出版社，1959，第359页。
② 江苏省博物馆编《江苏省明清以来碑刻资料选集》，清·汤偀《江西会馆万寿宫记》，三联书店出版社，1959，第359页。

厅、厨室，无美不备。并置有田地、房屋，抽收租息，以供长久香火之需。推斯意也，不但使乡人会拜有贷，即我江右往来之士商，亦得以爰处爰居，借作驻足之所。"[①]

由于会馆万寿宫以同乡为纽带，包容了社会上的多种阶层，发展方向符合封建社会政治要求，从而形成了有效的基层社会整合，弥补了封建政府在这方面的管理空隙，得到封建政府的重视。通过官绅倡导，商众捐助，获得财力的支持；通过祭祀普天福主许真君，教化人心，树立"忠、孝、廉、慎、宽、裕、容、忍"的道德观念；通过会馆规章奖惩，形成自律管理机制；通过万寿宫的酬神演出、节日宴会，以敦亲睦之谊，叙桑梓之乐；通过力行善举，扶危济难，兴办地方公益事业。同时，许逊的美德与榜样力量也有助于商业伦理道德的构建。为了体现经济实力雄厚，江右商帮和江西移民在异乡建造了许多壮丽华美、气派不凡的会馆万寿宫建筑，使"万寿宫"名扬天下。

第五节　会馆万寿宫建筑布局结构特征

无论是南方还是北方的会馆万寿宫，都遵循以院落为中心的中国传统建筑群体组合的基本方式。会馆万寿宫建筑布局以间为单位构成建筑单体，再以若干建筑单体围合成院落，按照中国传统建筑院落布局形制，遵循礼制文化要求，以"一院一组"为基本单元，形成院落式建筑群。当会馆为一定规模时，沿轴线纵深方向发展若干组单元，形成多进的院落式建筑群，通常在纵向中轴线上布置山门—戏台—前殿—正殿等主要建筑，强调序列感和仪式感，纵向剖面呈现由低到高的上升关系，以突出主体建筑的地位。规模较大的会馆则以中路轴线建筑群为主，采用多路轴线平行的布局形制，并按照院落组合方式，一院一组，纵向递进。中路轴线两侧建筑对称，与中路轴线平行的左右两侧轴线建筑大体对称又有灵活变通，以突出中路轴线上的建筑重要地位。各路之间有横向联系，并通过各

[①]　萧虹霁主编《云南道教碑刻辑录》，清·李福谦撰《重修万寿宫碑记》，中国社会科学出版社，2013，第 601 页。

个院落的形状、大小尺度与建筑单体形制、体量、材料、装饰、色彩等变化产生整体意象。

会馆万寿宫建筑布局主要有合院型、祠宇型、混合型、天井型和传统住宅型等五种方式。五种布局类型之间也有关联的部分，实际应用中，各地会馆万寿宫建筑平面布局会根据所处地区的地理气候、地形地貌和建造条件等因素产生若干的变化。

一、合院型

以院落为中心，院落四周由房屋、墙垣包绕，对外不开敞。组成院落的不同房屋分离独立，形成合院形式。合院既是内部的室外活动空间，也是内部的交通组织空间。北方地区的会馆万寿宫基本上是此种类型，四合院形式居多，也有三合院和二合院的形式；建筑墙体厚，屋顶厚，为了争取日照，院落宽敞。

南方也有部分会馆万寿宫为合院式建筑群组合方式，如重修于清乾隆二十七年（1762年）的云南会泽县会馆万寿宫，中轴线上的第一进院落为三合院，第二进为四合院。始建于清乾隆四十三年（1778年）的贵阳青岩会馆万寿宫，中轴线上的主体部分围绕一个四合院组织建筑群。贵州丹寨会馆万寿宫也是四合院布局方式。

二、祠宇型

会馆是血缘宗亲关系的扩大与异化，随着江西移民和江右商帮流寓他乡，祭祀祖先的功能演变为祭祀同籍乡人共同认可的神祇。虽然没有血缘宗亲关系，但都是同籍乡人，祭祀江西人共同的福主许逊，以此作为精神的慰藉和乡情乡谊联系的纽带。将江西宗祠平面结构关系植入江西会馆，使得会馆犹如一座放大了的宗祠，既留住了家族宗祠空间意象的记忆，又超越了家族宗祠的功能，使没有血缘宗亲关系的同籍乡人汇集在同一空间，叙桑梓之谊，排怀乡之愁。由于江西宗祠的平面布局适合于南方气候，江西境内的会馆万寿宫和西南地区的会馆万寿宫往往采用这种布局方式。通常第一进围绕院落组织建筑群，院落在中轴线的戏楼和主体建筑之间，并尽可能留出相对宽敞的空间，以突出中轴线上主体建筑的核

图 1.5.1　南充市高坪区龙门会馆万寿宫　南充市人大提供

心地位，满足合乐、聚会等活动的要求。庭院两侧为架空的走马廊或厢廊，第二进围绕天井布局，正殿要求庄严肃静，露天场地只需满足通风采光排水的基本要求，不要求人在其中活动，采用天井的形式能达到这一目的，因此，将天井置于前殿和正殿之间能够满足这一要求，天井两侧通常为厢廊。

（一）"合院 + 天井"

四川南充市高坪区龙门镇江西会馆又名万寿宫，为四川省文物保护单位。会馆万寿宫由抚州移民建于清初，建筑坐北朝南，占地面积 2150 平方米，现有建筑面积 1078 平方米。会馆由正殿、前殿、戏楼、厢房、廊庑等组成，平面布局为"合院 + 天井"式。第一进院落为宽敞的四合院，由戏楼、前殿和两侧厢房围合而成，第二进天井处于前殿和正殿之间（图 1.5.1）。北方会馆万寿宫也会采用这种布局方式，陕西安康市石泉县江西会馆外围墙垣与山门、前殿围合成一个宽敞的长方形合院，前殿与正殿的人字形马头墙与外围封火墙形成一体，通进深有23.9 米，两殿之间布置一口横向的长方形天井。

（二）"庭院 + 天井"

院落是合院和庭院的统称，合院较小时则称庭院，虽然庭院没有合院宽敞，也是外部活动空间，具有交通空间的功能。南方多雨湿热，建筑普遍采用庭院和天井。一般会馆万寿宫建筑的庭院四周有厢廊，雨天时可从廊道进入各房屋。当庭院狭小时，则为天井。天井的物理性能是使风的吸力增强，通风量加大，起到改善湿热的内部环境的作用。天井通常不承担交通的作用，也不作为室外活动空间来使用。

所谓"天井"就是建筑群体内部的四面或三面不同的屋面勾连搭，围合出一个向天敞开的"井口"（图1.5.2）。在这些屋面下面，可以分隔出若干房间，也可以是没有隔墙的室内连续空间；无论何种空间形式，都要依靠天井通风、采光、纳阳。天井的"井底"主要是排泄雨水，通常"井底"为"水形""土形""水形虎眼""土形虎眼""坑形"五种形式（图1.5.3）。"坑形"即四周有栏杆，池水可作消防用水，但滋生蚊虫，一般大户人家在书房前采用这种天井形

图1.5.2　抚州玉隆万寿宫屋面勾连搭形成的天井　马志武摄

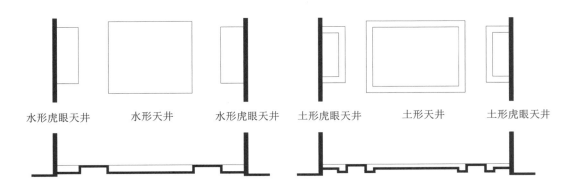

水形虎眼天井　　水形天井　　水形虎眼天井　　土形虎眼天井　　土形天井　　土形虎眼天井

图1.5.3　江西民居天井"井底"形式　马凯绘

图 1.5.4　坑形天井　马志武摄

式（图 1.5.4）。天井是江西传统建筑最显著的特征。现保存的明嘉靖年间的景德镇祥集弄 3 号天井式民居说明，明代中叶，江西天井式民居已经发展成熟。"在民居形制和构造工艺上形成一套非常完善和更为合理的法则规律，并且在与建筑美学和思想文化的结合上表现得相当完美。"[1] 天井在我国长江以南地区广泛存在，江西传统建筑应用天井改善湿热居住环境的设计手法非常多，除内天井的形制外，还创造出"天门""天眼"和"天窗"等高位采光与通风的形式。[2] 由于地方工匠参与并承担江西府县公署等公共建筑的设计与施工，这些公共建筑除了大型活动要求宽敞开阔的院落外，也会以天井为中心，形成以"进"为基本单元的空间组合格局，具有明显的江西地方特色（图 1.5.5）。

江西中等规模以上的宗祠通常采用"庭院 + 天井"的布局方式。反映在南方会馆万寿宫空间形态上，采用祠宇型布局形制的较多。如江西铅山县河口建昌会馆、江西铅山县陈坊会馆万寿宫、江西铜鼓县排埠会馆万寿宫、江西赣州七鲤会馆万寿宫、湖南洪江黔城会馆万寿宫、贵州思南会馆万寿宫等都属于祠宇型"庭院 + 天井"的空间结构。

三、混合型

根据地形，因地制宜采用庭院和天井组织建筑群。"一院一组"中既有庭院，也有天井；空间结构既保留一部分祠宇型空间意象，又配合地形，采取对称与不对称相结合的组合方式，每一建筑组群不在同一条中轴线上。贵州镇远县万寿

---

[1]　黄浩：《江西民居》，中国建筑工业出版社，2008，第 21 页。

[2]　参见黄浩《江西民居》，中国建筑工业出版社，2008。

图 1.5.5-1　景德镇祥集弄 3 号明代住宅天井　马志武摄

图 1.5.5-2　江西浮梁县古县衙内天井　马志武摄

图 1.5.5-3　江西鹅湖书院内天井　马志武摄

宫位于潴阳河旁中河山脚下，为了顺应地形，依山体走势，从山门到最后一进建筑，三组建筑群不在同一条中轴线上，建筑组群围绕四进庭院布局，为了适应地形，在主体建筑内部套入天井，布局灵活，环境协调，空间层次丰富。

四、天井型

以"一天井一组"为单元，纵向发展；规模较大者，则在纵向中路左右横向扩展组群，横向组群也是围绕天井纵向递进，形成多路并行的格局；各路纵向界墙为封火墙，横向之间用横廊联系。

（一）以中轴线上的天井为中心的组合方式

湖北襄阳樊城小江西会馆有办公、仓储、住宿等功能，其通面阔 9.64 米，通进深 83.2 米，建筑围绕中轴线上的七进天井纵向递进，层层天井富有变化；东西两侧共有 4 个出入口，通向连接街道的巷子（图 1.5.6）。

（二）围绕中轴线上的天井和中轴线两侧的天井组合方式

抚州玉隆万寿宫通面阔约 54 米，通进深约 94 米，建筑面积约 4320 平方米。位于万寿宫中间的前殿外的狭长天井将整个万寿宫分为前、后两部分，前面部分由山门、过厅、戏楼、前厅、戏楼两侧的连楼、前厅两侧的厢楼等组成，建筑群围绕中轴线两侧的两对天井布局，空间活泼，层次丰富；从前殿前廊天井起，横向分为三路，建筑均围绕中轴线上的天井布局，纵向递进。中路为三进二天井布局形式，由前殿、许仙祠、玉隆阁和两侧厢房及廊庑分别围合出两口天井；中路的北路为文兴庵，南路为火神庙，建筑组群也是围绕中轴线上的天井纵向扩展；玉隆阁后面的一对天井主要是解决通风采光，不属于天井式布局

图 1.5.6　襄阳樊城小江西会馆天井　马志武摄

方式（图1.5.7）。

五、传统住宅型

与会馆万寿宫"天井型"不同的是，虽然传统住宅也是围绕天井布局，但是，其天井四周的建筑单体有专门的名称和空间位置要求，如景德镇祥集弄3号明代住宅平面图所示（图1.5.8）。净明道传统住宅型一般采用江西传统民居中的中小型住宅布局形制，通常只有一进天井；而会馆万寿宫一般采用江西天井式民居中的大中型住宅布局形制，至少有两进天井。成都龙泉驿区洛带镇会馆万寿宫系赣南客家人于清乾隆十八年（1753年）捐资兴建，建筑坐北朝南，按江西传统民居中的单路大宅布局方式，第一进天井由倒座下堂和下正房前的檐廊、东西厢廊和上堂前廊围合而成，第二进天井由上堂后廊、小戏台、面阔三间的敞口式后堂以及东

图1.5.7-1 抚州玉隆万寿宫入口一侧的天井 马志武摄

图1.5.7-2 抚州玉隆万寿宫前厅与前殿之间的一线天 马志武摄

图 1.5.7-3　抚州玉隆万寿宫戏楼一侧的天井　马志武摄

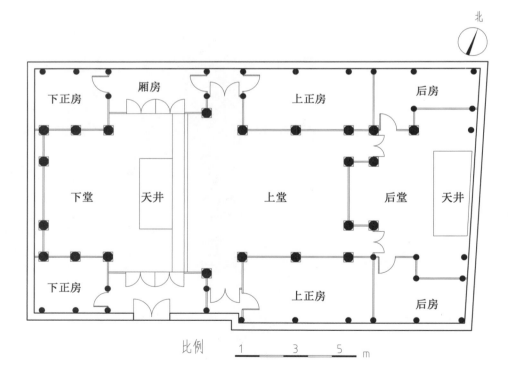

图 1.5.8　景德镇祥集弄 3 号明代住宅平面图　马凯绘

西两侧的厢廊围合而成。洛带会馆万寿宫空间尺度适宜，布局精巧，充满了居家的温馨，展现了赣南客家人对乡梓之情的眷念（参见第四章实例7）。

以上五种布局方式实例见表1.7。

表1.7　会馆万寿宫布局形制

类型	名称	平面结构	特点
合院式	江苏徐州窑湾会馆万寿宫	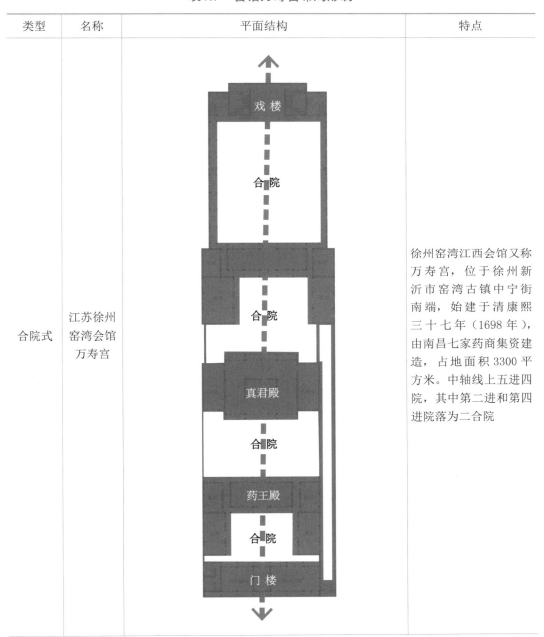	徐州窑湾江西会馆又称万寿宫，位于徐州新沂市窑湾古镇中宁街南端，始建于清康熙三十七年（1698年），由南昌七家药商集资建造，占地面积3300平方米。中轴线上五进四院，其中第二进和第四进院落为二合院

续表

类型	名称	平面结构	特点
合院式	云南会泽会馆万寿宫	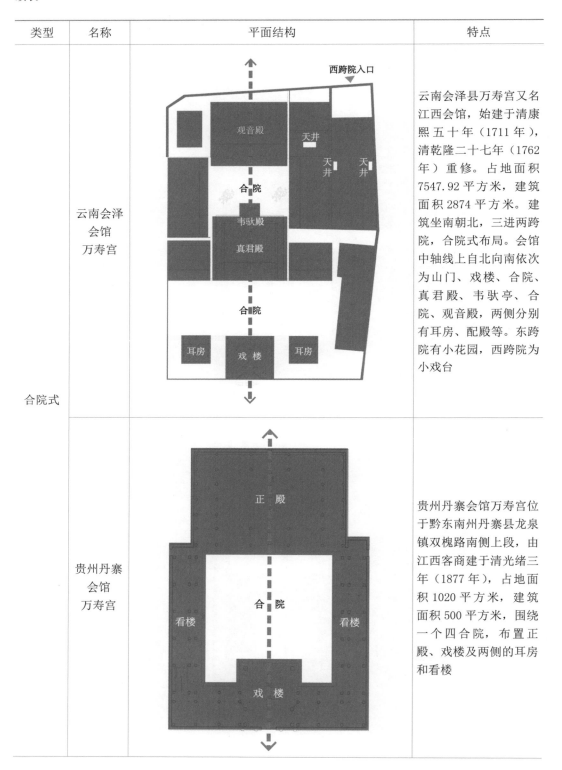	云南会泽县万寿宫又名江西会馆，始建于清康熙五十年（1711年），清乾隆二十七年（1762年）重修。占地面积7547.92平方米，建筑面积2874平方米。建筑坐南朝北，三进两跨院，合院式布局。会馆中轴线上自北向南依次为山门、戏楼、合院、真君殿、韦驮亭、合院、观音殿，两侧分别有耳房、配殿等。东跨院有小花园，西跨院为小戏台
	贵州丹寨会馆万寿宫		贵州丹寨会馆万寿宫位于黔东南州丹寨县龙泉镇双槐路南侧上段，由江西客商建于清光绪三年（1877年），占地面积1020平方米，建筑面积500平方米，围绕一个四合院，布置正殿、戏楼及两侧的耳房和看楼

续表

类型	名称	平面结构	特点
合院式	贵州贵阳青岩会馆万寿宫		贵阳青岩会馆万寿宫位于青岩西街北段西侧，始建于清乾隆四十三年（1778年），清道光十三年（1833年）重修。建筑坐南向北，中轴线上，围绕一个四合院布置戏楼、两厢、高明殿等建筑。中轴线南面两侧的偏院为自由式布局
	陕西商南县江西会馆		陕西商洛市商南县江西会馆，位于商南县城老西街中段，其始建于清光绪二年（1876年），民国四年（1915年）重修正殿。会馆坐北朝南，占地面积800多平方米，砖木结构，二进二院布局，中轴线上的第一进合院由山门、前殿、东西厢房围合（已圮毁）而成，第二进合院由前殿、正殿围合而成

续表

类型	名称	平面结构	特点
祠宇型（合院＋天井	陕西石泉县江西会馆万寿宫	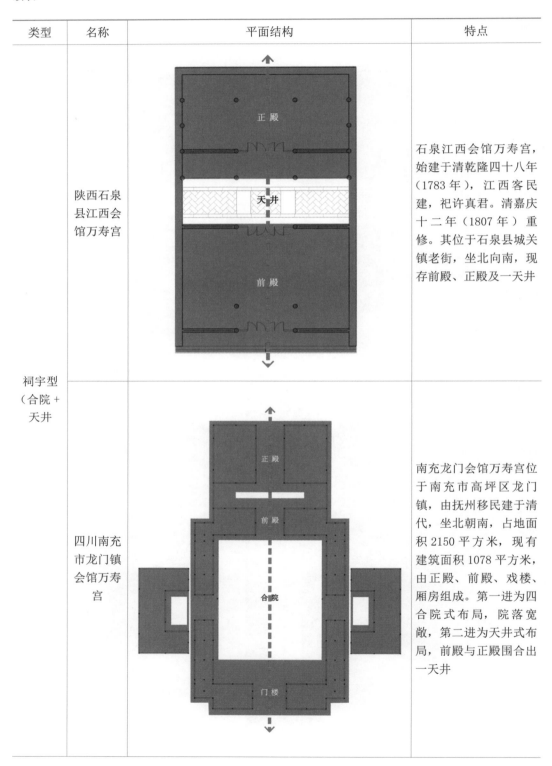	石泉江西会馆万寿宫，始建于清乾隆四十八年（1783年），江西客民建，祀许真君。清嘉庆十二年（1807年）重修。其位于石泉县城关镇老街，坐北向南，现存前殿、正殿及一天井
	四川南充市龙门镇会馆万寿宫		南充龙门会馆万寿宫位于南充市高坪区龙门镇，由抚州移民建于清代，坐北朝南，占地面积2150平方米，现有建筑面积1078平方米，由正殿、前殿、戏楼、厢房组成。第一进为四合院式布局，院落宽敞，第二进为天井式布局，前殿与正殿围合出一天井

续表

类型	名称	平面结构	特点
祠宇型（庭院＋天井）	湖南怀化洪江黔城会馆万寿宫		湖南怀化洪江黔城会馆万寿宫是湖南沅水上游最大的工商会馆，始建于清道光二十四年（1844年），占地1000余平方米，坐北朝南，由江西商人捐资建成。建筑为三路轴线并行布局方式。中路轴线为三进一庭院一天井。东路围绕四口天井布置，西路围绕三口天井布局
	浙江江山廿八都会馆万寿宫		浙江省江山市廿八都会馆万寿宫建筑面积583平方米。明代末年，江西籍商人集资兴建会馆，清乾隆年间扩建，以万寿宫命名。戏楼、看楼与前殿等围合成第一进庭院，第二进为天井，天井两侧廊庑连接真君殿前廊和前殿后廊

续表

类型	名称	平面结构	特点
祠宇型（庭院 + 天井）	江西铅山县河口镇建昌会馆	玉隆阁 / 天井 天井 / 高明殿 / 天井 天井 / 前殿 / 看楼 庭院 看楼 / 戏楼	江西河口建昌会馆位于铅山县河口镇解放街，清嘉庆间（1796—1820年）由建昌府南城商帮所建，建筑围绕一个庭院和四口天井布局，山门与戏楼结合一体为第一进，与第二进前殿和戏楼两侧的看楼围合成庭院，第三进正殿与前殿之间有两口天井，第四进是玉隆阁，与正殿之间也有两口天井
	贵州赤水市复兴会馆万寿宫	正殿 / 合院 / 前殿 / 看楼 庭院 看楼 / 戏楼	复兴会馆万寿宫位于贵州省赤水市复兴镇复兴场下半场老街，始建于清道光十二年（1832年），清宣统二年（1910年）由江西盐商重建。该建筑坐东向西，平面按三进一庭院一天井布局。山门与戏楼及其两侧的耳房结合一体，并与南、北两侧的二层看楼和前殿组成第一进庭院，第二进天井由前殿后廊、天井两侧的厢房和真君殿围合而成

续表

类型	名称	平面结构	特点
祠宇型（庭院＋天井）	江西铅山县陈坊会馆万寿宫	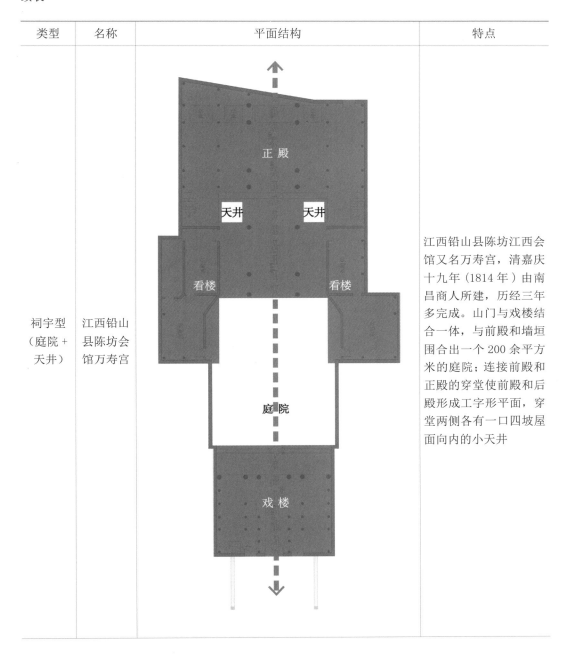	江西铅山县陈坊江西会馆又名万寿宫，清嘉庆十九年（1814 年）由南昌商人所建，历经三年多完成。山门与戏楼结合一体，与前殿和墙垣围合出一个 200 余平方米的庭院；连接前殿和正殿的穿堂使前殿和后殿形成工字形平面，穿堂两侧各有一口四坡屋面向内的小天井

续表

类型	名称	平面结构	特点
混合型（庭院＋天井）	贵州镇远县会馆万寿宫		贵州镇远县会馆万寿宫位于㵲阳河旁中河山脚下，整体呈不规则的长条形，主体坐北朝南，为了顺应地形，依山体走势，围绕四进庭院灵活布局。从山门进入第一进庭院，向北转90度，面对第二道宫门；穿过宫门从戏楼架空层通道进入第二进庭院，庭院由戏楼、前殿和两侧看楼围合而成；过前殿进入第三进庭院，由客堂和前殿围合而成，在庭院内中轴线再次转折，第四进庭院由客房和真君殿（已毁）围合组成；庭院和建筑内部穿插五口大小不一的天井，手法灵活，空间层次丰富

续表

类型	名称	平面结构	特点
天井式	湖北襄阳樊城小江西会馆		湖北襄阳樊城小江西会馆是为了区别原樊城江西会馆（又名大江西会馆）而言。位于沿江大道中段（原中山前街212号），建于清中晚期。小江西会馆围绕中轴线上的七进天井对称布置建筑，会馆通面阔9.64米，通进深83.2米。二、三、四、五进建筑有楼层，第七进天井两侧为住宿。除中轴线上的正门外，还在东西山墙上设置四个入口通向连接街道的巷子

续表

类型	名称	平面结构	特点
天井式	江西抚州玉隆万寿宫	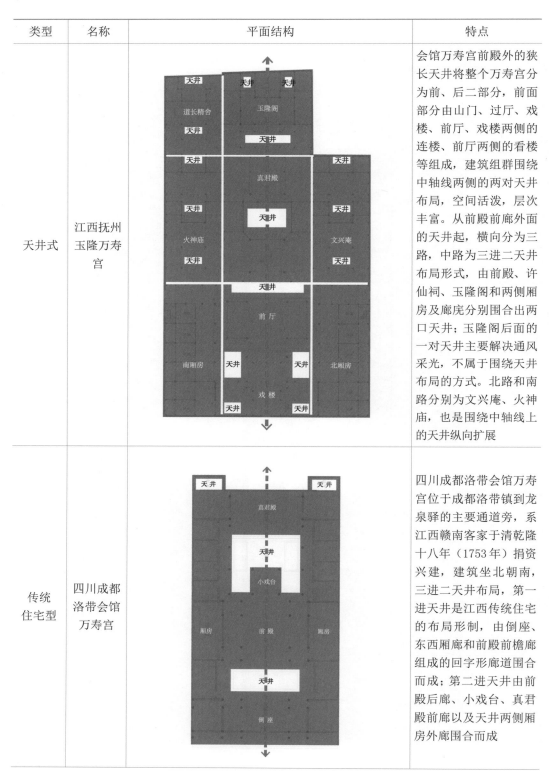	会馆万寿宫前殿外的狭长天井将整个万寿宫分为前、后二部分，前面部分由山门、过厅、戏楼、前厅、戏楼两侧的连楼、前厅两侧的看楼等组成，建筑组群围绕中轴线两侧的两对天井布局，空间活泼，层次丰富。从前殿前廊外面的天井起，横向分为三路，中路为三进二天井布局形式，由前殿、许仙祠、玉隆阁和两侧厢房及廊庑分别围合出两口天井；玉隆阁后面的一对天井主要解决通风采光，不属于围绕天井布局的方式。北路和南路分别为文兴庵、火神庙，也是围绕中轴线上的天井纵向扩展
传统住宅型	四川成都洛带会馆万寿宫		四川成都洛带会馆万寿宫位于成都洛带镇到龙泉驿的主要通道旁，系江西赣南客家于清乾隆十八年（1753年）捐资兴建，建筑坐北朝南，三进二天井布局，第一进天井是江西传统住宅的布局形制，由倒座、东西厢廊和前殿前檐廊组成的回字形廊道围合而成；第二进天井由前殿后廊、小戏台、真君殿前廊以及天井两侧厢房外廊围合而成

第二章

会馆万寿宫
与净明道万寿宫
建筑比较

第一节　布局结构的比较

一、会馆万寿宫与南昌西山万寿宫、铁柱万寿宫布局结构的比较

西山万寿宫是净明道万寿宫的祖庭，建筑历史悠久，渊源很深。其起自许真君故宅及飞升福地，由道士主持，诵经祀神，道规戒律比较严格，宗教氛围浓重。北宋政和六年（1116 年），宋徽宗诏令按照西京崇福宫建筑式样重建西山玉隆宫，并派出朝廷承务郎方轸掌管西山玉隆万寿宫营建工程，实行一揽子领导与管理。"朕欲作立宫殿，崇祀弗替，特虑鸠工庀材，方命虐民，尔承务郎方轸夙禀官箴，久操廉洁，兹命尔董修是举，宜思匪载雕镂，曷表诚悃。"[①] 这时候的西山万寿宫属于官式建筑，建筑布局、各种建筑单体设计、结构、用料和施工，都必须遵守北宋崇宁二年（1103 年）颁行的《营造法式》规范。完成后的西山万寿宫体现了宫观型道观布局的特点，即以体量高大的殿阁为中心，殿阁四周被院落环绕，再用围墙构成矩形的院落外廓。宫观型道观源于唐朝时将道观称为"宫"，由于道观建筑的规模越来越大，功能越来越多，建筑仿照宫殿建筑的布局方式，沿着纵向的轴线层层向上，最北端的建筑最高，达到建筑群的高潮，使其能在建筑群中起到统领的作用。当时西山万寿宫的敕书阁和玉册阁分别被布置在东西两路中轴线上的最北端，建筑高于其他殿阁，为三重檐歇山式屋顶，在整个建筑群中等级最高。尽管西山万寿宫在历朝历代有过多次重建，但这种特点一直被保持下来。清同治七年（1868 年）的图记表明，西山万寿宫坐北朝南，保持了乾隆

---

① 《万寿宫通志》卷之二，第 44 页。

三年（1738 年）五路纵向并行的格局，各路之间都有界墙分隔，中轴线上殿堂重叠，院落环绕殿堂，外围界墙构成矩形院落外廊。中间三路既强调了祭祀的主体，又统领了整体建筑群落；左右两个旁路围绕着主体，各有自身的功能。入口山门起到了统领三处仪门的作用，使之更加庄重而富有仪式感。这种布局方式与会馆万寿宫建筑有很大的不同，会馆万寿宫的外围封火墙与主体建筑山墙、两侧的辅助建筑的背墙连成一体，共同构成每进院落的外廊，并通过院落、廊道、建筑单体的开口保持多进空间的连续性。

南昌铁柱万寿宫自明太祖"幸铁柱观，降御香"之后，得到的朝廷眷顾一直超过西山万寿宫。铁柱万寿宫建筑功能庞杂，既要满足道士供神祈祷、民间祭祀，又要为地方官吏提供祀典场所和服务，还要利用地处闹市的条件，争取更多的店面，以租金贴补宫观开支。为了彰显净明道观传统，从明万历间起，铁柱万寿宫确定了南北中轴线上殿阁重叠、院落互联的宫观型格局，布局结构显然受到西山万寿宫布局形制的影响。清道光二十九年《南昌县志》铁柱万寿宫图记表明，铁柱万寿宫东西两部分的结构形态更加分明，东边部分仍然保持主体的地位，西边部分为棋盘街沿街店铺和附属道院。与西山万寿宫不同的是东边部分的院落外廊由两侧配殿、廊庑、供奉诸仙的祠庙和宫墙构成。清光绪丁未年季秋（1907 年），江西总商会公举曾秉钰主政为总理，始移驻会所于万寿宫附近。光绪戊申年秋（1908 年），江西总商会"拓地数亩，大兴土木，不数月而层楼高矗。……于正殿西庑，附设男女劝工劝业之场暨陈列所，一时百货麇集，光怪陆离，往来观此，如入山阴道中，应接不暇。为商业特开文明之世界，启竞争优胜之心机，其以此欤？加以是宫经重新修葺，金碧辉煌，丹青绚烂，益洋乎而大观也。"[①]曾秉钰请南昌画家袁子以"铁柱高风"为题作画；"予众互相参酌详细布置，配以府学圣宫，暨滕阁、花洲之胜，阅两寒暑诸图始成，装为四副，置诸座右，以供卧游也，可以为纪念品也，亦未不可"。[②]"铁柱高风"一图的题跋时间为宣统辛亥季夏（1911 年）。因此，此图能够反映光绪二年（1876 年）、光绪三十四

① 宣统三年《铁柱高风》国画题跋。（注：原图收藏于南昌八大山人纪念馆）。
② 宣统三年《铁柱高风》国画题跋。

图 2.1.1　民国四年后重建的铁柱万寿宫真君殿　南昌档案馆提供

年（1908 年）二次重修与添加建筑的面貌（参见图 1.2.12）。从画中可知，当时的铁柱万寿宫已经成为道观供神祈祷、民间祭祀、商贸交流和商贾聚会合一的场所，规模庞大，空间结构复杂，总体为"宫观＋天井式民居"的布局方式。高密度的布局显然不利于防火，民国四年（1915 年），铁柱万寿宫失火，省、市各界集资重修，历经 5 年方才完工。从二十世纪三十年代的照片可以看出，中轴线上的布局形制呈现同治十年（1871 年）的格局（图 2.1.1）。因此，铁柱万寿宫"宫观＋天井式民居"的布局与会馆万寿宫的空间结构形态也是不同的。

二、会馆万寿宫与其他净明道万寿宫布局结构的比较

南昌青云谱净明道观的廊庙型布局可追溯到"廊院"制度，自汉至宋、金见于宫殿、祠庙和较大的住宅，其布局方式是在纵向中轴线上建主要建筑和对面的次要建筑，再在院子两侧用回廊将两座建筑连为一体。从宋代起，廊院渐少，明清时期廊院基本绝迹。清代青云谱道观道人胡之玟编纂的《净明宗教录》卷九《道院》中，有关于廊庙型道观布局要义的阐述，青云谱净明道观布局与书中所述吻合。青云谱道观在纵向中轴线上建三座主要建筑，左右各翼以配殿围合出前

北

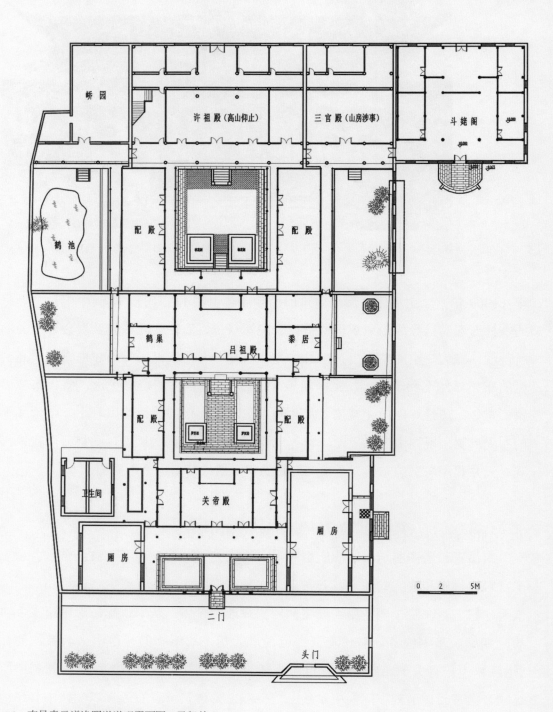

峤园

许祖殿（高山仰止）　　三官殿（山房涉事）　　斗姥阁

鹤池

配殿　　　　　　　　　　　　　　　　配殿

鹤巢　　　　吕祖殿　　　黍居

配殿　　　　　　　　　　　　　　　　配殿

卫生间

关帝殿

厢房　　　　　　　　　　　　　　　　厢房

二门

头门

0　2　　5M

图 2.1.2　南昌青云谱净明道道观平面图　马凯绘

后二口天井，两侧配殿都有朝向天井的檐廊，与相邻主体建筑檐廊连通，形成回字形走廊；在主体建筑横廊尽端和东西两侧配殿外侧有长廊，将主体建筑和配殿包围在内部，从关帝殿前廊进入长廊，可到达许祖殿的前廊，形成内有回廊、外有长廊并与主体建筑横廊连通的廊庙式道观（图2.1.2）。青云谱净明道观的廊庙形制布局附会易经八卦，讲究建筑方位，但未对其他净明道万寿宫和会馆万寿宫建筑产生影响。

乡村净明道万寿宫通常为道佛混合型，除了供奉许逊，还供奉佛教的观音菩萨等，其建设、维持资金来源于周围乡村百姓，因此，通常采用江西祠宇型建筑形制，既能与普通民居相区别，也能贴近底层社会，便于开展祭祀活动。在中国传统社会中，有"家国同构"之说，家庭之外的社会关系如会馆、帮会等直至国家都有一种类似亲属血缘关系的现象。明清时期，中国各省会馆都有集体供奉的乡土神明，反映在江西工商和移民会馆的布局上，采用祠宇型的空间形态比较普遍。因而在布局形制上，乡村净明道万寿宫与祠宇型会馆万寿宫有许多共同之处。

无论是铁柱万寿宫辅路建筑组群、乡村净明道万寿宫还是会馆万寿宫，其围绕天井布局的手法都来自江西传统民居。江西传统民居以天井为中心，组合建筑群的手法十分成熟。如南昌市新建区大塘乡汪山土库（程家大院），是江西传统建筑中的大型府第。程家大院9路并列，每路采用纵向多进连接，一般为4进，最多则达到7进；整个建筑群共有天井572口，每进都围绕"天井"布局，除中轴线上的主厅堂前的天井外，在厢房两侧还分别设有贴墙的"虎眼天井"，厅堂两侧的上房两外侧也分别设有天井（图2.1.3）。会馆万寿宫和乡村净明道万寿宫、铁柱万寿宫辅路建筑群围绕天井布局，是江西天井式民居组合方式的应用，因而在以天井为中心的布局结构上有着共同的特征。

传统住宅型净明道和会馆万寿宫，虽然建筑形态不同，空间构成的原则是一致的，具有江西传统居住空间的特征。与传统住宅型的会馆万寿宫比较，净明道万寿宫表现为中小型住宅布局形制，而会馆万寿宫则以大中型住宅布局形制为主，给人大户人家的印象。

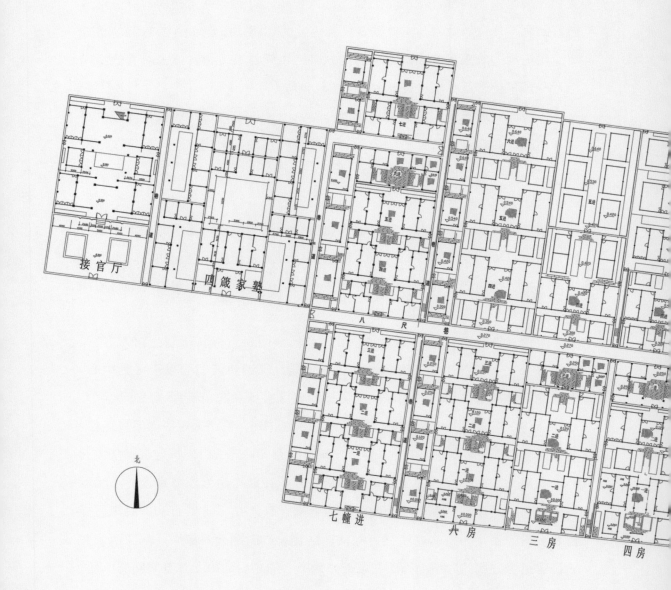

图 2.1.3　南昌新建区汪山土库总平面图　南昌文广新旅局提供

祖堂后栋　　　　保 仁 堂　　　望庐楼　　退思堂　　稻 花 香 馆　　大房仓

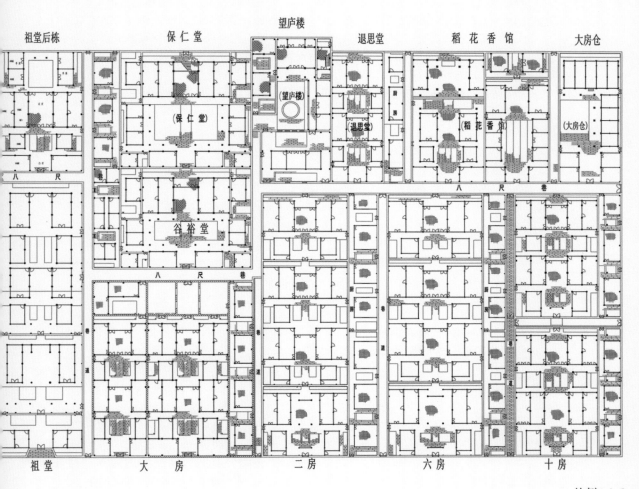

（保仁堂）

（望庐楼）　　（退思堂）　　　（稻花香馆）　　（大房仓）

谷裕堂

八　　尺　　巷

八　　尺　　巷　　　　　　　　　　八　　尺　　巷

祖堂　　　　　大　　房　　　　二　　房　　　　六　　房　　　　十　　房

比例 1 3 5m

三、净明道万寿宫与会馆万寿宫布局形态特征对比

综上所述，结合表 1.4 和表 1.7，将净明道万寿宫与会馆万寿宫布局形态特征对比如下：

类别	净明道派万寿宫	会馆万寿宫
合院式	1. 以体量高大的殿堂建筑为中心，殿堂周围院落环绕，相互渗透，再外用围墙构成矩形的院落外廊的宫观型布局 实例参见表 1.4 宫观型 2. 南北中轴线上的布局为殿堂重叠、院落互联的宫观型格局；院落外廊由两侧配殿、廊庑、供奉诸仙的祠庙和宫墙构成 实例参见表 1.4 宫观型	以合院为中心，一院一组，建筑围绕合院布局，合院外廊由封火墙、主体建筑山墙、两侧辅助建筑背墙构成，每进合院由封火墙、主体建筑、两侧辅助建筑和廊庑围合而成，并通过廊道、建筑单体的开口等保持多进合院空间的连续性 实例参见表 1.7 "合院式"
廊庙型	中轴线上的主体建筑内有回廊联系，外有长廊包绕 实例参见 1.4 廊庙型	
祠宇型（合院＋天井）		第一进为合院，第二进为天井 实例参见表 1.7 祠宇型 "合院＋天井"
祠宇型（庭院＋天井）	与江西宗祠布局类似，通常主路第一进围绕庭院布局，第二进围绕天井布局 实例参见表 1.4 祠宇型 "庭院＋天井"	与江西宗祠布局类似，通常主路第一进围绕庭院布局，第二进围绕天井布局 实例参见表 1.7 祠宇型 "庭院＋天井"
祠宇型（天井式）	围绕天井布局。一般为二进一天井 实例参见表 1.4 祠宇型 "天井式"	
混合型（庭院＋天井）		一组院落空间既有庭院，也有天井，相互渗透 实例参见表 1.7 "混合型"
天井型		以 "一天井一组" 为单元，围绕多进天井纵向发展；规模较大者，则在纵向中路左右横向扩展组群，横向组群也是围绕天井纵向递进，形成以天井为中心，多路并行的格局 实例参见表 1.7 "天井型"
传统住宅型	采用江西天井式民居中的中小型住宅布局形制，通常只有一进天井 实例参见表 1.4 "传统住宅型"	采用江西天井式民居中的大中型住宅布局形制，至少有两进天井 实例参见表 1.7 "传统住宅型"

第二节 会馆万寿宫和净明道万寿宫主要建筑单体比较

尽管会馆万寿宫与净明道万寿宫建筑单体功能要求不同，其主要建筑单体往往采用净明道万寿宫或江西宗祠的建筑名称，一般主要建筑单体有：山门、戏楼（戏台）、前殿、正殿和看楼等。

一、会馆万寿宫和净明道万寿宫主要建筑单体形制

（一）入口门制

凡庙宇建筑主入口均称山门。山门承担着交通组织、安全防卫、空间领域等基本功能需求，也是万寿宫等级地位的象征。万寿宫入口有门楼、门廊、门罩和门洞等形式。会馆万寿宫沿袭净明道万寿宫山门的称呼，也称正面主入口为山门。

1. 净明道万寿宫入口门制

西山万寿宫在中轴线上设有山门和棂星门，既是礼制的需要，也象征建筑等级高贵。以后山门形式虽然发生变化，但是两道宫门的形制一直保留下来。铁柱万寿宫、青云谱道观和宁都小布镇万寿宫，都采用了两道门制（2.2.1）。

（1）牌楼式

北宋政和六年（1116年）的西山万寿宫为皇帝敕

图 2.2.1-1　南昌青云谱道观头门　马凯摄

图 2.2.1-2　南昌青云谱道观二门　马凯摄

建，前门分为中山门、东山门和西山门，均为四柱三间三楼牌楼形制，第二道门为棂星门，为四柱三间重檐歇山式。明代对牌楼的使用有严格的规定，西山万寿宫的山门一直为墙垣式券形门洞。清乾隆三年（1738 年）重建西山万寿宫时才重新采用牌楼式山门，当时西山万寿宫中轴线上的前门为八字形六柱五间三楼附墙式牌楼，正中设三门洞，各门洞前有九级垂带式台阶，明间门洞上部横匾书"万寿宫"三字，通过山门额联、人物、植物、动物、几何等装饰图案纹样呈现万寿宫文化。以后西山万寿宫第一道宫门一直沿用此形制，没有太大的改变。清光绪甲辰年至丙午年（1904—1906 年）重修时，牌楼屋顶形制仍然是歇山式，由清道光十六年（1836 年）的八字形无柱式三楼调整为八字形八柱七间五楼牌楼式山门，其中，明间二柱不落地，梢间为重檐式样，明间、梢间开券门，券门两侧墙体各有一鎏金大字，组成"净明宗坛"四字，山门明间枋部有横额，书"万寿宫"三字（2.2.2）。

乡村净明道万寿宫门楼则采用江西宗祠和传统住宅正中辟门的形制，如江西樟树临江万寿宫为八字形四柱三间五楼青石山门，门洞最上方镶嵌石刻竖额，书"万寿宫"三字，下方有横额，书"忠孝格天"四字，山门雕刻人物、花鸟和几何纹饰图案等。于都黄屋乾万寿宫山门为附墙式四柱三间三楼石牌楼形式，高7.7 米，面阔 6 米；柱之间均由红石砌筑填充；山门石雕图案纹样生动，屋面翼

图 2.2.2　西山万寿宫山门　马凯摄

图 2.2.3-1　江西樟树市临江镇万寿宫山门　马志武摄

角饰鱼龙吻，山门明间入口大门上方正中竖额书"万寿宫"三个大字（图 2.2.3）。清嘉庆十八年（1813 年）重建的宁都小布镇万寿宫的第二道山门为附墙式四柱三间三楼砖牌楼形式（图 2.2.4）。兴国良村万寿宫屋宇下有三个入口，建筑中间的入

图 2.2.3-2　赣州于都黄屋乾万寿宫山门　马志武摄

（上）图 2.2.4　赣州宁都小布镇万寿宫山门　夏侯丁摄

（下）图 2.2.5　赣州兴国县良村万寿宫屋宇下的四柱三间三楼山门　马志武摄

图 2.2.6 赣州兴国县兴莲乡万寿宫屋宇下的门洞式山门 马志武摄

口为四柱三间三楼附墙式牌楼，两侧是门洞式入口（图 2.2.5）。

　　直到清道光二十九年（1849 年）重建铁柱万寿宫时，其中轴线上的山门才由墙垣式券形门洞改为四柱三间五楼附墙式牌楼，其中两柱不落地，中轴线两侧仍然为券形门洞式入口。同治十年（1871 年）重修铁柱万寿宫，取消了券形门洞式入口，将山门改为无柱式三间五楼形式，牌楼下有三个瓮形门洞。光绪二年（1876 年）、光绪三十四年（1908 年）两次重修与添加建筑，山门立面几乎占据整个南面外围的宫墙，牌楼式山门为六柱七间六楼，券形门洞高大，门外是垂带式大台阶（参见图 1.2.12）。

　　（2）门洞式山门

　　最简单的山门是以青砖砌出门洞，用青泥膏粉刷饰门框，或用石制的边框，常称之为门仪；门洞为券形或矩形。例如兴国兴莲乡万寿宫的山门为门洞式，门的上部粉制额框（图 2.2.6）。

　　（3）门罩式

　　通常在大门门仪上用青砖叠涩外挑几层线脚，然后在其顶上覆盖瓦檐，檐角起翘，加以垂柱，装饰梁枋；或梁石上的墙面嵌上镶边的额书，衬以墨画、砖雕花板。宁都小布镇万寿宫外围封火墙的入口就是门罩式（图 2.2.7）。

图 2.2.7　宁都小布镇万寿宫门罩式山门　马志武摄

（4）门廊式

　　江西新干县七琴镇万寿宫主轴线的主入口为门廊式，门廊面阔三间，形成有柱的檐廊（图 2.2.8）。

图 2.2.8　吉安新干县七琴镇万寿宫门廊式山门　新干县人大提供

2. 会馆万寿宫入口门制

（1）牌楼式

会馆万寿宫山门作为入口标志，是整个建筑给人的第一印象，也是装饰最精美的地方。江右商民在江西宗祠和江西传统住宅正中辟门的形式基础上，结合许真君信仰文化，形成了有别于其他省份会馆山门的个性特征，具有明显的江西地方建筑特色，人们在很远就能辨别出江西会馆的山门。

会馆万寿宫山门通常为附墙式，分石、砖石和砖三种结构形式，平面有一字形和八字形，门洞上常作三楼、五楼、七楼，并与封火墙连成整体。砖结构牌楼以贵州石阡会馆万寿宫最为精致，石结构牌楼以抚州玉隆万寿宫最为气派，砖石结构牌楼以镇远会馆万寿宫最为宏丽（参见第四章实例）。砖牌楼在开大门的地方用砖砌出高大的封火墙，通常为有柱式，四柱三间较为普遍，柱为砖砌，有的门洞上部有砖砌的垂柱；明间下部开门洞，或矩形或券形，门框一般为石制。额枋有砖和石制两种，额枋上置石制斗拱或砌小砖斗拱支撑屋顶。如贵州石阡会馆万寿宫山门为一字形四柱三间五楼砖牌楼，柱与垂柱用青砖砌出，砖作工艺精细，柱顶青石额枋上为石制如意斗拱。也有用座斗代替斗拱，墙面用磨砖对缝，如贵州镇远会馆万寿宫，山门为八字形砖石牌楼，六柱五间五楼，额枋上用砖制座斗，门框、墙基和柱础均为青石，墙中部为青色磨砖呈菱形对缝。江西抚州玉隆万寿宫为一字形石牌楼山门，六柱五间七楼，是目前现存会馆万寿宫当中开间和起楼数量最多的牌楼，其屋顶檐下采用石制如意斗拱。湖南怀化黔城会馆万寿宫山门为一字形四柱三间三楼石牌楼，门高 8 米，青石方形柱，两石柱间之间用砌填空；石柱顶上的额枋为青石，在额枋之上用砖砌成斗拱，两次间额枋上各为7 个砖砌坐斗，明间额枋上为 11 个砖砌坐斗，每个坐斗间距约为半个斗底宽度。

独立式牌坊一般为石牌坊，成都洛带会馆万寿宫和湖南湘西州永顺县灵溪镇会馆万寿宫的山门为独立式石牌坊，位于万寿宫外部的中轴线上。

会馆万寿宫山门采用木结构牌楼的实例很少，云南会泽会馆万寿宫山门与戏楼结合一体，北侧是山门，南面是戏楼；山门中间为八字形四柱三间三楼木结构庑殿顶牌楼，两侧是硬山与肩墙，其最大的特色是多重飞檐和檐下的米字形网状如意斗拱，复杂精致，气派不凡。

（2）门洞式

会馆万寿宫门洞式入口形制与净明道万寿宫相同。

（3）门罩式

南方会馆万寿宫门罩式入口形式与净明道万寿宫一样，来自江西传统民居的入口形制，门罩多用于高墙门洞的上部，也是在大门门仪上用青砖叠涩外挑几层线脚，然后在其顶上覆盖瓦檐，檐角起翘，加以垂柱，装饰梁枋等。北方会馆万寿宫门罩式通常有两种形式：一是外形与北京如意门相似，给人屋宇式入口印象；还有一种附墙式，在墙上开门洞，形制等级虽低，门洞上部却有屋顶，檐下装饰使入口显得精致讲究。徐州窑湾会馆万寿宫山门于小巧中见华丽，其为门罩式入口，两侧肩墙与上部屋顶构成矩形洞口，肩墙顶部砖叠涩外挑几层线脚遮住檐椽，洞口上部的檐椽露明，屋檐上有勾头滴水。额枋上有三攒三踩斗拱支撑檐檩，正中斗拱之下是木制竖额，框内底色为蓝色，阳刻"万寿宫"三字，并用金粉涂饰，两侧框边用双龙木雕装饰，施以金粉，显得金碧辉煌；在最下一层的横枋下面安装雀替，并在四层叠加的横枋和雀替上施以花卉等彩绘图案；抱鼓石立在最上一步的台阶两侧，紧贴肩墙，各有一狮子蹲立在抱鼓石上；在台阶向内一米左右的肩墙两侧砌出砖垛，形成门洞，在洞口内安装门框、门槛、门扇等构件，门洞两侧砖垛上有楹联，门上横匾书"忠孝神仙"四字（参见图1.4.12）。

（4）门廊式

会馆万寿宫门廊式入口与净明道万寿宫大同小异，面阔开间大小不一。陕西省商南县江西会馆门廊式山门面阔三间，成都洛带万寿宫门廊式入口面阔仅一间。入口均有檐廊，通常檐廊内部有轩顶。

以上会馆万寿宫入口门制实例见表2.1。

表2.1　会馆万寿宫入口门制及实例

牌楼式

江西抚州玉隆万寿宫山门

江西铅山河口建昌会馆山门

江西铅山陈坊会馆万寿宫山门

贵州青岩会馆万寿宫山门

贵州思南会馆万寿宫门楼

四川巴中恩阳会馆万寿宫山门
四川人大教科文卫委提供

湖南怀化黔城会馆万寿宫山门
怀化市人大提供

云南会泽会馆万寿宫山门

贵州镇远会馆万寿宫山门

续表

牌楼式

四川合江白鹿会馆万寿宫山门　四川人大教科文卫委提供

湖南湘西泸溪浦市会馆万寿宫山门　徐助满摄

贵州石阡会馆万寿宫山门　杨坤摄

重庆江津骆崃江西会馆牌楼式入口　杨庆瑜摄

湖南湘西永顺灵溪会馆万寿宫独立式石牌枋　彭春娥摄

四川成都洛带会馆万寿宫独立式石牌枋

续表

门廊式

陕西省商南县江西会馆门廊式山门
陕西人大教科文卫委提供

四川成都洛带会馆万寿宫门廊式入口
成都人大教科文卫委提供

门罩式

贵州铜仁松桃寨英会馆万寿宫门罩式山门　贵州人大
教科文卫委提供

陕西安康紫阳瓦房店江西会
馆门罩式入口　陕西人大教
科文卫委提供

江苏徐州窑湾会馆万寿宫门罩式山门
徐州人大教科文卫委提供

贵州镇远会馆万寿宫北面门罩式入口

续表

| 门洞式 |

贵州赤水复兴会馆万寿宫山门

贵州毕节威宁会馆万寿宫门洞式山门
贵州人大教科文卫委提供

浙江江山廿八都会馆万寿宫山门

贵州黄平旧州仁寿宫山门　陈兴夫摄

四川蓬安周子会馆万寿宫山门
南充市人大提供

湖北襄阳抚州会馆
门洞式入口

贵州镇远会馆万寿宫第一进庭院门洞式入口

湖南怀化黔城会馆万寿
宫东路门洞式入口

重庆酉阳龙潭会馆万寿宫临街门洞式
入口　冉项文摄

（除注明外，以上照片均为马志武摄）

145

（二）戏楼（戏台）形制

每年 8 月万寿宫庙会期间，戏班在万寿宫戏台演戏娱神，上演的剧目丰富多彩，不限于与许真君有关的剧目，只要不亵渎神灵，不伤风败俗，什么剧种、剧目都可以上演，既丰富了民间的娱乐生活，又推动了戏剧的发展。会馆万寿宫和净明道万寿宫戏台来源于江西传统建筑的戏台形制与营建工艺。明清时期，江西城镇乡村遍布戏台，有的一个村有几座戏台。现存江西古戏台最集中的地方在江西乐平市和弋阳县，其他县市也有分布。自宋以来，江西乐平村落中就有固定演出场所，之后发展成熟定型，至今留存数百座。乐平和弋阳现在还保留了不少的传统戏台，雕梁画栋，竞奢斗丽，几乎是无处不雕，无雕不贴金箔，一派耀眼的灿烂金光。江西戏台藻井的样式极多，既有声学作用，也是展示技艺的地方，往往出现小木作、木雕和彩画作的精品，因而对万寿宫戏台藻井装饰影响很大（图 2.2.9）。

图 2.2.9-1　上饶市弋阳县曹溪牌楼式古戏台　弋阳县曹溪镇提供

图 2.2.9-2　南昌市安义县京台戏台藻井　马志武摄

图 2.2.9-3　乐平市许埂名分堂古戏台藻井　马志武摄

图 2.2.9-4　弋阳县曹溪古戏台藻井　马志武摄

图 2.2.9-5　兴国良村万寿宫戏楼藻井　马志武摄

图 2.2.9-6　樟树临江镇万寿宫戏台藻井　马志武摄

图 2.2.9-7　于都黄屋乾万寿宫戏台藻井　马志武摄

1. 净明道万寿宫戏楼（戏台）

净明道派万寿宫往往在宫内和宫外设置戏楼、戏台。其既是万寿宫演剧、传播许真君文化的场所，也是祭祀仪式所必需的建筑。

净明道万寿宫戏台的面阔一般为三开间，屋顶为歇山或悬山。布局方式有宫外和宫内两种类型。铁柱万寿宫、清康熙年间的西山万寿宫戏台都在"仙界"之外，方便庙会时百姓观看戏文。铁柱万寿宫在宫外设立戏台较早，与其处在繁华闹市的位置有关，可能在明嘉靖年间，铁柱万寿宫中轴线上的最南端就有歌舞台（戏台）。清雍正三年（1725 年）以后，歌舞台作为铁柱万寿宫重要组成部分，一直延续下来，戏台建筑屋顶为重檐歇山式。西山万寿宫的戏台始建于清康熙年间，位于宫门外放生池的西边，名曰"大戏堂"，三重屋布局形式，戏台建筑朝南，歇山式屋顶，其后圮毁。赣州于都县黄屋乾万寿宫的戏台也是建在宫外，位于山门前方西北 20 余米处，常由还愿酬神的信徒出资请来戏班进行演出。

设在宫内的戏台一般有两种布局方式，一种是用界墙将戏台与道教仪式场所分开，戏台设在外围宫墙的内侧，如清道光年间重修西山万寿宫时，在中路西侧仪门外的南面宫墙处重建了戏台，戏台正对"飞来福地"仪门。一般戏台台基较高，有专门的台阶上下，通常用屏风将戏台分隔成演出区和准备区。有的在观演场地上建敞口厅，上盖屋顶，以遮风避雨，如宁都县小布镇万寿宫戏台（2.2.10）。另一种是与山门结合在一起，建筑为二层，亦称戏楼。戏楼底层架空，可作为穿堂通向庭院；也有架空层通道连接两侧看楼的底层走廊，由此进入拜殿；戏楼二层为戏台，也是用屏风分隔出前、后、侧台，一般侧台可通向看楼二层。如兴国县良村万寿宫、兴国县兴莲乡万寿宫和樟树市临江镇万寿宫都是在山

图 2.2.10　宁都县小布镇万寿宫戏台与观众席　马志武摄

门内设置戏楼，进入山门，有一通高过厅，与两侧看楼架空层的走马廊相连，并与第二进建筑的外檐廊形成回廊；也可从戏楼架空层到达庭院。戏台位于二层，隔着庭院正对拜殿。戏台平面一般为品字形，可以从三面观看演出。化妆室通常设在戏台后面或两侧的耳房内。面向戏台一面的屏风通常为木制，有木雕图案纹饰或壁画；屏风两侧是上场门和下场门，上场门门额书"出将"，下场门门额书"入相"（图2.2.11）。

2. 会馆万寿宫戏楼

会馆万寿宫戏楼建筑风格有明显的江西传统建筑特征，反映了江西传统建筑戏楼的美学和技艺水平。戏楼作为合乐、节庆演出、集会娱人的空间，是会馆万寿宫中最讲究、最精美的建筑，龙凤花鸟，雕刻精致，油漆彩绘，富丽堂皇。出于江西人对戏曲的热爱，江右商人和移民不惜工本，在戏楼上倾注了极大的热情，不仅加强了同乡人的精神共鸣，促进团结，也丰富了所在地居民的文化生活。

会馆万寿宫戏楼布局有四种形式：一是布置在会馆之外，如成都洛带会馆万寿宫，在会馆广场南面有"万年台"，济南会馆万寿宫在会馆外面也有大戏台，当地称"富贵大戏院"。二是在会馆内部单独布置，如徐州窑湾会馆万寿宫坐东朝西，戏台位于宫内第四进院落的最东端，前面是宽敞的合院，正对中轴线上的第四进建筑（参见图1.4.12-1）。三是布置在会馆入口处，与山门结合一体，大部分会馆万寿宫都是此种布局形制。四是在内部设置小戏台，如成都洛带会馆万寿宫将小戏台设在前殿和正殿之间，供少数商人看戏娱乐，戏台隔着天井正对真君殿。云南会泽会馆万寿宫除了在入口山门处有一座较大的戏楼供同乡和当地人观戏外，还在西跨院设立小戏台，有单独的出入口，专供豫章商人看戏，其观众厅底层为散座，二层为雅座，工字廊将观众厅与戏台连接，廊两侧是天井（参见第四章实例3）。湖南益阳市头堡会馆万寿宫曾经有六进九个戏台，为会馆万寿宫建筑罕见。

149

图 2.2.11-1 樟树临江镇万寿宫底层
架空的戏楼 马志武摄

图 2.2.11-2 兴国县良村万寿宫底层
架空的戏楼与看楼 马志武摄

图 2.2.11-3 兴国县兴莲乡万寿宫底层架空的戏楼及看楼
马志武摄

图 2.2.11-4 兴国良村万寿宫戏台屏风和"出将""入相"
马志武摄

图 2.2.12　云南会泽会馆万寿宫牌楼式戏楼　马志武摄

　　与山门结合一体的戏楼通常为两层，下层架空可通行，由此进入庭院；左右两侧的耳房连接庭院两侧的看楼。会馆万寿宫戏台平面形式与江西乐平、弋阳古戏台一样，以品字形居多，也有一字式戏台，这种戏台正面通常为木牌楼形式，如云南会泽会馆万寿宫为牌楼式戏台，其平面为一字形，中间三间上承七楼四滴水屋顶，遍施雕刻和彩绘，甚为华丽（图 2.2.12）。与净明道万寿宫类似，会馆万寿宫戏台有前、后及侧台，前后台之间用屏风隔断，有上场门"出将"和下场门"入相"，但是戏台面积、装饰比净明道万寿宫戏楼更大，更讲究。戏台藻井一般采用八边形，有各种雕刻，装饰彩画。与其他省市会馆戏台檐下装饰不同，一些会馆万寿宫戏楼在檐下采用复杂精致的米字形网状如意斗拱，这种工艺源自辽代开始出现的一种斜向出拱的斗拱结构方法，在金代发展出复杂的单朵米字形如意斗拱，可能宋室南渡时，由中原移民带入江西，经过江西工匠的长期实践与提炼，在明清时期发展出更加复杂的米字形网状如意斗拱制作与安装方法，并大量出现在江西传统建筑中的戏台和宗祠牌楼当中。明清时期，遍布全国各地的江右商民将米字形网状如意斗拱制作与安装工艺带出江西，在会馆万寿宫戏楼等建

图 2.2.13-1　江西乐平市许畈名分堂古戏台檐下米字形网状如意斗拱　马志武摄

筑中广泛应用，形成了具有江西地方建筑特色的标志。如湖北襄阳樊城
抚州会馆、江西铅山县河口建昌会馆、云南会泽会馆万寿宫和贵州镇
远会馆万寿宫等戏楼檐下都是米字形网状如意斗拱（图 2.2.13）。戏台

图 2.2.13-2　江西乐平市涌山镇车溪敦本堂古戏台檐下米字形网状如意斗拱　马志武摄

图 2.2.13-3 襄樊抚州会馆戏台檐下
米字形网状如意斗拱 马志武摄

图 2.2.13-4 铅山县河口镇建昌
会馆戏台檐下米字形网状式如意
斗拱 马志武摄

图 2.2.13-5 镇远会馆万寿宫戏楼檐下
米字形网状如意斗拱 马志武摄

图 2.2.13-6　会泽会馆万寿宫檐下米字形网状如意斗拱　马志武摄

屋脊装饰青花瓷片，正脊中央立葫芦宝瓶，象征福禄、祛灾保平安。戏台台口左右和前沿有高仅盈尺的栏杆，栏杆小柱头上有蹲着的瑞兽圆雕，以提示演员注意安全（图 2.2.14）。戏台前檐的台柱上必挂楹联，檐下额枋、台口横枋、撑拱、雀替等雕镂精细，不厌繁复；雕刻题材为老百姓喜闻乐见的戏曲人物故事、动植物花草图案纹样等。戏台柱础一般为石鼓形，上刻莲花、卷草纹饰。

会馆万寿宫戏楼实例见表 2.2。

图 2.2.14　江西陈枋会馆万寿宫戏台栏杆上的狮子圆雕　马志武摄

表2.2　会馆万寿宫戏楼类型及实例

牌楼式

云南会泽会馆万寿宫六柱五间七楼式

江西铅山河口建昌会馆六柱五间三楼两硬山式

江西铅山陈坊会馆万寿宫四柱三间一楼两硬山式

湖北襄阳抚州会馆四柱三间五楼式

重檐歇山式

四川成都洛带会馆万寿宫万年台

续表

单檐歇山式

贵州赤水复兴会馆万寿宫戏楼

贵州金沙清池会馆万寿宫戏楼　金沙县人大提供

湖南怀化黔城会馆万寿宫戏楼

四川泸州合江白鹿会馆万寿宫戏楼　泸州市文物管理局提供

贵州思南会馆万寿宫戏楼

江苏徐州窑湾会馆万寿宫戏台　徐州市人大提供

续表

单檐歇山式

湖南郴州沙田会馆万寿宫戏台　郭庆摄

贵州丹寨会馆万寿宫戏楼

贵州铜仁市松桃县寨英会馆万寿宫戏楼屋顶　贵州人大教科
文卫委提供

江西铜鼓排埠会馆万寿宫戏楼

贵州青岩会馆万寿宫戏楼

贵州石阡会馆万寿宫戏楼　杨坤摄

续表

单檐歇山式

四川成都洛带会馆万寿宫小戏台

湖南湘西凤凰沱江会馆万寿宫戏台　张军摄

湖南长沙乔口会馆万寿宫戏台　周文辉摄

浙江江山廿八都会馆万寿宫戏楼

贵州镇远会馆万寿宫戏楼

重庆酉阳龙潭镇会馆万寿宫戏台　冉项文摄

续表

单檐歇山式

江西遂川会馆万寿宫戏楼

四川内江资中罗泉会馆万寿宫戏楼
四川人大教科文卫委提供

四川巴中恩阳会馆万寿宫戏楼　俸瑜提供

贵州黄平旧州仁寿宫戏楼　贵州人大教科文卫委提供

（除注明外，以上照片均为马志武摄）

（三）正殿

1. 净明道万寿宫正殿

净明道万寿宫正殿为真君殿，分殿堂式、庙堂式、殿堂与庙堂结合式和敞口厅四种形式。

（1）殿堂式

殿堂式建筑平面规整、柱网整齐，面阔一般五间以上，矩形单体平面的面阔与进深的比例接近3：2，重檐歇山式屋顶，筒瓦屋面，檐下斗拱为五踩以上。石台基和有陛的台阶是殿堂式建筑的特征，形制来自宫殿中的大殿，其台阶中间是陛石，在陛石上面雕刻龙凤云纹，两侧是石栏垂带式蹬道，清道光十六年（1836年）的南昌西山玉隆万寿宫正殿和飞升台前的台阶为此形制。明万历十年至十三年（1582—1585年）重修西山万寿宫正殿，高明殿由此前的面阔四柱三间改为面阔八柱七间，重檐歇山顶。此后，重新调整为四柱三间重檐歇山式。直到清道光间，重新升格为面阔六柱五间重檐歇山带回廊。清同治间，高明殿面阔六柱五间重檐歇山带牌楼式抱厦。光绪二十九年（1903年），高明殿、关帝殿被大火烧毁。重建后的高明殿面阔八柱七间，重檐歇山带牌楼式抱厦，大殿前为有陛路的垂带式台阶（图2.2.15）。

图2.2.15 保持光绪间重建后有陛路台阶形制的西山万寿宫高明殿 马志武摄

图 2.2.16-1 浮梁县衙琴治堂内部 马志武摄

（2）庙堂式

由于中国古代建筑在传统社会中担当了彰显社会秩序的任务，使得中国古代形成了以宏丽为尚的宫室审美取向。在文人士大夫那里，庙堂成了宫室的象征物。古代文人士大夫的住宅称为"庙"，其形制是"前堂夹室"，即前面是客厅，后面是卧室，客厅就叫作"庙"。庙堂与殿堂的形式区别就是有阶无陛。[①]庙堂式建筑高大，在平面结构布置上，没有殿堂式建筑规整，常采用移柱法和减柱法，屋顶形式一般为悬山或硬山、卷棚，通常屋面为青瓦，常用于官署、书院等建筑。例如江西浮梁县衙的琴治堂、江西庐山白鹿洞书院文会堂均是庙堂式建筑，建筑山面为墙体，前后有槅扇门窗，外有檐廊（图 2.2.16）。

青云谱道观三座主体建筑均为庙堂式建筑，其屋顶均为单檐悬山顶，檐口都是挑梁直接出挑。关帝殿为道观第一进庙堂，单檐悬山顶，祀关羽，建筑面阔七间，进深

图 2.2.16-2 景德镇浮梁县衙琴治堂 马志武摄

图 2.2.16-3 庐山白鹿洞书院文会堂 马志武摄

---

① 参见李允鉌《华夏意匠》，天津大学出版社，2005，第 58 页、第 83—84 页。

图 2.2.17-1　青云谱道观关帝殿内部　　　　图 2.2.17-2　青云谱道观吕祖殿　马志武摄
马志武摄

图 2.2.17-3　青云谱道观许祖殿　马志武摄

六间，建筑南北两面有槅扇，分别面向庭院和后檐廊，后檐廊正对天井。关帝殿明间和两次间为不对称抬梁式木构架，其余为穿斗式。第二进庙堂为吕祖殿，祀吕洞宾，面阔三间，进深六间，建筑南北两面也是槅扇，其前后檐廊面对天井，明间为不对称抬梁式木构架，其余均为穿斗式。第三进庙堂为许祖殿，祀许真君，建筑为两层，面阔五间，进深六间，有前檐廊的一面是槅扇，北面为墙体，也是明间用抬梁式，其余均为穿斗式（2.2.17）。

（3）殿堂与庙堂混合式

具有殿堂式建筑特征，重檐歇山式屋顶，筒瓦屋面；檐下斗拱为五踩以上；有回廊及栏杆、石台基；与庙堂式建筑一样，垂带式台阶中间没有陛石，有的平面结构布置采用移柱法，使得建筑内部空间宽敞。铁柱万寿宫真君殿属于此种形制，其建设一直为地方主导，地方工匠承担营造全过程，表现出江西地方传统建筑特点。可能在明嘉靖年间，铁柱万寿宫真君殿面阔为六柱五间重檐歇山式；清雍正年间，真君殿首次在正面采用抱厦形式，面阔为六柱五间，重檐歇山带牌楼式抱厦；清道光间的图记表明取消了真君殿的牌楼式抱厦做法，真君殿面阔为八柱七间重檐歇山顶；清同治十年（1871年）的图记表明，此时重新采用了真君殿牌楼式抱厦的形式。真君殿的抱厦吸取了江西传统民居的做法，处理手法和营造工艺与江西传统的戏楼、宗祠的木牌楼极其相似，抱厦檐下的米字形网状如意斗拱是江西百姓喜闻乐见的形式，其复杂精致的形式极富装饰性，并与具有结构作用的木构架形成一体，使人难以区分是结构作用还是装饰作用（参见图2.1.1）。

（4）敞口厅式

敞口厅形式的正殿等级低于庙堂式正殿，来自乡村宗祠形制。通常其面阔四柱三间，正面向院落或向拜殿敞开，两侧或为山墙或为厢房；外檐廊进深与住宅外檐廊相似，后面为墙体设神位。有的墙体两侧有通道，与后殿联系，建筑屋顶为硬山或悬山。樟树临江镇万寿宫真君殿为此类型，其向庭院敞口，后面墙体设许真君神像，后墙两侧有通道进入后殿（图2.2.18）。

图 2.2.18　江西樟树临江万寿宫真君殿敞口厅　马志武摄

2. 会馆万寿宫正殿

会馆万寿宫正殿是供奉许真君的地方，一般布置在中轴线的最北端，建筑平面为规整的矩形，面阔与前殿相同甚至更宽，其进深和高度略大于前殿。除贵州丹寨会馆万寿宫正殿等极少数外，会馆万寿宫正殿屋顶形式通常为悬山、硬山和卷棚。一般南方会馆万寿宫正殿山墙为马头墙，屋面有翘角飞檐，常用泥塑做成花脊，脊两端用大吻，中间置宝瓶等。通常正殿门上有匾额，前檐柱上有楹联。与前殿面向的庭院是建筑内部的室外活动空间

图 2.2.19-1　抚州玉隆万寿宫天井中的接送桥　马志武摄

图 2.2.19-2　襄阳抚州会馆天井中的接送桥　马志武摄

不同，正殿面向的庭院或天井是肃穆之地，不作为建筑内部的室外活动空间使用，人们须环绕庭院或天井而出入。如果要通过庭院或天井到达正殿，通常会在天井内筑池，池上架一石质小桥，道教称之为"接送桥"，迎送贵客均在此处，体现仪式感（图 2.2.19）。正殿室内布置按照净明道万寿宫规制，许真君塑像位于室内正中，有的保留神龛形制，常为木牌楼形式。一般许真君神像立在须弥基座之上，有的在许真君神像两侧排列其他真君塑像。通常南方会馆万寿宫的正殿都有轩廊，其卷棚为鹤胫轩、菱角轩、船篷轩等形式，类似于南方船厅中的回顶做法。用椽子或桷子弯成木

架，然后在桷子上钉上薄板，板很薄，随着桷子弯曲形状来钉。椽子或桷子通过抱头梁上的驼架支撑，上部有瓜柱支撑挑檐檩以承托屋顶的重量。正殿的额枋部位是重点装饰的地方，往往采用对称的图形，例如双龙戏珠图案，额枋下面有挂落飞罩。庙堂式正殿在前金柱之间安装槅扇门，常用的有五抹槅扇和六抹槅扇，一般格心装饰镂空花格图案。

会馆万寿宫正殿主要有庙堂式和敞口厅两种形式。

（1）庙堂式

建筑高大，一般为硬山或悬山式屋顶，灰色筒瓦或青瓦屋面。通常前有槅扇，后有窗，两侧为山墙。有的前廊檐下有斗拱，前廊有石栏杆围护。现存实例中的歇山式屋顶很少，仅有贵州丹寨会馆万寿宫、四川南充高坪区龙门镇会馆万寿宫和四川周子古镇会馆万寿宫等正殿为歇山式屋顶。还有一些会馆万寿宫将正殿屋面做成假歇山形式，以强调建筑的身份。如云南会泽会馆万寿宫，看似歇山式，实际上并不是明清时期的歇山式屋顶，而是中央的悬山顶和周围的单庇顶组合成上下两叠的形式，这种做法源于汉代。[①] 可能是中原移民带入云南会泽，形成当地习用的工艺。在江西客家居住的地方也能见到类似的做法。[②] 贵州青岩会馆万寿宫是通过加大外廊进深，将正面屋面延长后，向两侧出厦，形成五脊顶的形式，给人歇山式的印象。清同治年间建造的浙江嘉兴江西会馆由江西上饶工匠所建，其戏台屋顶是悬山五脊顶，目的也是让人以为是歇山式屋顶，1996年建国路拓宽时嘉兴江西会馆被拆解，当时将拆解的木构件存放在仓库，打算择地重建，现仅有几张老照片。

（2）敞口厅式

正殿面向天井的一面开敞，其余三面封闭；或后面有门窗。湖南怀化黔城会馆万寿宫平面格局类似江西大中型宗祠，其开口面向横向狭长的天井，后面有槅扇门窗。江西铅山县陈坊会馆万寿宫前殿和正殿均为敞口厅，通

---

① 刘敦桢：《中国古代建筑史》，中国建筑工业出版社，1986，第71页。
② 参见黄浩《江西民居》，中国建筑工业出版社，2008，第110页。

过穿堂连接，在穿堂上部升起一个亭式屋顶，穿堂两侧各有一口小天井，使前殿和正殿之间形成开敞连续的空间，正殿后墙放置神龛。成都洛带会馆万寿宫真君殿为传统住宅"明三暗五"的形式，明间、次间开敞，朝向天井，正对小戏台，两侧梢间为厢房。

以上会馆万寿宫正殿实例见表2.3。

表2.3　会馆万寿宫正殿类型及实例

敞口式

江西抚州玉隆万寿宫正殿

湖南怀化黔城会馆万寿宫正殿

江西铅山陈坊会馆万寿宫正殿　马凯摄

四川巴中恩阳会馆万寿宫真君殿　俸瑜提供

续表

庙堂式

云南会泽会馆万寿宫真君殿

江苏徐州窑湾会馆万寿宫真君殿　徐州市人大提供

浙江江山廿八都会馆万寿宫正殿

贵州赤水复兴会馆万寿宫正殿

贵州丹寨会馆万寿宫正殿

贵州青岩会馆万寿宫真君殿

续表

庙堂式

贵州石阡会馆万寿宫正殿

贵州思南会馆万寿宫正殿

贵州赤水会馆万寿宫正殿

山东济南会馆万寿宫正殿　山东人大教科文卫委提供

四川仪陇马鞍会馆万寿宫正殿　四川人大教科文卫委提供

四川自贡大安牛佛会馆万寿宫正殿　四川人大教科文卫委提供

续表

庙堂式

陕西安康市紫阳县瓦房店江西会馆正殿　陕西人大教科文　陕西商洛市商南县江西会馆正殿　陕西人大教科文卫委提供
卫委提供

安徽安庆会馆万寿宫真君殿　　　　　　　　　　四川合江县白鹿会馆万寿宫真君殿　俸瑜提供

（除注明外，以上照片均为马志武摄）

（四）前殿（拜殿）

与正殿处在同一条中轴线上，且位于正殿之前的主体建筑，在会馆万寿宫中称为前殿，在祠宇型、传统住宅型净明道万寿宫中称为拜殿。宫观型、廊庙型净明道万寿宫没有前殿或拜殿的单体建筑类型。

1. 净明道万寿宫拜殿

净明道万寿宫拜殿一般为祠宇型敞口厅形式。类似江西宗祠的享堂，拜殿前面向庭院敞开，后面向天井或正殿敞开。与正殿合一的拜殿向天井敞开。敞口厅的屋顶为硬山或悬山（图 2.2.20）。传统住宅型净明道万寿宫为拜殿和正殿合一，拜殿为"一明两暗"式布局，明间是拜殿，后墙设神位，两侧次间是厢房，通常拜殿前的外廊面阔三开间（图 2.2.21）。

图 2.2.20　兴国县良村万寿宫与正殿合一的拜殿敞口厅　马志武摄

2. 会馆万寿宫前殿

"笃乡谊，祀神祇，联嘉会"是会馆万寿宫的主要活动，通常在前殿举

图 2.2.21　兴国县兴莲乡万寿宫"一明两暗"式拜殿　马志武摄

行。重庆会馆万寿宫一年举办活动至三百次[1]，这就需要一个较大的室内空间来满足多种活动的需求。因此，前殿是会馆万寿宫最主要的活动场所，具有多功能用

---

① 　重庆湖广会馆管理处编《重庆会馆志》，长江出版社，2014，第 008 页。

途，既是举办祀许真君活动的拜殿，也是供人落座休息、观赏演出、聚会议事、饮宴和节庆日等活动的大厅。前殿位于正殿之前，通常在同一条中轴线上，其面阔一般为三开间，也有采用"明三暗五"的形式，大厅面阔三开间，两侧梢间为厢房，如赣州七鲤会馆万寿宫前殿面阔为"明三暗五"。如果面阔为五开间及以上，说明其建造或重修年代发生在清中晚期，那时的建筑等级制度已经松懈，朝廷管治没有以前严格。前殿内部空间高大，建筑平面为矩形，常采用移柱造。南方会馆万寿宫前殿屋顶形式通常为硬山、悬山，北方会馆万寿宫前殿屋顶形式一般为硬山、悬山和卷棚，如济南会馆万寿宫的前殿屋顶为卷棚。各地对会馆万寿宫的前殿称呼不一，按传统住宅型布局的会馆万寿宫称前殿为"上堂"或"中厅"，因为其正对倒座，或位于主轴线的中间。祠宇型的会馆万寿宫则称前殿为"拜殿"或"享殿"，因为其相当于宗祠的享堂。会馆万寿宫的前殿主要分庙堂式和敞口厅两种形式。

（1）庙堂式

一般建筑屋顶为硬山、悬山和卷棚，有外檐廊和门窗，两侧为山墙。如济南、安庆和桂林会馆万寿宫等前殿。

会馆万寿宫中，歇山式屋顶的庙堂很少，兰州铁柱宫享殿（前殿）是个特例。清道光七年（1827年），重建的兰州江西会馆又名铁柱宫，1992年城市改造时，将原位于兰州金塔巷118号的铁柱宫享殿迁移至兰州博物馆易地保护。享殿面阔三间，进深一间，单檐歇山式屋顶，灰色筒瓦屋面，正脊是镂空的花纹样式，中间葫芦宝瓶是江西传统建筑的符号，经过多次维修，样式有所改变；享殿前廊檐下平身科为五踩斗拱，在斗拱、枋檩等构件上施彩绘，柱间雀替为镂空木雕；两侧山墙墙心为磨砖菱形对缝；兰州铁柱宫享殿呈现甘肃地方建筑风格，工艺精致，装饰华美。

（2）敞口厅

主要有三种形式：一是前后敞开，两侧为山墙的敞口厅，如贵州石阡会馆万寿宫和抚州玉隆万寿宫等前殿。二是类似江西传统住宅"一堂两内"的形式，面阔为"明三暗五"，前面向庭院或天井敞开，后面是隔墙，隔墙左右有开口通向第二进建筑，两侧梢间为厢房，如四川成都洛带会馆万寿宫前殿为此形制。三是

图 2.2.22　赤水复兴会馆万寿宫前殿敞口厅背面槅扇门窗　马志武摄

正对庭院的一面敞口，两侧山墙，背面为槅扇门窗，如贵州赤水复兴会馆万寿宫
和四川巴中恩阳会馆万寿宫前殿，其正面为敞口，面向庭院，背面为槅扇门窗，
面向天井（图 2.2.22）。四面开敞的敞口厅没有前殿的功能，如抚州玉隆万寿宫
前厅是观演、饮茶和集会议事的地方，不作为拜殿使用（参见第四章实例）。

　　以上会馆万寿宫前殿实例见表 2.4。

表2.4　会馆万寿宫前殿类型及实例

庙堂式

甘肃兰州会馆万寿宫享殿　霍卫平提供

陕西石泉江西会馆前殿　赵逵提供

续表

庙堂式

广西桂林阳朔江西会馆前殿

山东济南会馆万寿宫前殿　孙继业提供

云南玉溪市通海县会馆万寿宫前殿　云南人大提供

安徽安庆会馆万寿宫前殿

敞口式

江西铅山陈坊会馆万寿宫前殿

四川巴中恩阳会馆万寿宫前殿　俸瑜提供

续表

敞口式

江西抚州玉隆万寿宫前殿

江西赣州七鲤会馆万寿宫前殿

江西铅山河口建昌会馆前殿

四川成都洛带会馆万寿宫前殿

贵州石阡会馆万寿宫前殿

贵州思南会馆万寿宫前殿

续表

敞口式

贵州赤水复兴会馆万寿宫前殿

贵州镇远会馆万寿宫前殿

重庆酉阳龙潭镇会馆万寿宫前殿　冉项文摄

湖南湘西泸溪浦市会馆万寿宫前殿　徐助满摄

湖北襄阳抚州会馆前殿内部

浙江江山廿八都会馆万寿宫前殿

（除注明外，以上照片均为马志武摄）

（五）看楼

净明道万寿宫和会馆万寿宫看楼的差别主要体现在规模、装饰装修等方面。净明道万寿宫按"男女有别"的封建礼制，一般院子两侧的看楼为妇女们看戏的场所，也有看楼二楼为男人专用。如宁都小布镇万寿宫，当地称看楼为"酒楼"，看楼架空层为通道，楼上是有钱人品茶喝酒观戏文的"雅座"，两侧看楼各有专用楼梯上下（图2.2.23）。乡村净明道万寿宫看楼一般不作装饰处理，与建设资金不足有关。

会馆万寿宫看楼是专门为女眷设置的观演空间，到清晚期，一些会馆将左边的看楼作为酒楼，供有钱的商人饮酒看戏作乐，右边的看楼供女宾用。看楼朝向戏台的侧台，背面为封火墙，与戏楼及两侧的耳房、前殿共同围合成庭院空间。看楼为二层建筑，通常左右对称布置，其底层是架空

图 2.2.23　宁都小布镇万寿宫底层架空的看楼　马志武摄

的通廊或带外廊的厢房，将戏楼和前殿连接起来。第二层是观看演出的通廊，便于摆放桌椅，或内为厢房，外为走廊，走廊上有木制栏杆，分实心和花格两种形式。有些会馆万寿宫还会在看楼栏板、槅扇、垂柱和梁枋等部位装饰木雕和彩画，如江西抚州玉隆万寿宫、贵州赤水复兴会馆万寿宫等，有些会在看楼檐下装饰网状如意斗拱，如江西铅山县陈坊会馆万寿宫等。看楼虽然是附属建筑，但在会馆万寿宫建筑立面处理上仍然得到强调，与庭院建筑群风格保持一致（图2.2.24）。

（六）其他附属建筑

1. 厢房

厢房作为万寿宫中的附属用房必不可少，南昌西山万寿宫和铁柱万寿宫主体建筑两侧没有厢房。乡村净明道万寿宫主体建筑两侧的厢房主要作为道士住宿和

图 2.2.24-1　抚州玉隆万寿宫看楼底层　马志武摄

图 2.2.24-2　抚州玉隆万寿宫看楼二层
马志武摄

图 2.2.24-3　赤水复兴会馆万寿宫看楼
马志武摄

图 2.2.24-4　怀化黔城会馆万寿宫看楼二层
马志武摄

图 2.2.24-5 江西铅山县陈坊会馆万寿宫看楼檐下网状如意斗
拱装饰 马志武摄

图 2.2.24-6 江西铅山县河口建昌会馆看楼二层 马志武摄

图 2.2.24-7 浙江江山廿八都会馆万寿宫看楼二层 马志武摄

图 2.2.24-8 四川巴中恩阳会馆万寿宫看楼 佴瑜提供

堆放杂物所用。

会馆万寿宫厢房通常作为住宿、管理办公、休息、储物等使用。因为进深浅，面积小，常采用穿斗式结构。设置在看楼二层的厢房，平时作为会馆的用房，观演时为女眷所用（图2.2.25）。采用传统住宅"明三暗五"格局布置的厢房，往往作为学堂，曾几何时，赣州七鲤会馆万寿宫和成都洛带会馆万寿宫前殿两侧的厢房作为学堂，书声琅琅，在赣南客家话的读书声中，营造出一个温暖的故乡（图2.2.26）。

2. 宫墙（封火墙）和廊庑

西山万寿宫的宫墙均为双坡屋面，筒瓦压顶，没有采用江西传统民居的马头墙形式。清乾隆年间，中间三路第二进大殿两侧的界墙内都有廊庑，硬山屋顶。同治年间仅在夫人殿两侧设置廊庑，民

图 2.2.25-1　贵州丹寨会馆万寿宫二层厢房　马志武摄

图 2.2.25-2　贵州丹寨会馆万寿宫底层厢廊　马志武摄

图 2.2.25-4 贵州石阡会馆万寿宫
厢楼楼梯 马志武摄

图 2.2.25-3 贵州石阡会馆万寿宫厢楼 马志武摄

图 2.2.25-5 贵州青岩会馆万寿宫厢楼 马志武摄

图 2.2.25-6 贵州思南会馆万寿宫前殿平台南侧的厢楼 马志武摄

图 2.2.26 作为学堂的成都洛带会馆万寿宫
厢房 马志武摄

国以后的重修又将其取消。

铁柱万寿宫大殿东西两侧为供奉诸仙的祠庙、廊庑等，均为硬山式屋顶，外围宫墙和内部建筑组群的封火墙采用了三花、五花马头墙和猫弓背式等江西传统民居常用的形式。

其他净明道万寿宫廊庑也是硬山式屋顶或单庇顶，宫墙采用江西传统民居常用的青砖空斗封火墙，一般是人字形、三花、五花和平直封火墙的组合形式。

会馆万寿宫封火墙与前殿、正殿山墙结合一体，由于前殿、正殿体量较大，使得外围封火墙高大，特别是与高耸的山门结合在一起，恢宏大气，成为当地的地标。封火墙均为青砖空斗墙，采用江西传统建筑工艺，墙面整洁有律，砖缝整齐划一。由于砖砌结构的墙面直接作为建筑外观，为丰富外围封火墙的形式，通常采用三花、五花、猫弓背式、人字形和平直墙体组合方式，与屋顶形式一起，构成当地美丽的天际线。

二、主要建筑单体异同比较

类型	净明道万寿宫	会馆万寿宫
入口门制	牌楼式、门廊式、门罩式和门洞式，牌楼式以附墙式为多，通常四柱三间三楼 实例：江西于都黄屋乾万寿宫、江西樟树临江万寿宫	牌楼结构形式多样，建造年代普遍早于净明道万寿宫牌楼式山门 实例：见表2.1
殿堂式	平面规整，面阔五至七开间，柱网整齐，穿斗抬梁混合式木构架，重檐歇山式屋顶，外檐二跳以上斗拱，回廊环绕，石台基，有陛的石栏垂带式台阶 实例：南昌西山万寿宫高明殿	
庙堂式	建筑高大，一般为硬山、悬山式屋顶，青瓦屋面或筒瓦，内部有时采用减柱和移柱，前后面有槅扇门窗 实例：南昌青云谱净明道观	建筑高大，一般屋顶为硬山、悬山、卷棚和歇山式，青瓦屋面或筒瓦，有的平面结构布置采用移柱造，前后两面有槅扇门窗 实例：见表2.3、表2.4
殿堂与庙堂混合式	与殿堂式不同的是无陛的石栏垂带式台阶 实例：南昌铁柱万寿宫真君殿	

续表

类型	净明道万寿宫	会馆万寿宫
敞口式	正面或前后两面敞开，平面柱网采用减柱或移柱 实例：江西樟树临江万寿宫等	同左。一些会馆前殿明间前金柱处突出歇山式参亭或升起一个木牌楼式入口 实例：见表2.3、表2.4
戏楼	歇山式屋顶，通常与山门结合一体，底层架空，戏台平面通常为品字形。 实例：江西樟树临江万寿宫等	分牌楼式戏楼和歇山式戏楼，通常与山门结合一体，底层架空，戏台平面有品字形和一字形 实例：见表2.2
看楼	底层为架空通道或为厢廊，二层为通廊或为厢廊。一般不作装饰处理 实例：江西宁都小布万寿宫等	形式同左。为与庭院建筑群风格保持一致，建筑立面和装饰得到强调 实例：见图2.2.24和图2.2.25

从以上比较，得出如下结论：

（一）西山万寿宫体现了万寿宫建筑等级的最高地位。清光绪二十九年（1903年）后，西山万寿宫和铁柱万寿宫正殿面阔八柱七间，重檐歇山带牌楼式抱厦。尽管铁柱万寿宫大殿平面结构布置整齐，具有殿堂式建筑的基本特征，由于其前面的台阶不带陛路，因而比西山万寿宫高明殿建筑等级略低，其他净明道和会馆万寿宫主体建筑的等级均低于西山万寿宫和铁柱万寿宫。

（二）除青云谱道观外，江西乡村净明道万寿宫拜殿和正殿没有庙堂式，均为敞口厅。会馆万寿宫主体建筑的平面结构布置受江西传统建筑影响，或为庙堂式，或为敞口厅。建筑屋顶形制方面，乡村净明道万寿宫主体建筑屋顶为悬山式或硬山式；除甘肃兰州江西会馆铁柱宫享殿和贵州丹寨会馆万寿宫正殿等极少数为单檐歇山顶外，会馆万寿宫前殿和正殿屋顶或是硬山式，或是悬山式和卷棚式。一些会馆万寿宫通过对硬山式屋面的处理，给人歇山顶的印象。如云南会泽会馆万寿宫真君殿和贵州青岩会馆万寿宫高明殿。会馆万寿宫因功能上的要求，平面结构布置相对灵活，或前廊较深，或内部采用减柱和移柱法，从而梁架发生变化。

（三）与江西处于相同地理气候区域的会馆万寿宫与江西传统建筑风格有许多共同的特征。如"一字形"戏台的立面通常采用木牌楼形式，檐下装饰米字形网状如意斗拱；"品字形"戏台的立面一般采用歇山式，翘角高昂；又如建筑外围的青砖空斗封火墙样式、祠宇型大殿的敞口厅形式、庙堂式建筑的槅扇门窗样式，屋顶正脊上的多级宝瓶，飞檐翘角上的鱼龙尾，"猫弓背式"封火墙与三花、

图 2.2.27-1　陕西安康市石泉县江西会馆前殿和正殿　赵逵提供

五花马头墙的组合方式等与江西传统建筑大同小异。与江西处于不同地理气候区域的会馆万寿宫庙堂式建筑，在呈现所在地的建造工艺特征的同时，也会表现江西传统民居的特征。如陕西安康市石泉县江西会馆，建筑外墙为清水墙，前殿和正殿外墙连成一体，两殿之间有一口横向的长方形天井，前殿人字形马头墙翘角高昂。又如，济南会馆万寿宫前殿和正殿屋顶为前卷棚后硬山形式，连接一体，均为庙堂式建筑，建筑面阔三间共 15 米，进深四间共 17 米；外墙墙体上部为青砖清水墙，下部为方正料石砌筑；山墙上有四排拉铁，将墙体与木构架拉接联系；墙与木柱分离，是江西传统民居习用的营造工艺，在济南会馆万寿宫得到应用（图 2.2.27）。

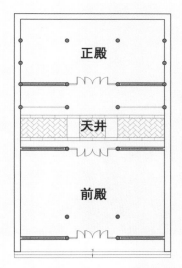

图 2.2.27-2　安康市石泉县江西会馆前殿和正殿平面图　赵逵提供

图 2.2.27-3　济南会馆万寿宫正殿　孙继业提供

（四）会馆万寿宫牌楼式山门早于净明道万寿宫，形制来自江西传统建筑中的宗祠和住宅正中辟门的方法。较早的会馆万寿宫牌楼式山门出现在清康熙年间，如贵州思南会馆万寿宫山门建于清康熙二十八年（1689年），由参将施应隆捐资所建；康熙年间的汉口万寿宫牌楼"檐瓦淡雅宜人"；康熙四十六年（1707年）扩建苏州会馆万寿宫时采用了二道门制，前门为牌楼式山门。尽管西山万寿宫在北宋时期就有四柱三间三楼歇山式牌楼，此后很长的历史时期内，山门形制等级较低，清康熙年间重建时为屋宇式山门，门洞上的屋顶为单檐歇山顶。直到清乾隆三年（1738年），才提升了山门的等级，为八字形六柱五间三楼歇山式牌楼。铁柱万寿宫一直是墙垣式山门，券形洞口，直到清道光二十九年（1849年），铁柱万寿宫才将墙垣式山门升格为牌楼式山门。

（五）铁柱万寿宫牌楼式抱厦和会馆万寿宫木牌楼形式来自江西传统建筑中的宗祠和戏台木牌楼的成熟经验与木作方法。严格地说，铁柱万寿宫真君殿和西山万寿宫高明殿明间前的出厦不能称为抱厦，抱厦由歇山式十字脊顶演变而来，山面向前，唐宋流行，明清时期甚少。江西较早采用抱厦的实例是北宋滕王阁，标志着江西宋代建筑在建筑体量组合、屋顶穿插和结合环境诸方面具有娴熟的设计技巧（图2.2.28）。而铁柱万寿宫、西山万寿宫的出厦是庑殿顶的正脊朝向前方，由于已经形成了习惯的说法，如果不那么严格，称其为抱厦也未尝不可（图2.2.29）。

图 2.2.28　宋画中的滕王阁图

图 2.2.29　铁柱万寿宫正殿抱厦正脊朝前　南昌市档案馆提供

　　清雍正三年（1725年），铁柱万寿宫首创真君殿重檐歇山带牌楼式抱厦，其后的重修中，取消了真君殿明间前的抱厦，直到清同治十年（1871年），阖省绅商集资重建，才重新在真君殿明间前采用抱厦形式。清雍正后，会馆万寿宫在前殿或戏楼也出现了类似的木牌楼形式。一些人认为是受铁柱万寿宫的影响。实际上，一种风格从创立到成熟需要很长的时间，只有此种风格在本土得到认可，并有相当多的工匠掌握其营造要义时，才有可能由江右商带到遥远的省外。以云南会泽会馆万寿宫为例，其牌楼式屋顶也是庑殿顶，建设年代最早在清康熙五十年（1711年），最迟在清乾隆二十七年（1762年）。镶嵌在会馆万寿宫墙壁上的碑记立于清乾隆二十七年（1762年），分两部分，清乾隆二十年（1755年），梁著时撰《万寿宫碑记》，记载会泽万寿宫始建于清康熙五十年（1711年），清雍正八年（1730年）兵燹后，会馆寥落倾颓，经五府公议，度势修理；第二部分是清乾隆二十七年《重修碑记》，记载"各府众姓，慨然念创始之艰难，思欲补葺而新之，以昭诚敬"。[①]江西临江、南昌、抚州、吉安、瑞州、建昌、赣州、饶州、袁州、九江、南安等11府捐银重修会泽万寿宫。因为是补葺，说明山门和戏楼的形式未被改变。会泽会馆万寿宫山门为八字形四柱三间三楼木结构庑殿顶式木牌楼，两侧是硬山与肩墙；戏楼面阔五间，中间三间上承七楼四滴水屋顶，也是庑殿顶式木牌楼；山门和戏楼檐口下都有米字形网状如意斗拱。在会泽县，找不到第二座与会泽会馆万寿宫山门和戏楼木牌楼相同风格的建筑，说明木作工匠来自江西。另一方面，如果铁柱万寿宫正殿抱厦的建筑风格为首创，短短三十几年的时间，不可能有相当数量的江西木匠能够熟练掌握其营造工艺，并带往云南，因此，铁柱万寿宫正殿前的抱厦做法也是来自江西传统建筑（参见图2.2.12）。

　　会馆万寿宫在前殿明间前金柱处突出一个歇山式的参亭或木牌楼式建筑，来自于江西传统建筑的宗祠与戏台。明中期以后，江西宗祠中就有参亭的形式。全国重点文物保护单位江西吉安市青原区富田镇王氏宗祠诚敬堂始建于明朝中

---

① 萧虹霁主编《云南道教碑刻辑录》，梁著时撰《万寿宫碑记》，中国社会科学出版社，2013，第369—370页。

期，为纪念其始祖、南唐端明殿学士兼枢密院使王休文而立，正堂前设参亭，上悬"枢密院"匾额。始建于明代末年，清乾隆年间扩建的浙江江山廿八都会馆万寿宫和江西遂川县会馆万寿宫，前殿明间前的参亭做法与吉安市青原区王氏宗祠诚敬堂和吉安市青原区美陂总祠中堂歇山式参亭如出一辙（图 2.2.30）。全国重点文物保护单位吉安市青原区美陂总祠始建于南宋末年，重建于明正德十四年（1519 年），历史上有过多次修缮，建筑坐北朝南，三进两天井式格局；入口为三开间门廊，明间柱子升起，形成牌楼式门楼，檐下装饰四跳网状如意斗拱，当地称其为"喜鹊窠"；寝堂明间亦出一方亭式牌楼，檐下也是网状如意斗拱，书额"对越在天"。江西乐平市涌山镇昭穆堂为省级文物保护单位，位于涌山老街中段，坐北向南，祖谱记载该祠堂为"明崇祯年间添赐公建造"，清光绪三年

图 2.2.30-1　吉安市青原区福田镇王氏宗祠诚敬堂歇山式参亭　马志武摄

图 2.2.30-2　吉安市青原区美陂总祠中堂歇山式参亭　马志武摄

图 2.2.30-3　浙江江山前殿歇山式参亭　马志武摄

图 2.2.30-4　江西遂川会馆万寿宫前殿参亭
李姣阳摄

（1877）重修；其寝堂明间牌楼檐下角科和平身科保持了北宋中原移民带来的木作工艺，共有 4 朵独立式如意斗拱；祠堂戏楼与门屋结合一体，为四柱三间一楼带两硬山。独立式米字形如意斗拱后来在江西发展为精致复杂的米字形网状如意斗拱，如江西乐平市涌山镇车溪村敦本堂，始建于明正统年间，世为朱氏宗祠，清乾隆年间改建为"敦本堂"，其牌楼式戏台始建于清乾隆丙寅年（1746 年），檐下为米字形网状如意斗拱，戏台四柱三间三楼，边门是主入口，较明代祠堂戏台一律从台底通过的形式有所改变（图 2.2.31）。江西铅山县建昌会馆建于清乾隆

图 2.2.31-1　吉安市青原区渼陂梁家总祠牌楼式门楼　马志武摄

图 2.2.31-3　乐平市涌山昭穆堂寝堂明间前的牌楼　马志武摄

图 2.2.31-2　吉安市青原区美陂总祠寝堂牌楼式
入口　马志武摄

图 2.2.31-4　乐平市涌山昭穆堂牌楼式戏台　马志武摄

图 2.2.31-5　乐平市涌山镇车溪村敦本堂牌楼式戏台　马志武摄

图 2.2.32 铅山县陈枋万寿宫前殿牌楼式入口 马志武摄

十四年（1749 年），戏楼为四柱三间三楼。襄阳市樊城抚州会馆为江西临川商人所建，其始建年代不详，现存石碑一通，为清嘉庆七年（1802 年）禁止骡马进入会馆的告示。木牌楼式戏楼为四柱三间五楼，共有 17 条脊 18 个翼角（参见第四章实例）。铅山县陈坊会馆万寿宫建于清嘉庆十九年（1814 年），江西豫章商人历经三年多完成；其前殿明间前升起一个木牌楼式的入口（图 2.2.32）。云南会泽会馆万寿宫山门和牌楼式戏楼、铅山县河口镇建昌会馆戏楼、襄阳市樊城抚州会馆戏楼、铅山县陈坊会馆万寿宫前殿明间前的牌楼等都采用了复杂精致的米字形如意斗拱，牌楼巍然高耸，翼角飞翘，木雕刀法流畅，生动细微。其建筑风格与江西吉安青原区美陂总祠牌楼式入口、美陂总祠寝堂明间前的牌楼、乐平市涌山镇车溪村敦本堂牌楼式戏台一致。

（六）虽然净明道万寿宫和会馆万寿宫呈现的建筑形态不同，但是，都保持了很深的江西传统建筑文化理念和许真君信仰。江西传统建筑文化理念是在江西自然环境、人文环境和经济条件的影响支配下形成的，熔铸了中华民族的灿烂文明，服从社会生活中一定时代的政治礼制和宗教思想，反映了中华文化深层心理结构的共同特征，体现了江西传统文化深厚的内涵。明清时期江西古代建筑形成了成熟的建筑风格，其来自于江西古代建筑数千年的实践经验的积累、提炼和升华的过程，这一过程将历史悠久、底蕴深厚的中国古代建筑的精义内化为适合江西地方特色的建筑思维和营建规则。

北宋政和六年（1116年）建造的西山万寿宫为官式建筑，建筑形制源自宫廷的殿堂，其以体量高大的殿阁为中心，殿阁周围院落环绕，再用围墙构成矩形的院落外廓，西山万寿宫现有的中间三路还保留了此种空间结构特征。宋以后，西山万寿宫的重建、重修均由地方工匠参与设计并承担施工，虽然主要建筑单体保持了重檐歇山式屋顶和斗拱形制，但是大木作和小木作均为地方技艺；正殿前的抱厦也来自江西地方传统建筑的牌楼式作法，正殿屋脊上的正吻和抱厦的翘角均为江西传统建筑常用的鱼龙吻图像符号，因而总体上呈现江西地方传统建筑风格（图2.2.33）。铁柱万寿宫建设一直为地方主导，地方工匠参与营造全过程，体现

图2.2.33 西山万寿宫高明殿抱厦翘角上的鱼龙尾 马志武摄

了江西地方传统建筑的较高水平。其中轴线上的殿阁与西山万寿宫一样，保持重檐歇山式屋顶和斗拱的做法，大木作和小木作均为地方工艺，正脊吻也是鱼龙尾图像符号。民国四年（1915 年）重建后的正殿和抱厦飞檐上的翘角独特，在江西民居中尚未见到此种形式，应是铁柱万寿宫独创的图像式符号（参见图 2.2.29）。

　　会馆万寿宫和净明道万寿宫体现的许真君信仰主要表现在建筑装饰装修、雕刻等方面，反映出两者有许多共同的特点。建筑的雕刻内容多是《西游记》《三国演义》《封神榜》《水浒》以及"二十四孝""八仙过海"中的故事，还有飞禽走兽、植物花卉、几何纹饰题材等。南朝时就有许逊的传说故事，流传较广的许逊传说故事有"镇蛟除害"和"成仙飞升"，又衍生出"食珠生逊""负薪养母""拜师吴猛""师事谌母""射鹿悔悟""看病舍药""旌阳丹井""松湖画壁""霄峰炼丹""铁柱镇蛟""陶化西山""飞升落瓦"等，这些传说故事成为会馆万寿宫和净明道万寿宫建筑壁画、匾额、楹联的题材。万寿宫建筑中的额联最能体现万寿宫文化，自北宋徽宗亲自为南昌西山万寿宫题额以来，匾额成为万寿宫建筑的重要内容，为历代所沿袭。以"万寿宫"命名的江西会馆建筑，再简单再朴素，其山门和真君殿入口门上都必须有匾额，通过匾额突出万寿宫文化，颂扬许真君，祈福太平，教化后人。额内"万寿宫"的字体多为正楷金字，醒目端庄，匾额四周边框上雕饰盘龙云水等高浮雕或透雕，既华丽又显示其"名正言顺"。因皇帝敕封，山门匾额一般应为竖额，绝大部分会馆万寿宫山门匾额均为竖额，西山万寿宫山门却为横额，其原因待考。一般真君殿的入口匾额为横匾，通常书"忠孝神仙"四字。汉口会馆万寿宫许真君殿内的神龛，为六柱五间五楼木牌楼，木牌楼之上是一块大匾，书"吾道群来"四字；明间屋顶檐下镶嵌"铁柱宫"横额，其下龛门阑额上是"西江福主"横匾（参见图 1.4.20）。陕西安康市紫阳县瓦房店江西会馆仅存正殿，殿内许真君神像上的匾额为木刻描金，书"普天福主"四字。会馆万寿宫的楹联通过赞美许真君，宣扬许真君的"忠孝仁义"和"治水斩蛟"，激励后人传承发扬其品质。镇远会馆万寿宫山门

图 2.2.34　贵州镇远会馆万寿宫山门石柱楹联　马志武摄

石柱上的楹联"惠政播旌阳儒学懋昭东晋，涤源平章水道法永奠西江。"是从儒道合一的角度，颂扬许真君的功绩（图 2.2.34）。总之，会馆万寿宫建筑在体现江西传统建筑文化的同时，通过匾额、楹联、装饰等营造出浓厚的万寿宫文化氛围，突出"忠、孝、廉、慎、宽、裕、容、忍"的道德观念，以达到深入人心的效果。其作为万寿宫文化的传播器，使"万寿宫"名扬天下。

　　以上是从建筑布局、主要建筑单体形制上比较净明道万寿宫和会馆万寿宫建筑的异同，这只是对万寿宫建筑表象层面的分析，目的不仅是对万寿宫建筑的理解，更是为发挥传统建筑文化的积极因素提供研究的基础。由于净明道万寿宫和会馆万寿宫都属于地方建筑，都是在江西古代经济文化环境中产生并走向成熟的，因此，将在第三章着重讨论会馆万寿宫与江西传统建筑一脉相承的关系，以揭示其建筑的意义和文化意蕴。

会馆万寿宫建筑意义
与文化意蕴

明清时期中国古代官式建筑已经高度标准化、定型化、制度化，地方建筑发展也日益成熟，凸显地方特色，风格丰富多彩，江西地方传统建筑就是其中之一。地方建筑特征总是在一定的自然环境、经济、社会和文化等条件的影响支配下形成的。江西山地孕育出发达的水系，南高北低的地形，有利于水源汇聚。省内河流众多，水系纵横，境内97%的水系分别汇成赣江、抚河、信江、饶河、修水等五大河系，在赣北汇入鄱阳湖，于九江湖口注入长江，构成一个以鄱阳湖为中心的向心水系。赣江—鄱阳湖水系涵盖了江西93.96%的面积，也是江西古代建筑成长的最早沃土。根据已经公开发表的考古发掘简报或报告，据不完全统计，江西考古发掘的新石器时期的建筑遗迹有85处。这些考古发现证明新石器时代的江西已经有了原始的木构建筑，满足了氏族社会最基本的居住、生产和社会活动的需求。九江荞麦岭、瑞昌铜岭、樟树吴城、新干大洋洲遗址见证了江西商代文明在长江流域的辉煌；在樟树筑卫城遗址发现了大型宫室类的建筑遗址。自东汉起，江西以稻作为核心的农耕种植、手工业制造等系列生产门类不断发展，促成了经济社会水平整体上升。唐代后期开始，江西经济已跻入全国前列。宋代江西粮赋、茶课和造船业均为天下之最，制瓷、冶金、铸钱等手工业在全国名列前茅，省境"壤肥物盛，家富四羡，人才之盛，甲于天下"。宋明时期，全盛的江西文化更是中华民族文化的结晶和代表，涌现出一大批辉映史册的历史人物。体现在建筑上，就是在农耕文化、工商业文化和族居文化基础上产生的以木结构为主的完整地方建筑体系。明清是江西古代建筑发展的鼎盛时期，形成了成熟的江西传统建筑风格。明清江右商帮与"晋商""徽商"鼎足而三，而江右商帮主要来自赣江和鄱阳湖流域的南昌、抚州、建昌、吉安、临江、袁州、瑞州、饶州、九江等府。这些地区与吴楚文化交流历史源远流长，与中原文化的关系，也比江西其他一些地域文化更为接近，并在长期的兼容并蓄中发展，成为江西古代文化的精髓之地。江西古代唐宋之文章诗词、宋明之理学与心学、明清之戏曲书画等大都出自这些地区，因而这些地区的建筑发展既有经济实力的支撑，又有政治和文化的优势。长期的积淀、提炼和升华的发展过程，使得这一地区的建筑特征明显，体系完备，底蕴深厚，风格成熟，代表了江西古代建筑发展的主流。处于省际边界地区的江西古代建筑在与周边省份边界地区相互交流融合中发展，体现江西民居主要特色的同时，也有自身的个性特征。截至目前，江西有国家级历史文化名镇名村 50 个，省级历史文化名镇名村 116 个。居住、官署、学校（含书院、族塾、私塾、考棚等）、礼制（含孔庙等）、工商业（含会馆和手工业作坊等）、宗教、民间祭祀、城垣、桥梁、园林等建筑类型均有存量，其中居住建筑类型存量最多。

明清时期，大批江西移民不断进入湖广、云南、贵州、四川，定居落籍，耕垦开矿，经商贸易，在入乡随俗之时，带去了江西传统建筑风格。江右商帮依靠诚信和机智占得大片市场，在我国工商城镇建造有万寿宫徽记的江西会馆，推动了江西传统建筑与其他省份的地方传统建筑文化的交流。

第一节　会馆万寿宫体现的江西传统建筑思想特征

江西传统建筑思想和遵循的营建原则与中国传统建筑文化思想的总体特征保持一致。中国数千年历史所积淀的传统文化的核心内容就是"礼"，"礼"既是儒家思想体系的最高范畴，也是中国古代政治理念和一系列伦理道德的原则与规范。儒家六经之文，皆有礼在其中。六经之义，亦以礼为重。在朱熹的理学体系中，礼上升到宇宙本体的高度并理学化，强化了"礼"在中国传统文化中的统摄地位。中国古代建筑制度属于"礼"的范畴，建筑首先要对社会组织和天下秩序负责，建筑类型和等级针对性的使用，保证了秩序的形成和各种需求的满足。建筑位置、大小、形态、色彩、装饰、材料乃至特殊地位的象征性构件都表示一种等级，不同的人依等级地位，可使用的建筑形制、营造尺寸和建筑数量不同。例如，《明会典》规定："庶民所居房舍，不过三间五架。"三间即三开间，五架即明间只能设置五根檩条承托椽瓦，是面阔和进深都受到严格限制的小型房屋。

由于江西地理环境的特殊和人文构成的多样，在长期的生产生活过程中，积淀并形成了地域性文化，成为江西古代社会中绝大多数人思想的一般背景。江西先民好信巫鬼，从各种

图 3.1.1　新干大洋洲商代大墓双面神人兽面头像
江西考古研究院提供

原始崇拜到巫术、占卜和禁忌等，都从人们的心灵深处去影响传统民居的所有方面。江西新干大洋洲商代大墓出土的双面神人兽面头像，反映了江西殷商先民们的宗教巫术信仰，证实江西早在上古时期便是鬼神崇拜和巫术风行之地（图3.1.1）。东汉时期的程曾、徐稚、唐檀已在儒学领域做出了贡献，他们均习《春秋》公羊学，又皆习京氏《易》，好灾异星占，都是儒术兼方术之士。东汉明帝时，佛教传入江西，张道陵至江西龙虎山炼丹修道。东晋慧远开创弥陀净土信仰，被后人尊为净土宗第一代祖师。禅宗既分南北，江西便成了南宗禅最为盛行的地区，慧能开创的禅宗南派下传南岳、青原两大法系，这两大法系在江西都蓬勃发展。南岳下的马祖道一创立了洪州宗，其下法嗣又发展出沩仰宗、临济宗，临济宗以下又衍生出扬岐派、黄龙派；青原下的良价、本寂创立了曹洞宗。禅宗祖庭遍布江西各地，著名的马祖道场有南昌佑民寺、靖安宝峰禅寺等，以及其弟子怀海禅师住持的"天下清规"发祥地奉新百丈寺、青原行思的青原山净居寺、沩仰宗祖庭仰山慧寂禅师的栖隐寺。曹洞宗祖庭有宜丰洞山普利寺、宜黄曹山宝

积寺、云居山真如寺。临济宗祖庭宜丰黄檗禅寺，黄龙宗有修水崇恩禅院，杨岐宗的萍乡普通禅院等。凭借高僧与祖庭的名望，吸引四方信众来游学、参拜，宗风远播，江西佛教文化底蕴益愈广博深厚。晋、唐、北宋时期北方大规模的汉民南迁中，不少中原家族来到江西定居，带来了正统的传统思想。从唐后期至清末，江西的书院教育常盛不衰，儒学文化得以传承；其间，程朱理学、陆王心学相继出现；社会浸润着儒学观念，读书风气盛行，诗书礼仪到处都是。因此，江西地域文化由先民之信巫鬼而及于汉代之儒术并杂以神仙方术、魏晋之道术与佛学、唐宋之禅宗、宋明之理学与心学，远源近流，共同形成了古代江西地域文化的个性。其思想观念影响到江西人的立身处世，表现在一定范围内共同的习惯思维和行为方式。江西传统民俗文化中，信仰是最原始的思想文化，影响范围最广也最深刻，一般的大众百姓把建筑视为影响甚至能够改变个人和家庭命运的工具。风靡大江南北的风水"形势派"或称赣南堪舆风水术之所以产生于江西，也是江西先民好巫信鬼、信仰神仙方术的民俗风气所致。古代江西大多数聚落、房屋选址时，都要附会堪舆风水术，究其利弊作出选择，或通过营建手段调整环境的不足。江西乐安县流坑村是千年古村，三面环水，一面依山，乌江自村子的南侧转向北流，又在东北角绕向西去，在河流拱背处的河岸立阳宅，坐北朝南，正合风水选址理论。但是，流坑村董氏先祖认为，此处水力的冲刷作用，会使河岸日益退缩，不是长久之计，于是开基不久就将村子搬至白龙塘江对面的中洲，即现在流坑古村的主体区域，村址位于江水的环抱之中，呈西高东低之势。董氏先祖认为此处符合"枕山、环水、面屏"的风水理论，既背山面水，兼得面东朝阳之利，又有东面远方的东华山为屏，还有北侧高耸峰峦和连绵远山阻挡寒冬北来的冷空气。董氏家族又在村庄的东北面和西北江对岸种植风水林，以营造局部小气候，抵挡寒冬的北风（图 3.1.2）。董氏先祖的迁址有一定的科学道理，是依据水利水文和地形、地貌、气候条件作出的抉择。为了说服旁人，董氏编造了新址是根据赣南堪舆风水创始人杨筠松的建议。杨筠松是形势派创始人之一，唐末时期人，与董氏先祖在流坑村开基建村的年代并不吻合。在江西传统聚落中，类似流坑这样的例子还有很多。

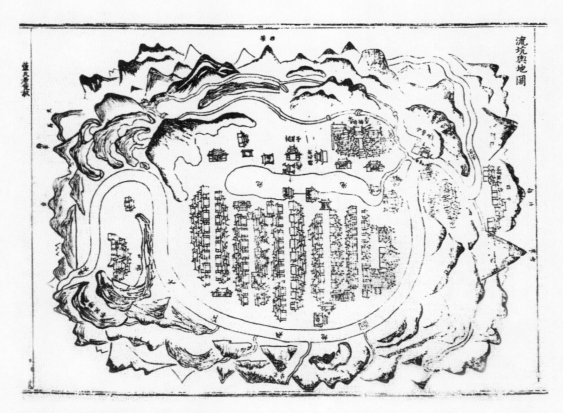

图 3.1.2　谱载乐安流坑村舆地图　乐安县人大提供

　　总之，江西是一个内陆省份，历来依靠农业来维持生存，在先民的心目中，世界就是他们生活的这片土地。一个人如果没有特殊才能，他无法离开祖辈生活的这片土地。由此产生家族制度和祖先崇拜，儒家思想在很大程度上就是这种家族制度的理想化。虽然聚落住宅和宗祠建筑附会堪舆风水理论，掺杂不少鬼神迷信成分，但是，江西聚族而居的传统聚落布局以礼制为首要，体现儒家的价值取向、道德要求和审美趣味，强调以礼来建立与万物的关系，透过礼梳理出以道德为脉络的天、地、人、鬼、神和万物之间的关系。礼作为控制居住建筑形态的规范，从建筑具有特殊意义的组成要素方面加以限制，配合中国父系家族制度，依每位成员在家族的辈分、地位，将尊卑关系差序的空间赋予其应有的位置。其他类型的江西传统建筑如官署、书院、文庙等集中地反映了礼制文化的精髓，突出建筑在传统社会中担当建立社会秩序的任务。江西传统建筑平面追求方正，各种类型建筑依照不同的等级，间架大小、高低多寡、入口形式、台基柱础栏杆、屋

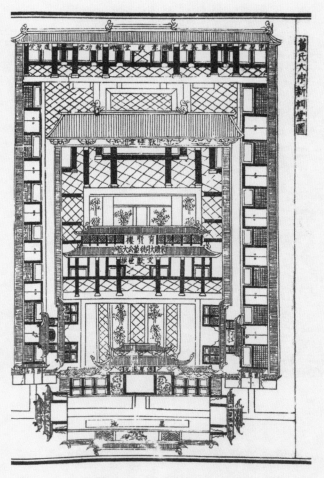

顶瓦件、门窗天花等都有不同的规制。以居住建筑和宗祠建筑为例，居住建筑多采用以"天井"为中心的布局方式，"一堂两内"的格局使堂屋居中南向，次要房屋左右陪衬，注重长幼尊卑、男女有别次序。宗祠建筑发达，重要性超过住宅，建筑围绕庭院、天井布局，前堂后寝，内外分明；建筑布局突出中轴线上的门楼和厅堂，其体量高大，工料精细，以显示重要（图3.1.3）。

会馆万寿宫秉承江西传统建筑思想，按照礼制进行营造活动，保证了秩序的形成和会馆需求的满足。云南晋宁（现

图 3.1.3-1　谱载乐安流坑村董氏大宗祠图　乐安县人大提供

图 3.1.3-2　江西铜鼓县时氏宗祠享堂　马志武摄

为昆明晋宁区）《重修万寿宫碑记》载："万寿宫者，不知创自何时？在晋宁之北隅，俨然雄峙一林构也，奉祀至尊。凡万寿千秋之祝，罔不演礼于兹焉。郡之士民，星罗环拱，犹里之有塾，尊卑有序，衣冠有等。"[①] 从中可知礼制在会馆万寿宫文化中的重要地位，作为民间公共建筑的会馆万寿宫对当地民众也具有儒学教化的功能。

会馆万寿宫建筑在体现江西传统建筑思想方面，主要有以下几点特征：

一、以中轴线代表礼的秩序

礼的传统空间来自于中国原始空间概念，原始建筑反映出原始人类的需求主要是遮蔽性和定位的需求。前者为人类提供遮风避雨的场所，后者使人们更确切地把握自己的时空位置。殷商卜辞显示，殷人不仅已经对四方有确切的认识，还确定每个方位对于人有不同的意义和作用，因此对各方的神祇有固定的祭祀，认为各方位之间秩序固定，与时间的流转有对应的关系。四方及中的概念形成了中国最基本的空间概念。礼制制度的前后左右以中为依据，南北方向以北为尊，国君坐北朝南是对天的尊崇，臣子坐南朝北才对得起国君。周初的宗庙实行昭穆之制，以别东西之尊卑。在江西传统住宅建筑中，沿中轴线纵向布局代表了人伦秩序，也成为组织居住空间的出发点，通过空间序列别贵贱、序尊卑。江西传统住宅以天井为中心，环绕着它布置上堂、下堂、上下房和厢房等，以此为一进；规模较大者，可以沿纵深增加天井，或并行几组天井。无论多少进，上堂是住宅内部最主要的活动场所，必须在中轴线上且正对天井，高大宽敞而明亮。这种礼制的和谐秩序安排，很好地反映在会馆万寿宫主体建筑的空间处理上。

会馆万寿宫建筑采用中轴线的布局方式，保证了秩序的形成和各种需求的满足。一般以纵向中轴线为主，横向中轴线为辅，围绕庭院、天井布置建筑组群。建筑布局突出中轴线上的厅堂，按照"前堂后寝"内外分明的规制布局。通常前殿位于中轴线的中间位置，正殿在中轴线的最北端。以天井为中心的空间布

---

① 萧虹霓主编《云南道教碑刻辑录》，清·刘玉成《重修万寿宫碑记》，中国社会科学出版社，2013，第 469 页。

局通常有两种方式，第一种布局方式与合院式相同，即天井位于中轴线上，建筑围绕天井布置；另一种布局方式与合院式有所不同，中轴线上为通廊或敞口式过厅，在通廊或敞口式过厅两侧对称布置天井，建筑围绕天井布局，这种布局方式既符合礼制要求，又丰富了空间层次，使建筑获得更好的采光与通风条件。如抚州玉隆会馆万寿宫，建筑围绕天井布局，进入中轴线上的山门后，为一通高的过厅，过厅两侧对称布置天井，天井另一侧布置厢廊；第二进天井也是位于中轴线上的穿堂两侧；第三、四、五进天井则位于中

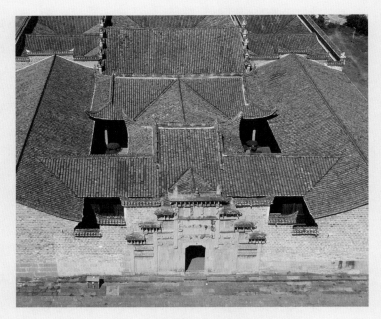

图 3.1.4　抚州玉隆万寿宫中轴线两侧天井　马凯摄

图 3.1.5　铅山县河口镇建昌会馆中轴线两侧的天井　马凯摄

轴线上；第六进天井又布置在中轴线两侧（图 3.1.4）。铅山县河口镇建昌会馆在第二至第四进建筑中轴线两侧布置两对天井，建筑围绕天井布局（图 3.1.5）。也有会馆万寿宫的内天井与中轴线关系不紧密，设置天井的目的是改善建筑内部的物理环境，这种形式不是以天井为中心的建筑组合方式。

会馆万寿宫前殿和正
殿都位于中轴线上，一般面
阔三开间，平面结构布置常
采用移柱法，使得建筑内部
空间宽敞（图3.1.6）。正
殿、前殿的屋面正脊高度通
常在9米左右，体量高大，
以显示重要。处于山地的会
馆万寿宫建筑，尽管基地狭
窄，也会以中轴线突出主体

图 3.1.6　抚州玉隆万寿宫前殿移柱形成八字形敞口　马志武摄

部分，次要部分则灵活自由。例如，贵州青岩会馆万寿宫由三个不同的院落组群
构成，中轴线上的组群以高明殿为中心，布置山门、戏楼，中轴线两侧为大致均
衡的厢廊，以突出主体建筑的地位；受地形限制，高明殿东南侧和西侧的院落组
群布局相对自由，灵活布局。

二、以天井呈现"德之地"的审美意象

江西各种类型的传统建筑都与天井有着广泛的直接关联，作为中华文化深层
心理结构的外在表现，江西民居的天井超越了功能意义，与中国传统文化结下了
不解之缘，反映出天井在江西先民心理意识中具有的重要意义。天井的原型来自
于古代穴居的中霤。《说文解字》曰："霤，屋水流之。"屋上有雨水下流之处可以
叫霤。中霤大略是指屋子的中央部位，后来又指建筑中的天井。考古发现黄河流
域穴居火塘通常设在房屋中央，大致与霤相对，当雨水下降和烟气上升相互交织
时，使人产生天地交合的联想。后世屋面上不再有雨水流下的开孔，祭祀中霤的
礼仪活动却保留下来。"井"字形是中霤图式结构的演化，商朝实行井田制，把土
地分隔成九个方块，形状像"井"字，中间一块为公田，其余分配给庶民使用。
井田制形态促成了中国古代营国制度的发展，古代明堂、宫室、坛庙、城邑以及
陵墓等各种类型的建筑均受"井"的原型影响，表现出强烈的同构倾向。

图 3.1.7-1　景德镇祥集弄 3 号住宅天井四周装饰　马志武摄

图 3.1.7-2　景德镇祥集弄 3 号堂屋顶棚装饰　马志武摄

在江西，"井"的原型表现为内天井形式，极大地丰富了江西传统建筑的空间手法。江西传统民居以天井为中心组织空间，主要源自对"井"的理解，中霤祭祀及相关概念形成了住宅是阴阳交合之地的认识，后世的风水理论直喻天井为明堂，富贵明堂自然均齐方正，有一种阴阳交媾之美。在《周易》"井卦"中，"井"具有无私、谦虚、仁慈、忠贞、高尚等美好的品格和德性。这些观念都呈现在江西天井式民居的审美意象之中。江西传统住宅的上堂所对的天井均齐方正，从上堂向天井望去，视野正对一方连天接地的空间，因而天井两厢的槅扇、倒座，厢房外檐的额枋，上堂前的轩廊等成为重点装饰的部位。这不仅是为了观感上的愉悦，也不仅是象征"四水归堂"，体现富贵明堂的阴阳交媾之美，更是呈现天井"德之地"的审美意象（图 3.1.7）。

　　江右商和江西移民将江西内天井的审美意象反映到会馆万寿宫建筑中，前殿和正殿之间的天井部位是装饰的重点，位于中轴线上的天井通常由前殿后檐廊、正殿前廊和天井两侧厢廊围合而成，正殿神龛中的许真君神像能透过天井看到前殿和戏台，因而天井部位的装饰装修格外重要。通过对天井周边檐柱、梁枋、挑托构件、槅扇门窗装饰和额联的点缀，突出庄重、和谐的气氛，起到助人伦、敦教化、规范秩序的作用（图3.1.8）。

图 3.1.8-1　抚州玉隆万寿宫许仙祠天井部位
建筑装饰　马志武摄

图 3.1.8-2　赤水复兴会馆万寿宫正殿前的天井部位建筑
装饰　马志武摄

图 3.1.8-3　成都洛带会馆万寿宫天井部位
建筑装饰　马志武摄

图 3.1.8-4　镇远会馆万寿宫戏台一侧的天井
部位装饰　马志武摄

图 3.1.9　陕西石泉江西会馆前殿和正殿之间的
天井　赵逯提供

天井作为一种记忆的心理图式，凝聚着江右商和江西移民对家乡的眷恋。陕西石泉县并没有南方湿热的气候，在当地民居中采用以天井为中心的布局方式也不普遍，但江右商在江西会馆的前殿和正殿之间，按中轴线对称的方式布置了一口横向的长方形天井，既寄托江右商对家乡的思念，又呈现"德之地"的文化意境（图3.1.9）。

南方多雨，天井地面不免潮湿，于是，一些江西传统建筑常用藻井或升起的亭式建筑象征与天穹的沟通，其原型也是中雷，与内天井为同构关系（图 3.1.10）。

图 3.1.10　江西铜鼓县时氏宗祠戏台上升起的亭子象征天穹　马志武摄

会馆万寿宫也是如此，常在中轴线上的主体建筑内部装饰藻井，或在主体建筑内部升起带高窗的参亭。天井作为会馆万寿宫深层心理结构和集体无意识的外在表现，无论是从建筑意义还是从意境象征，都是最富有中国传统文化意味的（图3.1.11）。

图3.1.11-1　江西抚州玉隆万寿宫前殿藻井　马志武摄

图3.1.11-2　江西铅山县建昌会馆前殿藻井　马志武摄

图3.1.11-3　贵州镇远会馆万寿宫戏台上的藻井　马志武摄

图3.1.11-4　江西铅山县陈坊会馆万寿宫穿堂上带高窗的亭子　马志武摄

图3.1.11-5　江西铜鼓县排埠会馆万寿宫参亭　马志武摄

三、建筑空间关系体现阴阳消长相互共存

易经是古人观察自然宇宙的迹象后，以八卦的符号系统说明天地变化的情形。在易经的观念里，建筑中的空间是变化流动的，而动的过程中，空间关系是连续的，所谓"生死不已，行健不息"。道家之道与易的太极两仪相通。庄子认为天地万物皆由道所产生，道生一，一生二，二生三，三生万物。体现在建筑上则是空间的层次，使人在游经各种不同的空间过程中，产生连续重叠的空间印象。在礼制的要求下，儒家则将易经的符号系统赋予种种人文的解释，通过不同类型、不同等级的空间层次的对比，实现儒家道德主体性。例如，江西传统住宅的空间层次是主次之分、男女之别等需要而产生的。

空间层次由实空间、虚空间和灰空间构成，江西传统民居的实空间是建筑实体内的空间，虚空间是建筑室外空间，介于实与虚之间的灰空间为廊道、门屋和檐廊，建筑的室内、室外依靠灰空间联系。通常江西传统民居第一层次空间配合大门形成内外层次，庭院或天井在"门"和"堂"的中间，其目的是体现内外、上下、宾主有别的礼制精神。这种特点体现在会馆万寿宫建筑入口空间序列当中。

会馆万寿宫建筑实体内部是实空间，庭院、天井是虚空间，连接实体和虚体空间的灰空间是门屋、戏楼架空层下的通道和庭院、天井四周的廊道或厢廊。三种空间的关系既是礼制的需要，也是阴阳消长、相互共存的观念体现。会馆万寿宫建筑的层次空间隔而不断，通常沿着一条纵深的中轴线，对称或不对称地布置一连串形状大小不同的庭院、天井和建筑物，烘托出种种不同的环境氛围。空间层次配合主轴线以规制的序列呈现，同时又有连续空间的特点。当前殿为敞口厅时，连续空间为穿透性空间，当前殿为庙堂式建筑时，连续空间为开口性空间。最重要的建筑置于主轴线的末端，作为空间的终结。由于地理气候条件的不同，会馆万寿宫的院落大小、形状也有差异。一般北方的会馆万寿宫建筑的院落比南方会馆万寿宫的院落开阔，以求冬天有充足的阳光。南方为了减少夏天烈日暴晒之苦，前院为庭院或天井形式，第二进院落为天井形式，这样还可以增强室内的通风效果。而西南地区的会馆万寿宫，由于建在山地上，限于基地狭窄，往往不能采用规整、开阔的庭院布置形式，通常第一进院落尽可能宽敞，因为它是建筑

室内活动的外延与补充，要满足较多人群的聚集。每年农历八月纪念许逊飞升的朝拜以及春节、端阳节、中秋节、重阳节、腊八节，会馆万寿宫都会举行祭祀、庆典活动，聘请名角、戏班演出，有时持续数日甚至十几日。四川巴县（现重庆巴南区）万寿宫记载某次办席情况，"共办上席 27 席、中席 12 席、普茶 10 席"。[①] 当前殿不能容纳这么多席时，就在庭院中增加桌席。

会馆万寿宫建筑的空间关系蕴含着变化当中顺应变的道理。沿着中轴线，一般从入口开始，经历了从实空间（入口过厅）—灰空间（戏楼架空层通道）—虚空间（庭院或天井）—灰空间（庙堂外廊）—实空间（庙堂室内）的过程，并产生空间大小、形状、明暗、色彩和装饰简繁的对比。如庭院与天井是空间形状和大小的对比，也是空间明暗的对比；作为入口通道的戏楼架空层也起到了明暗和空间高低的对比作用。建筑色彩从外部青灰色的青砖空斗墙，到庭院植物的绿色和建筑柱子的本色或褐色，再到真君殿室内陈设物的黄色与红色，产生了由冷到暖的对比。空间的层次还表现在连续空间的变化当中，有些会馆万寿宫有几重门庭，如湖北襄樊小江西会馆，庭宇深邃，院落重重，给人以幽静非凡的美感。

四、合乎自然的理念包含道德价值和美的标准

在江西传统文化观念里，一直与自然思想有着密切的关系，陶渊明的《桃花源记》描述了一个与自然融入一体的野居，人们怡然自得地生活在自然环境之中。陶渊明不仅抛开了对宫室、庙堂宏丽追求的审美倾向，还为人们提供了一个朴素、自然的建筑审美意象。儒释道关于人与自然的思想主张是江西传统建筑环境观的基础。人法地，地法天，天法道，道法自然。道并不是毫无规律，而是以自然为精神，一切宇宙自然现象，都包含道德价值、美的标准，在中国的建筑观念里，从来没有在自然之外再架构一个价值观或审美观。体现在江西传统建筑设计原则上，就是顺应自然、融入自然和效法自然。顺应自然、融入自然表现为建筑布局因地制宜，适应当地的地形、气候，尽可能地使用当地的材料。效法自然是以自然为题材，作为营建的基础。白居易在庐山北麓面对香炉峰置草

---

① 重庆湖广会馆管理处编《重庆会馆志》，长江出版社，2014，第 008 页。

堂，创造了一种效法自然而超乎自然，寓景于情、情景交融的园林建筑风格，对后世的山水园林建设有很大的影响。江西古代著名的庐山白鹿洞书院、铅山象山书院设在风光旖旎的山林之中，也是意识到优美的自然环境本身对人就是一种良好的教育。

（一）会馆万寿宫在建筑选址上体现顺应自然之理念

在建筑选址上，会馆万寿宫一般有三种形式：

1. 平冈型。平冈型是指会馆建筑选址在较平缓地带的水路商贸城镇。一是直接与码头相邻的会馆，湖南怀化黔城会馆万寿宫出门便可见沅水东流，并有相当气势的青石码头连接沅水，铅山县河口镇建昌会馆和陈坊会馆万寿宫都是临河而建，选址极是精到。赤水河畔的贵州赤水复兴镇是川盐入黔的重要码头，江西盐商在赤水河畔修建复兴会馆万寿宫，坐东朝西，西边山门朝向老街，东门通向赤水河码头。湖南湘西州泸溪县浦市镇会馆万寿宫是当年浦市13座会馆中最大的一所，会馆正对沅水码头，从码头向上走几百级石阶，就是宏伟的万寿宫牌楼，标志着此地货物运转地的归属。恩阳古镇会馆万寿宫位于巴中市恩阳区恩阳古镇起凤廊桥头，始建于清朝道光年间，由江西籍商人集资修建；万寿宫坐西向东，山门前的高大台阶直通码头（图3.1.12）。二是不直接与码头相邻，处在与水路连接的商贸通道节点上。四川洛带会馆万寿宫位于成渝商道

图 3.1.12-1　湖南怀化黔城会馆万寿宫面朝沅江而建　马凯摄

图 3.1.12-2　铅山县陈坊会馆万寿宫临陈坊河边码头而建　马凯摄

图 3.1.12-3　铅山县河口镇建昌会馆临近信江　马凯摄

图 3.1.12-4　贵州赤水复兴会馆万寿宫东门通向赤水
河码头　马凯摄

图 3.1.12-5　四川恩阳会馆万寿宫山门前的台阶
通向码头　俸瑜提供

图 3.1.13　成都洛带江西会馆巷　马志武摄

重要节点成都龙泉驿区洛带镇，该镇距离成都约 18 千米，当时是连接川东南水路龙泉驿商道上的重镇，扼成都物资西进东出，会馆选址在洛带镇到龙泉驿的主要通道旁，因在这里修建了江西会馆，吸引了许多商民聚集通道两旁，遂形成街巷，并以"江西会馆巷"命名（图 3.1.13）。

2. 背山濒水型。会馆建筑处于山麓坡地，濒临河流码头，构成单向开口的形态，建筑依山就势逐渐升起，纵剖面呈台地状。如贵州思南会馆万寿宫，位于县城中山街，面向乌江，靠近码头；所处地形高差大，从入口到正殿，在同一轴线上高差达 15.6 米，因此沿纵向轴线将建设用地分为五个台地，建筑高低错落，层次分明。重庆酉阳龙潭镇会馆万寿宫由南昌、吉安、瑞州、建昌、临江、抚州等六府商人捐资重建于清道光四年（1824 年），临酉水河的山门与河边有十几米高差，另一山门在龙潭老街上；建筑三进三院，面积 2400 平方米。贵州松桃寨英会馆万寿宫以雄、奇、秀、美而著称，它是武陵山周边地区留存下来最完整的古建筑群之一，清初古盐道的正式开辟，吸引了许多行商巨贾、能工巧匠纷纷来寨英镇投资兴业。不少江西商人到此建房设店，于是在此修建万寿宫以联络乡情。万寿宫总占地面积 1400 平方米，始建于清乾隆二十六年（1761 年），同治十三年

（1874年）冬重新修建。寨英会馆万寿宫坐落在四面环山、两河交汇、碧波如染的环境中，建筑群体位于城内高于城墙的台地上，既是城西屏障，又可居高临下观察四周情况，同时还能近观江水，远眺群山，视野开阔，环境清幽。清乾隆二十五年（1760年）之前，江右商就在重庆建造了会馆万寿宫，其位于重庆东水门内原万寿宫巷和原赣江街，万寿宫规模宏大，为八省会馆之首，由江西临江药商13家商号投巨资建设，据说里面可容万人以上[①]。重庆会馆万寿宫对面就是长江，由于巧妙利用了上下高差十几米的山地坡度，使得建筑错落有致，生动遒劲的飞檐翘角、相互穿插的高大马头墙，构成气势宏伟的城市景观（图3.1.14）。

图 3.1.14-1　贵州思南会馆万寿宫位置图　马志武摄于思南永祥寺陈列馆

---

① 重庆湖广会馆管理处编《重庆会馆志》，长江出版社，2014，第003页。

图 3.1.14-2　重庆酉阳龙潭镇会馆万寿宫　冉项文摄

图 3.1.14-3　贵州松桃寨英会馆万寿宫　贵州人大提供

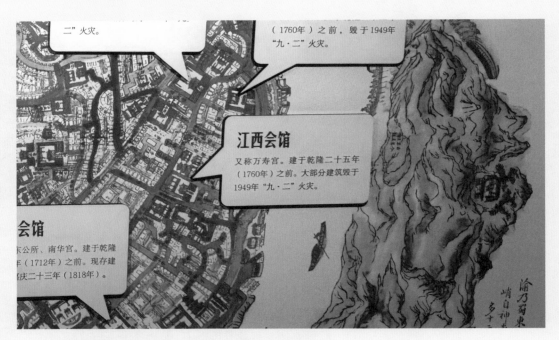

图 3.1.14-4　重庆江西会馆位置图　马志武摄

图 3.1.15　贵州镇远会馆万寿宫　马凯摄

3. 依山就崖型。建筑场地受地形限制，竖向变化大，多顺等高线布置。贵州镇远会馆万寿宫量地势之崎岖，得基局之大小，建筑布局依山就崖、因地制宜组合建筑组群；建筑基地在潕阳河岸旁边的中河山石崖中段的山脚下，基地横向为东西方向，比较狭窄，西面朝向潕阳河，东面为山崖；基地纵向为南北方向，建筑组群坐北朝南，依山体走势围绕四个院落布局，为了顺应地形，南北中轴线有两次转折，纵向剖面呈现由低到高的上升关系。各院落组群建筑高低不一，马头墙纵横交错，既统一又有变化，构成镇远潕阳河畔最美丽的建筑景观（图 3.1.15）。

（二）青砖空斗墙的外立面特征反映了合乎自然之理的审美情趣

中国传统民居应用砖作为围护结构有两种不同的取向，一种是将砖砌结构直接暴露在建筑的外观，江西传统建筑就是其中的代表，整齐划一、青灰色的青砖空斗墙成为江西传统建筑外围立面的特征。在西方，英国和荷兰是在十八世纪中叶的工业化初期才将砖围护结构的砌筑方式作为建筑的立面，随着二十世纪初现代建筑对材料连接方式的关注，砖围护结构作为立面的审美趣味在世界得到迅速的传播。还有一种是用粉饰的外皮掩盖砖砌结构，徽派建筑就是其中的代表。江西的梅雨季节易使白粉墙面发霉，产生污秽，于是江西传统民居普遍采用青砖空斗墙，砖的砌筑以更精美的墙身和更好的整体性为目的，形成了斗眠结合的砌筑方式，并成为江西传统建筑的文化符号。江西青砖的烧制及青砖墙体的砌筑，堪称一绝，砌筑的青砖空斗墙墙面平直，砖缝线美观。这种审美趣味反映了江西传统建筑追求自然朴素的理念，砖的内容与形式是统一的，也是真实的；砖的生产、砌筑、循环再利用均与手工发生直接联系，时间越久，越能从砖的表面感受到人与砖的密切关系。江右商将江西青砖空斗墙的工艺带入异乡，反映在会馆万寿宫建筑的外观立面上，就是整齐划一的高大青砖空斗墙和灰瓦的主色调，砖块与灰缝在阳光照耀下形成细腻的质感，很是动人（图 3.1.16）。成都洛带会馆万寿宫街北立面是一面高大的五花马头墙照壁，

图 3.1.16-1　贵州青岩会馆万寿宫青砖空斗马头墙　马志武摄

图 3.1.16-2　镇远会馆万寿宫沿河青砖空斗马头墙　马志武摄

图 3.1.17　成都洛带会馆万寿宫青砖空斗马头墙　俸瑜提供

以青砖空斗墙砌筑为主，结合磨砖对缝工艺和灰塑、额联等，犹如一块巨大的广告，向路人传播万寿宫文化（3.1.17）。

第二节　会馆万寿宫建筑营造技术特征

江西传统建筑注重设计逻辑、结构特征和材料的表达，历史上长期积淀的经验形成江西传统建筑施工及布置上的标准化方法。单座建筑平面以"间"为单位，由"间"构成单座建筑，而"间"则由相邻两榀房架构成，因此建筑物的平面轮廓与结构布置都十分简洁明确，平面布置及结构常有一定的比例及做法，标准化的构造使得施工备料经济简便，施工方便。建筑材料以木、砖、石、土等为主，善于就地取材。这些特点都较好地反映在会馆万寿宫建筑营造技术当中。

会馆万寿宫建筑营造技术包括木作、砖作、瓦作和石作等诸多工艺。木作工艺主要集中在木构梁架和天花、藻井的制作，以及梁、枋、槅扇门窗的雕刻等；砖作包括青砖的烧制、青砖墙的砌筑、砖地面的铺设和砖雕等；瓦作工艺集中在瓦件的烧制、铺设以及屋脊的塑造等；石作工艺包括石门框、石栏杆和石雕等。

一、木作

会馆万寿宫建筑以木梁柱式结构系统为主，习用简朴构件和正常逻辑的结构体系，北方的会馆万寿宫木作主要采用北方常用的抬梁式结构；南方的会馆万寿宫木作技术则体现江西传统建筑的特征，广泛应用穿斗式木构架，其用料小，取材较易，整体性强。穿斗式木构架体系的主要构件包括横梁、立柱、顺檩等，通过榫卯连接构件间的节点形成具有弹性的框架结构。当需要较大的室内空间时，则采用穿斗抬梁混合式，以减少柱子的数量，满足空间变换的要求。

（一）大木作

南方会馆万寿宫常用的建筑结构形式通常为穿斗式和穿斗抬梁混合式。

1. 穿斗式

从柱、穿组合方式来分，江西传统建筑穿斗架有四种形制：一是柱柱落地，各层穿枋透穿各柱，称为满枋满柱；二是以瓜柱代替部分立柱，但各瓜柱的柱脚皆落在最下一层穿枋上，穿枋满穿各瓜柱，称为满枋满瓜；三是每瓜至少交三枋，排架满穿各枋，一枋不省，称为满枋跑马瓜；四是瓜长一律减短，各层穿枋亦不必通穿，称为减枋跑马瓜。因此落地柱从三柱到八柱不等，构成了穿斗式大木结

图 3.2.1-1　石阡会馆万寿宫真君殿穿斗式满枋满柱屋架　马志武摄

图 3.2.1-2　江山廿八都会馆万寿宫正殿　图 3.2.1-3　江西铅山建昌会馆正殿山面木架构　马志武摄
穿斗式木架构　马志武摄

构基本类型的细微差别。各地的万寿宫建筑的山墙穿斗式从两柱到四柱不等，其中五柱因对称布置，稳定性好常被采用；穿斗架上部通常为六架椽、八架椽、十架椽等（图 3.2.1）。

2. 穿斗抬梁混合式

会馆万寿宫庙堂建筑需要较大的室内空间，以满足会馆聚会、议事等活动需要。采用穿斗抬梁混合式结构，既能营造室内较大的空间，又能保证木结构的整体稳定性。江西传统民居的穿斗抬梁混合式结构的特点，普遍体现在南方会馆万寿宫建筑上。如湖南黔城会馆万寿宫、贵州石阡会馆万寿宫和思南会馆万寿宫的前殿和正殿都采用了穿斗抬梁混合式构架，而在客地的民居建筑中，很少能见到这种做法。穿斗抬梁混合式构架与穿斗式构架、抬梁式构架的区别在于：穿斗抬梁混合式构架是将承重梁的梁端插入柱身，没有穿枋贯穿柱身；穿斗式木构架是柱头上承檩，柱间为仅起拉接作用的穿枋，并无承重梁；抬梁式木构架是将承重梁置于柱顶之上。因此，穿斗抬梁式既如抬梁架一样，通过梁来传递应力，也类似穿斗架，瓜柱设置在下部梁上，柱头承接檩条。为了增加结构的刚度，穿斗抬梁式构架一般会在山面柱架上架设通高的中柱，形成两个半架拼合的木构形式（图 3.2.2）。

图 3.2.2-1 思南会馆万寿宫穿斗抬梁木架构 马志武摄

图 3.2.2-2 石阡会馆万寿宫真君殿穿斗抬梁木架构 马志武摄

　　江西传统建筑中，为了强化稳定性，会在穿斗抬梁式构架的大梁下方再加一至两道插梁，这种构架步架不大，用料较大，故其承载能力较强。由于通过插接榫来连接梁柱，克服了梁柱出现横向位移的情况，使得该构架的稳定性优于抬梁架。穿斗抬梁构架还有一独特之处，其每层托梁的端头位置与屋面的檩位不一致，梁端位连线的坡度比檩位坡度大，使各层梁枋的间隔加大，方便了室内结构艺术处理。这些特点在会馆万寿宫中都有体现（图 3.2.3）。

图 3.2.3 贵州石阡会馆万寿宫前殿穿斗抬梁式木架构 马志武摄

3. 抬梁式

主要使用在北方会馆万寿宫，南方会馆万寿宫常在明间木构架上采用此种木构方式。济南会馆万寿宫，前殿和正殿为一体式建筑，前殿卷棚，正殿硬山。其中正殿内部为硬山搁檩，木构架为抬梁式，通过屋基上立柱，柱上承梁，梁上搁檩，檩上铺放椽，形成一榀榀屋架。前殿檐柱和金柱之间通过抱头梁连接，上部有弯椽形成的轩顶装饰，中间正殿金柱之间为七架梁。同时通过拉铁连接木柱和外墙，增加结构稳定性（图3.2.4）。

图 3.2.4-1　山东济南会馆万寿宫大殿抬梁式木架构　孙继业提供

图 3.2.4-2　浙江江山廿八都会馆万寿宫前殿明间抬梁式木架构　马志武摄

（二）檐廊木作

会馆万寿宫建筑通常有前出廊、前后都出廊、无廊三种形式。处于北方的会馆万寿宫，为了在冬季获取更多的阳光，建筑前后以无廊居多。

1. 前出廊

前出廊是指在建筑前设一廊，故称前出廊，前廊上有轩顶，它是会馆万寿宫常用的形式。通常屋架的梁伸到前廊，梁上立两短柱，短柱上有轩梁，轩梁上有檩，檩上面架有轩椽，椽上再铺望板或望砖。由于轩顶处于视觉的中心，通常都会有精美的木雕（图3.2.5）。

图 3.2.5-1　云南会泽会馆万寿宫真君殿前出廊　马志武摄　　　图 3.2.5-2　广西桂林阳朔会馆万寿宫前殿前出廊　马志武摄

图 3.2.5-3　贵州赤水复兴会馆万寿宫正殿前出廊　马凯摄　　　图 3.2.5-4　江西铅山建昌会馆前殿前
　　　　　　　　　　　　　　　　　　　　　　　　　　　　　　出廊　马志武摄

2. 后出廊

后出廊通常位于前殿的后部，朝向正殿。与两侧厢廊和正殿的前廊形成回字形廊道。其构造与前出廊相似。例如复兴会馆万寿宫前殿的后廊与正殿的前廊，及两侧的廊道，围绕天井形成呼应（图3.2.6）。

（三）减柱造和移柱造

江西传统建筑善于采用减柱造和移柱造，目的是扩大明间空间，或者突出明间的中心地位，满足相关要求。这一方法也被会馆万寿宫应用到戏台和庙堂式建筑之中。

1. 减柱造

为了扩大表演空间和祭祀空间，万寿宫的戏台台口会采用减柱造的形式，不仅利于演员演戏顺畅的空间流线，也减少观众观戏视线的遮挡。例如浙江江山廿八都会馆万寿宫、江西铅山陈坊会馆万寿宫本应为四柱三开间，戏台底层空间前排依然保留为4根柱子，为了扩大台口，二层演出空间前排减掉了中间2根柱子（图3.2.7）。

图3.2.6 贵州赤水复兴会馆万寿宫前殿后出廊 马志武摄

图3.2.7-1 浙江江山廿八都会馆万寿宫戏台减柱造 马志武摄

图3.2.7-2 江西铅山陈坊会馆万寿宫戏台减柱造 马志武摄

图 3.2.8　四川泸州合江白鹿会馆万寿宫戏台移柱造　泸州市文物管理局提供

2. 移柱造

四川白鹿会馆万寿宫的戏台台口采用了移柱造的形式，前排檐柱中间的两根金柱并没有与两侧的柱子在一条轴线上，而是往内后退，使得戏台台口呈八字形，增加了空间透视感（图 3.2.8）。抚州玉隆万寿宫前殿通过廊柱的移位，形成八字形入口空间；许仙祠明间金柱与檐柱不在一条轴线上，扩大了明间空间（图 3.2.9）。

（四）承托构件的木作

外檐承托构件是建筑视觉的焦点，得到人们的普遍重视。其不但要满足结构的作用，也要通

图 3.2.9-1　抚州玉隆万寿宫前殿移柱形成八字形入口空间　马志武摄

图 3.2.9-2　抚州玉隆万寿宫许仙祠移柱造　马志武摄

过巧妙结合传统建筑符号与装饰手法，突出建筑人文意蕴。

1. 挑檐

由于江西降雨量大，夏季温度高，江西传统民居的檐口形式表现为建筑前后都有出挑深远的挑檐，出檐远能够有效避免雨水淋湿墙壁，在夏季也能遮挡部分阳光，防止屋内温度过高。江西民居挑檐构造有单挑出檐、双挑出檐和三挑出檐。挑枋是江西民居木构架体系中的一个重要的横向构件，主要作用是用来承托出挑檐檩，并与穿枋有着密切的联系，如果挑枋是从主体结构的穿枋延长伸出的挑木，则称之为"硬挑"，既能起到拉接联系的作用，又承受出挑荷载。例如江西南昌新建区汪山土库程家大院粮仓和江西宜丰县天宝乡五芳翁祠（图3.2.10），就采用了"硬挑"的结构形式。这一方式在南方会馆万寿宫建筑中都有应用，如四川洛带会馆万寿宫也是以"硬挑"的方式承托出挑荷载。

图 3.2.10-1　南昌新建区汪山土库程家大院粮仓外廊硬挑出檐　马志武摄

2. 网状如意斗拱

江西传统建筑中的网状式如意斗拱不但装饰性强，在结构上也能起到辅助作用，因而受到民间百姓的喜爱。民间称网状如意斗拱为喜鹊窠，寓意喜临门，常用在江西乡村的宗祠入口、戏台等重要建筑檐下，成为江西传统建筑最有特色的标志性符号（图3.2.11）。

图 3.2.10-2　江西宜丰县天宝乡五芳翁祠上堂硬挑出檐　马志武摄

图 3.2.10-4 江山廿八都会馆万寿宫前殿后檐廊
硬出挑檐 马志武摄

图 3.2.10-3 成都洛带会馆万寿宫前殿外廊
硬挑出檐 马志武摄

图 3.2.11-1 江西吉安美陂宗祠米字形网状如意斗拱 马志武摄

图 3.2.11-2 江西乐平市涌山镇车溪敦本堂
入口米字形网状如意斗拱 马志武摄

江西传统建筑的如意斗拱有两种形式，一是独立式，二是网状式。

（1）独立式如意斗拱

独立式如意斗拱源自辽代开始出现的一种斜向出拱的斗拱结构方法，在金代发展出复杂的单朵米字形如意斗拱；宋室南渡时，由北方移民带入江西。独立式如意斗拱能够看出明确的朵数，用材也比较大，具有结构作用。如江西乐平市涌山镇车溪村敦本堂，在享堂明间前的牌楼檐下采用了独立式如意斗拱。江西抚州玉隆会馆万寿宫戏楼两侧的连廊檐下也是独立式如意斗拱，都具有承托木枋的结构作用（图3.2.12）。

（2）米字形网状如意斗拱

在独立式如意斗拱的基础上，经过江西工匠的长期实践与提炼，发展出更加复杂精致的米字形网状如意斗拱制作与安装方法。由于其主要起装饰作用，故用料很小，但木作工艺要求很高；在最上层斗上置枋头（类似挑尖梁的结构）以承托挑檐檩，在最下面放置一圈大斗，以此为

图 3.2.12-1　江西乐平市涌山镇车溪敦本堂独立式如意斗拱　马志武摄

图 3.2.12-2　江西抚州会馆万寿宫戏台两侧连廊的独立式如意斗拱　马志武摄

图 3.2.12-3　襄阳樊城抚州会馆戏台抹角独立式如意斗拱　马志武摄

图 3.2.13-1　江西乐平浒崦名分堂古戏台网状式如意斗拱局部　马志武摄

图 3.2.13-2　南昌安义县京台戏台藻井四周网状如意斗拱　马志武摄

中心，在上面用横向、纵向和45度斜向的通长构件编织成"米字形"网格，并向内、外挑出，以达到力学平衡的目的。有些为了节省材料，中间只用横向和纵向的通长构件编织成"十字形"网格，或只用45度斜向的通长构件编织成"×"形网格，然后在端部再补齐缺少的两个方向，恢复成米字形。按照构造方式，米字形的网状如意斗拱分成三种形式：一是正交的华拱、横拱上叠加相交的45度斜拱；二是相交45度斜拱上叠加正交的华拱、横拱；三是华拱上叠加相交45度斜拱再置横拱（图3.2.13）。

图 3.2.14-1 贵州石阡会馆万寿宫藻井四周网状式
如意斗拱 马志武摄

图 3.2.14-2 江西抚州玉隆万寿宫戏台藻井四周网状
如意斗拱 马志武摄

许多会馆万寿宫将江西传统民居中的网状如意斗拱技艺运用到极致，特别是在戏楼、前殿等处采用米字形网状如意斗拱，使人难以分辨如意斗拱是装饰构件还是结构构件，堪称会馆万寿宫建筑风格一绝（图 3.2.14）。

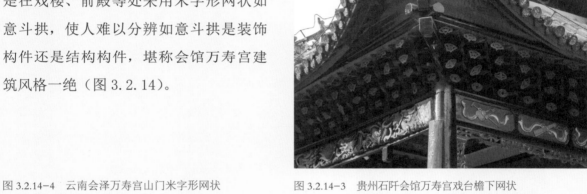

图 3.2.14-4 云南会泽万寿宫山门米字形网状
如意斗拱 马志武摄

图 3.2.14-3 贵州石阡会馆万寿宫戏台檐下网状
如意斗拱 杨坤摄

图 3.2.15-1　江西乐平市涌山镇车溪敦本堂撑拱　马志武摄

图 3.2.15-2　江西乐平市涌山镇昭穆堂撑拱　马志武摄

3. 撑栱

撑栱也称为斜撑，其做法是用一斜向构件插入柱中，上置挑头构成三角形用来承托屋檐，它类似插栱偷心挑檐的简化版。由于斜撑在外观上与其他木构件不在一个方向，其位置更易被关注，通常是木雕装饰的重点，也是匠人施展才华的地方。会馆万寿宫撑栱形式和装饰纹样大都取自江西本土习用的做法，常使用龙、凤、狮、麒麟等神灵之兽，凸显建筑地位的尊贵。会馆万寿宫斜撑也会采用各种图案纹饰作为木雕内容，如将斜撑雕刻成寿星骑鹿、鹤鹿戏松、麒麟戏狮、仙狮撑、仙鹿撑等，装饰性和寓意性很强。鹿谐音禄，故寿星骑鹿撑又称寿禄撑，寓意寿禄双全。这也是会馆万寿宫建筑装饰体现民俗文化的典型特征（图3.2.15）。

图 3.2.15-3　贵州青岩会馆万寿宫撑栱　马志武摄

图 3.2.15-5　贵州复兴会馆万寿宫前殿
撑拱　马志武摄

图 3.2.15-4　贵州镇远会馆万寿宫戏台撑栱　马志武摄

图 3.2.15-6　贵州复兴会馆万寿宫戏台
撑拱　马志武摄

图 3.2.15-7　贵州复兴会馆万寿宫前殿后檐廊撑拱　马志武摄

图 3.2.15-8　江山廿八都会馆万寿宫看楼
撑拱　马志武摄

图 3.2.15-9　桂林阳朔会馆万寿宫
撑拱　马志武摄

图 3.2.15-10　安庆会馆万寿宫嘉会堂
前廊鱼龙形撑拱　马志武摄

图 3.2.16　云南会泽会馆万寿宫戏楼翼角　马志武摄

（五）其他木作

1. 翼角

会馆万寿宫前殿和正殿屋顶通常为硬山、悬山，戏楼为歇山；常通过五脊顶的方式在硬山和悬山做出戗脊，翼角起翘高昂，与北方民居翼角起翘平缓形成强烈的对比，十分具有生命力，也是江西传统建筑木构技术与审美趣味并存的特征。会馆万寿宫将江西本土工艺带入异乡，在会馆建筑屋面，灵活运用江西各式翼角做法，凸显江西传统建筑特色（图 3.2.16）。

一般江西传统建筑的翼角做法可分为两种类型：

（1）嫩戗老戗做法

嫩戗斜插在老戗的上端，并形成夹角，角部高高翘起，老戗的后部插在金檩或金柱上，戗头伸至角柱外。一些会馆万寿宫也采用江西本土的习用做法，如贵州思南会馆万寿宫翼角为嫩戗老戗做法，翼角起翘十分明显（图 3.2.17）。

图 3.2.17　贵州思南会馆万寿宫戏楼翼角　马志武摄

（2）单根曲角梁做法

单根曲角梁做法是把一根加工好的弯曲木枋作为角梁，用挑枋去支托角柱的外延部分。戏台翼角的水平投影为锐角，由于老角梁尾由檩上移至穿枋下，老角梁以檐柱上端为支撑点，通过杠杆作用，可使外端翘得更高。子角

图 3.2.18　湖南怀化黔城会馆万寿宫戏楼翼角　马志武摄

梁与老角梁相接呈"人"字形，檐口曲线至翼角处的起翘也较之前加大而显得急骤。子角梁与老角梁成 135 度角，显得冲劲十足。江西广丰龙溪祝氏宗祠采用的就是这种方式。湖南怀化黔城会馆万寿宫也同样采用了单根曲角梁做法，用弯曲角梁支撑戏台翼角的出挑部分（图 3.2.18）。

图 3.2.19-1　江西进贤县三里乡雷家村高挹余辉宅月梁　陈泽浪摄

图 3.2.19-2　江山廿八都会馆万寿宫前殿前檐廊冬瓜梁　马志武摄

图 3.2.20　江山廿八都会馆万寿宫前殿明间构架三椽栿两侧的
月形穿枋　马志武摄

2. 木梁

江西传统建筑的梁的形式一般有两种类型：直梁和月梁。直梁有两种形式，一是圆木直梁，用粗大的圆木，稍加工后直接做梁；有的则在其端头下皮略砍曲线，以表现月梁风格为目的；三架梁、五架梁大多采用圆作，这种梁大多见于宗祠或传统府邸中。二是矩形梁，用于小型住宅和小宗祠之中。月梁意即月牙形状的梁，其上端设有短柱的称为月梁，其上端无短柱的称为月形穿枋。江西传统民居将断面为椭圆形的月梁称为"冬瓜梁"，梁和柱的联系紧密，梁上一般会雕刻浅浮雕花纹，通常以花鸟虫鱼等为题材（图3.2.19）。会馆万寿宫建筑十分重视月梁和月形穿枋的用料与装饰，如浙江江山廿八都会馆万寿宫，在前殿明间构架三椽栿两侧采用了月形穿枋的做法，并将祥云、莲花、卷草等图案融入构架中，精致细微，做工考究（图3.2.20）。

3. 轩廊

景德镇祥集弄 3 号的明嘉靖年间的住宅表明，至少在明中期，轩廊就已经在江西发展成熟，成为江西传统建筑的一大特色（图 3.2.21）。会馆万寿宫采用弓形轩廊形式最多。如湖北襄阳樊城抚州会馆、贵州镇远会馆万寿宫、云南会泽会馆万寿宫等，都是典型的弓形轩做法。和苏杭地区的轩廊相比，江西的轩廊做法整体上更加朴素大方，构造也更加丰富（图 3.2.22）。

4. 藻井

江西民间称藻井为穹，意为上天，用在宗祠、庙宇等重要建筑内部，具有象

图 3.2.21-1　南昌县武阳镇郭上村钟氏祠堂轩廊　陈泽浪摄

图 3.2.21-2　江西上高县新界埠镇桐山村陈卿云故居轩廊　陈泽浪摄

图 3.2.22-1　云南会泽会馆万寿宫前殿轩廊　马志武摄

图 3.2.22-2 江西铅山建昌会馆戏台轩廊 马志武摄

图 3.2.22-3 江西铅山陈枋会馆万寿宫前殿
轩廊 马志武摄

图 3.2.23 贵州思南会馆万寿宫藻井 马凯摄

征作用。会馆万寿宫建筑中，一般在戏台、前殿等处设置藻井，戏台上的藻井不仅有装饰作用，还能起到放大声音的作用，提高声学传播效果。

轩棚式八边形藻井是江西传统建筑藻井的习用做法，在会馆万寿宫中常见。通常藻井的八个面上绘制彩画。如贵州青岩会馆万寿宫的藻井在八面上绘有彩画，明镜用神龙与祥云雕刻装饰。贵州思南会馆万寿宫采用八边形的聚拢式藻井，逐层内收，自下而上一共五层，竖板施传统墨绘，明镜上绘八卦图案（图 3.2.23）。

5. 门窗槅扇

江西传统建筑重视面向天井的四个界面的槅扇和槛窗装饰，小木精细，雕刻精美。江西会馆万寿宫也同样具有这一特点，在天井四周往往会设置雕刻精美的槅扇门窗，例如襄阳樊城抚州会馆、赤水复兴会馆万寿宫、石阡会馆万寿宫、江山会馆万寿宫、丹寨会馆万寿宫等，都是用槅扇门窗作为天井四周的门窗装饰，常用六抹头槅扇。心屉为主要装饰部分，常用的纹样有万字纹、灯笼锦、龟背纹、步步锦、冰裂纹、盘长纹等。绦环板和裙板则相对比较简约（图3.2.24）。

图 3.2.24-1　湖南怀化黔城会馆万寿宫门窗槅扇　马志武摄

图 3.2.24-2　抚州玉隆万寿宫厢房槅扇　马志武摄

图 3.2.24-3　贵州石阡会馆万寿宫真君殿槅扇　马志武摄

图 3.2.24-4　贵州石阡会馆万寿宫配殿槅扇　马志武摄

图 3.2.24-7　四川洛带会馆万寿宫门窗槅扇　马志武摄

图 3.2.24-5　贵州镇远会馆万寿宫门窗槅扇　马志武摄

图 3.2.24-8　浙江江山廿八都会馆万寿宫正殿
槅扇门　马志武摄

图 3.2.24-6　贵州思南会馆万寿宫连廊槅扇　马志武摄

6. 雀替、挂落

万寿宫中的雀替主要有小雀替、鳌鱼雀替、屠刀雀替等形式，造型也各具特色。其中，最为多见的是鳌鱼雀替。鳌鱼为倒挂鱼的形象，是古代神话传说中的动物，它来源于女娲炼五色石补天的故事。在民间信仰中，鱼是龙头鱼身之兽，龙之九子之一，是镇水之物。挂落作为万寿宫木构架枋木之下的装饰构件，常用镂空的木格或雕花板做成，常见的有缠枝纹、万寿藤纹等，寓意生生不息，有的还会添加福寿、戏曲故事等雕刻图案（图 3.2.25）。

图 3.2.25-1　湖南怀化黔城会馆万寿宫前殿雀替　马志武摄

图 3.2.25-2　云南会泽会馆万寿宫前殿雀替　马志武摄

图 3.2.25-3　云南会泽会馆万寿宫戏台雀替　马志武摄

图 3.2.25-4　江西铜鼓会馆万寿宫前殿雀替　马志武摄　　　图 3.2.25-5　贵州青岩会馆万寿宫真君殿
雀替　马志武摄

图 3.2.25-7　浙江江山廿八都会馆万寿宫戏台　　　　　图 3.2.25-6　浙江江山廿八都会馆万寿宫戏台
屏风挂落　马志武摄　　　　　　　　　　　　　　　　雀替　马志武摄

图 3.2.25-8　贵州石阡会馆万寿宫前殿后檐廊挂落　马志武摄

二、石作

石作工艺包括石柱、石柱础、石门框和石栏杆等工艺。

（一）柱和柱础

清末重修的会馆万寿宫建筑，采用石柱比较多。如贵州赤水复兴会馆万寿宫、抚州玉隆万寿宫都是在清末重建中采用石柱。会馆万寿宫建筑的石柱一般用于檐柱，多为圆形和抹角的四边形状。柱础在江西称作"礩磴"。由于江西建筑柱础的高度较高，为石雕提供了充足的部位，使得柱础雕刻精美，层次丰富，为我国众多地方建筑中的精品。会馆万寿宫继承了这一特点，如贵州赤水复兴会馆万寿宫，拥有多种不同的柱础样式；贵州青岩会馆万寿宫真君殿前檐廊的柱础高度较高，层次较为丰富（图3.2.26）。

图3.2.26-1　贵州青岩会馆万寿宫柱础　马志武摄　　图3.2.26-2　贵州青岩会馆万寿宫柱础　马志武摄　　图3.2.26-3　江西抚州玉隆万寿宫柱础　马志武摄

图3.2.26-4　江西抚州玉隆万寿宫柱础　马志武摄　　　　图3.2.26-5　四川洛带会馆万寿宫柱础　马志武摄

图 3.2.26-6　贵州镇远会馆万寿宫
柱础　马凯摄

图 3.2.26-7　贵州石阡会馆万寿宫
柱础　马志武摄

图 3.2.26-8　贵州复兴会馆万寿宫
柱础　马志武摄

（二）石门框、石栏杆和石铺地

　　会馆万寿宫门仪通常用青石做成，制作非常精美，但也有少数使用麻石、红石制作门仪。门仪的尺度、比例都尽心推敲，合缝、磨面、出线都十分讲究，并且在重点地方，如门挡雀替等构件施以精细的雕刻。会馆万寿宫建筑石栏杆中常见的有两种，一是如贵州赤水复兴万寿宫中的石栏杆，其沿天井分布，该天井是肃穆之地，不是建筑群内部的室外活动空间，故在天井四周设置栏杆，栏杆的作用是不让人们进入天井，所以高度较矮，为单勾栏，只在真君殿前檐廊处设置一出入口，为进入天井打扫卫生提供方便。还有一种石栏杆如襄阳樊城抚州会馆、抚州玉隆万寿宫的石栏杆，其正殿前的天井为坑形天井，为了防火而蓄水，深度较深，需要通过接送桥连接正殿与前殿，故在天井四周与接送桥两端设置石栏杆，避免行人跌入天井，此处的栏杆虽然也为单勾栏，但高度较高，望柱和栏板处均作石雕装饰。庭院与天井地面的铺装材料通常为青石，在会馆万寿宫中应用较普遍，少数会馆万寿宫采用红石或卵石铺地，如赣州七鲤会馆万寿宫庭院和天井为红石地面（图 3.2.27）。

图 3.2.27-1　赤水复兴会馆万寿宫红石栏杆　马志武摄

243

图 3.2.27-2　抚州玉隆万寿宫接送桥
石栏杆　马志武摄

图 3.2.27-3　贵州石阡会馆万寿宫
庭院青石铺地　马志武摄

图 3.2.27-4　贵州镇远会馆万寿宫
戏楼架空层青石铺地　马凯摄

三、砖、瓦作

江西传统建筑先搭屋架，后建屋墙。墙体一般不承重，主要起围护、防火的作用。由于其是建筑外围的立面，故砖作技艺讲究，常让当地人们赞叹不已。会馆万寿宫青砖规格一般为条砖，砖面上有"江西万寿宫"或"江西会馆"字样铭文，说明砖由江西工匠制作。砌筑工艺主要有"一斗一眠"或"两眠一斗"，"眠砌"主要用于墙体基础上的部位，一般为六皮砖，

图 3.2.28　贵州石阡会馆万寿宫园林砖铺地　马志武摄

也有砌至与门洞齐平的高度，和江西建造工艺大体一致。清代前期的青砖尺寸较厚重，长度在 300 毫米以上，清嘉庆以后，青砖长度尺寸通常为 280 毫米左右。砖铺地主要应用在会馆的园林地面上，有菱形方砖和横排错缝拼铺的条砖（图 3.2.28）。

（一）青砖空斗墙

整齐划一、青灰色的青砖空斗墙是会馆万寿宫建筑外围立面的特征。中国传统建筑具有外向封闭、内向开放的特征，反映在建筑立面上，外围是墙垣包绕，内部建筑组群形态丰富。江西传统建筑也是如此，封火墙将建筑包围，外面不易看到里面。明代以后江西大量使用空斗墙，使得砖墙普遍应用。南方多雨，采用白粉墙容易使墙面发霉，产生污秽，于是江西传统民居普遍使用青砖空斗墙，青砖灰瓦成为建筑外围立面的主色调。江西砖作精巧，工艺成熟，砌筑的清水空斗墙墙面平直，砖缝线美观，看似简单，却反映了很高的砌筑工艺水平。江右商将江西空斗墙的工艺带入异乡，反映在会馆万寿宫建筑的外观立面上，就是整齐划一的高大清水墙和青灰色的主色调。在西南地区的会馆万寿宫，清水墙往往为空斗墙。当装饰丰富的入口门楼附属在外围墙垣时，产生了简繁对比，在整齐划一、青灰色的清水墙面的衬托下，会馆万寿宫的门楼显得高大恢宏、美丽动人。例如贵州石阡会馆万寿宫，以青石为基础，高度约 0.8 米，再在青石基础上砌 5 皮眠砖，再砌青砖空斗墙；镇远会馆万寿宫西入口在高大的青砖空斗墙衬托下，

图 3.2.29-1 贵州石阡会馆万寿宫封火墙 马志武摄

十分醒目（图 3.2.29）。

（二）马头墙

会馆万寿宫不同建筑单体的木构架几乎连成一片，必须用高墙隔断以防火。并将高出屋架的封火墙部分处理成马头墙形式，样式来自江西传统建筑马头墙的

图 3.2.29-2 贵州镇远万寿宫青砖空斗封火墙衬托的西侧入口 马志武摄

通用做法，马头翘角陡而轩昂是其特征。

江西传统建筑中，最常见的封火墙形式有叠落式、猫弓背式、人字形、平直式等四种。采用最普遍的是人字形山墙，在江西称为金字山墙，用于硬山屋顶的山墙面，山墙不出头，而是沿着屋顶的坡度呈人字形，四周墙体均以空斗青砖砌成，仅于檐下涂白，顶盖灰瓦，朴素大方；其翘角也是陡而高昂，建造成本不高，常应用在江西中小型传统住宅的山墙上。叠落式山墙利于防火、护檐也优于

图 3.2.30　江西吉安县塘边村七彭祠不同形式的封火墙组合立面　马志武摄

其他形式的马头墙，通常为两叠式、三叠式，较大的建筑，因有前后厅，马头墙的叠数可多至五叠，俗称"五岳朝天"。为了取得统一中的变化，在封火墙的重点部位使用"猫弓背式"，常与马头墙结合使用。这种形式在江西传统村落中都可见到（图3.2.30）。江西传统民居的"猫弓背式"在民间称"蜈蚣墙"，与广东、两湖地区的猫弓背式和江浙地区的观音兜有着明显的区别。广东和两湖地区的"猫弓背式"马头墙为连续跌落的曲线，江浙地区的观音兜，外形似挂在身上的围兜，其由垂直的两侧直线连接中间的弧线；而江西传统建筑的"猫弓背式"为扁平椭圆形的一段弧线，中间的弧线较平缓，有的就用一条平直的线连接两端的弧线，一般不采用叠落的方式，而是用一条向上的反曲线与翘角向上的马头墙连接，犹如国画线条中的一波三折，最后收笔向上挑出，遒劲有力（图3.2.31）。

图 3.2.31-1　南昌安义县京台戏台猫弓
背式山墙　马志武摄

图 3.2.31-2　20 世纪 30 年代赤水复兴会馆万寿宫猫弓背式山墙　赤水博物馆提供

图 3.2.31-3　重庆江津区花蛇凼会馆万寿宫猫弓背式封火墙　杨庆瑜摄

图 3.2.31-4　浙江江山廿八都会馆万寿宫猫弓背式封火墙　马志武摄

图 3.2.32-1　自贡市牛佛镇江西会馆猫弓背式马头墙　俸瑜提供

无论住宅还是其他类型的建筑，江西传统建筑的正面和后面的封火墙多为水平高墙，个别建筑也有前墙作阶梯形者，使立面显得高耸。

　　一般南方会馆万寿宫马头墙都是青砖空斗封火墙，采用江西传统民居的砖作技术，墙体高于木构架，正面和背面通常采用水平高墙，两侧封火墙采用三花、五花和"猫弓背式"进行组合，在不同的高度和方向上均有穿插变化，与建筑屋顶一起，生发出令人眼花缭乱的建筑魅力，构成当地城镇、墟场完美的天际线（图 3.2.32）。封火墙的砌筑在木构架完成之后进行，先由木工制成各种木构件后运至现场，然后一榀一榀地拼装，每拼装完一榀，就组织人力

图 3.2.32-2　成都洛带会馆万寿宫猫弓背式封火墙和马头墙的组合　马志武摄

前拉后顶竖起，整幢屋架拼装完后钉屋椽，盖青瓦，再沿四周砌筑马头墙。由于封火墙不承重、单薄、稳定性差，因此，每砌到一定高度，就用铁件将山墙固定在木构架柱上。北方会馆万寿宫马头墙一般为人字形，如陕西石泉县会馆万寿宫前殿，采用了人字形马头墙。也有采用排架柱枋之间不填墙体，先搭屋架，后建屋墙的建造工艺，如山东济南会馆万寿宫大殿，为前卷棚后硬山式，面阔三间、进深四间，外墙体总面阔 15 米，总进深 17 米，排架柱枋之间不填墙体，山墙上有上下四排铁质拉件将山墙固定

图 3.2.32-3　贵州镇远会馆万寿宫猫弓背式封火墙　马志武摄

在木构架柱上，以稳定山墙。墙体上部为青砖清水墙，下部为方正料石砌筑，做工严谨精细（图3.2.33）。

（三）瓦作

瓦作工艺集中在瓦件的烧制、铺设以及屋脊的塑造等。会馆万寿宫屋面一般为青瓦，有的也会采用筒瓦，例如贵州丹寨会馆万寿宫、湖南怀化黔阳会馆万寿宫用的是青瓦，四川洛带会馆万寿宫用的是筒瓦。不管是哪种，其关键点都是一致的，要做到防水与排水相结合，确保屋面的坚固防渗。青瓦的做法为阴阳瓦，一仰一俯，铺瓦时遵循"压六露四"或"压七露三"的做法，将瓦件由下而上前后衔接成长条形的"瓦沟"或"瓦垄"。

屋脊是屋顶斜坡面交汇处，因此也是屋顶

图3.2.33-1 湖南怀化黔城会馆万寿宫木柱与山墙分离 马志武摄

图3.2.33-2 济南江西会馆正殿山墙上的拉铁 山东人大教科文卫委提供

图 3.2.34-1 贵州镇远会馆万寿宫戏楼戗脊
脊角装饰 马志武摄

图 3.2.34-2 抚州玉隆万寿宫戏楼戗脊
与脊吻 马志武摄

图 3.2.34-3 成都洛带会馆万寿宫马头墙上的脊饰
与龙头兽吻 马志武摄

最容易漏雨的地方，在结构上一般会加以覆盖。通常用灰、砖、瓦等材料砌成，起到防水作用。屋脊常用灰塑做成镂空图案纹饰，外饰景德镇瓷品，做法颇为精美，在满足防水的基本要求后，正脊中间立多级葫芦宝瓶，或寿字变化的纹样，象征福禄寿。材质或灰塑，或采用景德镇瓷品，正脊两端脊吻常用鱼龙吻（图3.2.34）。

第三节　会馆万寿宫建筑意义表现手法

会馆万寿宫建筑特别重视建筑的意义和表达的力量。中轴线上的建筑群体形式、马头墙的穿插与组合、三雕图案纹饰、额联和壁画的布置等都有讲究，善于通过标识性、图像性、象征性和文字性手法，在空间形式及组织、装饰、材料、色彩上呈现意义，表现当时特有的人文气质，具有很深的文化含义。表达意义的题材大都取自历史典故，形成于当时的社会，具有江西本土性、历史性和民俗性的特点，对当时的普通人来说是易懂的，没有传播上的障碍。

一、标识性手法

建筑标识性往往通过强调建筑空间组织和装饰要素来表达意义之间存在的因果关系。例如，在中轴线的立面组织中，通过建筑高耸的形式造成标识性效果，以强调建筑的身份，这也是礼制社会制度的需要，使人一看到什么样的房子，就知道它代表什么。江西清江营盘里出土的新石器时代晚期陶器上

图 3.3.1　江西樟树市营盘里出土的新石器时代晚期脊长檐短的悬山屋顶陶器　江西考古研究院提供

的装饰，悬山屋面的正脊长于屋檐，说明新石器时代的江西先民就知道正脊的标识性意义（图 3.3.1）。在会馆集中的地区，各帮会馆竞豪争雄，相互攀比，当时重庆有"万寿宫的银子"民谚，意指江西会馆富有，修建的殿宇巍峨壮观，气派不凡。一些会馆万寿宫聘请家乡的工匠，按家乡的建筑风格，甚至从家乡运来建筑材料，在客地构建一个故乡的建筑场所。这不仅仅是使同籍乡人获得场所存在感，更重要的是，会馆万寿宫建筑作为文化的传播器，展现了江西传统建筑文化的价值观念、审美情趣和文化底蕴，让人们在异籍建筑文化的对比中开阔了眼界，得以留存的会馆万寿宫建筑成为当地引以为豪的人文景观。

（一）强调中轴线上的建筑尊贵、重要含义

会馆万寿宫强调中轴线上的建筑标识作用，中轴线上的建筑或立面高耸，或体量高大，以表达建筑尊贵、重要的含义，其内涵则是一种精神存在，为人所见，感人所感，激励着后世之人，将美好的精神品质流传。

中轴线上的山门是展示建筑标识性的重点，其高耸的立面形式超过其他建筑，人们在很远就能看到，而且还具有一种纪念性的意义。如云南会泽会馆万寿宫山门，为四柱三间三楼木结构牌楼形式，建筑巍峨，出檐深远，翘角高昂；在屋檐下施以网状如意斗拱构件，色彩华丽，具有强烈的艺术感染力。大部分会馆万寿宫的山门为砖石或青石有柱式牌楼，山门高耸，突出了重要含义（图 3.3.2）。

图 3.3.2-1　云南会泽会馆万寿宫木牌楼式山门　马志武摄

图 3.3.2-2　贵州青岩会馆万寿宫山门突出
中间部分的高耸　马志武摄

图 3.3.2-3　贵州石阡会馆万寿宫青砖空斗封火墙衬托的山门　马志武摄

图 3.3.2-4　四川巴中恩阳会馆万寿宫山门　俸瑜提供

图 3.3.3-1 铅山县建昌会馆前殿檐下网状如意斗拱突出建筑的重要 马志武摄

位于中轴线上的前殿和正殿体量高大，空间宽敞。如江西铅山县建昌会馆，位于中轴线上的敞口厅明间跨度大，屋顶明显高出两侧建筑，檐下装饰复杂、精巧、严密的米字形网状如意斗拱，以表达建筑的重要含义。江西铅山陈坊会馆万寿宫则在敞口厅明间前升起牌楼式入口，强调建筑的宏丽（图 3.3.3）。成都洛带会馆万

图 3.3.3-2 铅山县陈坊会馆万寿宫以高耸的牌楼强调建筑的宏丽 马凯摄

寿宫前殿由高大的木柱梁架支撑，空间十分宽阔，具有肃穆庄重的仪式感（图 3.3.4）。贵州青岩会馆万寿宫高明殿在正面采用双重轩廊，通过正

图 3.3.4 成都洛带万寿宫前殿以精致装饰强调建筑身份 马志武摄

面屋顶出厦，形成五脊顶的形式，造成歇山式屋面的印象，用夸大形式的手法，强调建筑的重要。云南会泽会馆万寿宫真君殿屋顶是硬山顶，为了给人殿堂式建筑的印象，将中央的硬山顶和两侧的单庇顶组合，形成上下台阶式形状；在前后屋面的前檐两端伸出角梁，将翼角抬升，并与山墙上砖叠涩出来的屋面交接，屋面垂脊端部斜出戗脊，筒瓦覆面，在正脊中间置葫芦宝瓶，两端为鱼龙吻，垂脊下端有镇兽，戗脊有翘角，给人歇山式屋顶的印象；还在前廊置石雕围栏，仿照御路踏跺做法，中间是云龙纹辇道，两侧是石栏垂带七级踏道，前有石狮一对；在建筑檐廊柱头、梁枋、垂柱、雀替和轩棚等处遍施彩绘，以丰富的处理手法和装饰形式表达建筑高贵的身份（图3.3.5）。贵州省毕节市金沙县清池镇江西会馆，又名万寿宫，当时是清池镇繁华时期的盐茶交易场所。万寿宫由江右商捐资，始建于清初，清光绪十九年（1893年）重建，宫内山墙上面还嵌有功德碑，上有捐款人的名字；建筑规模颇大，占地面积2000平方米，建筑面积1372平方米，坐北朝南，依中轴线自南

图3.3.5-1　贵州青岩万寿宫通过硬山五脊顶夸大屋面等级　马凯摄

图3.3.5-2　云南会泽万寿宫真君殿硬山屋面与山面单庇组合形式强调建筑地位　马凯摄

图 3.3.6　贵州金沙县清池镇会馆万寿宫以高耸的阁楼突出万寿宫的地标作用　贵州人大教科文卫委提供

向北建山门、鱼池、小桥、戏楼、前殿、正殿、后殿、阁楼。其中，阁楼高耸，突出万寿宫的地标作用（图3.3.6）。

中轴线上的戏楼是会馆万寿宫最美丽的建筑，无论是重楼式还是歇山式屋顶的戏楼，其飞檐都有美丽的曲线，翘角高昂，飞扬欲张（参见表2.2）。一般戏台檐柱、额枋、撑拱、台口下的横枋等部位都有木雕，题材广泛。戏台是表现色彩的重点，通常采用江西传统戏台的装饰手法，在戏楼檐柱、额枋、撑拱、台口下的横枋等上面施以黑底，在雕刻装饰物上施以金色，以达到金碧辉煌的效果（图3.3.7）。彩绘主要应用于藻井和戏台屏风部位，像云南会泽会馆万寿宫那样，在戏台各部位施以彩绘的实例并不多见（图3.3.8）。

图 3.3.7-1　贵州思南会馆万寿宫戏台横枋上的木雕　马志武摄

图 3.3.7-2　贵州石阡会馆万寿宫戏楼装饰　杨坤摄

图 3.3.7-3　贵州青岩会馆万寿宫戏台装饰　马志武摄

图 3.3.7-4　贵州镇远会馆万寿宫会馆戏台
装饰　马志武摄

图 3.3.7-5　贵州旧州仁寿宫戏楼装饰
贵州人大教科文卫委提供

图 3.3.8-1　贵州赤水复兴会馆万寿宫戏台装饰　马志武摄

图 3.3.8-2　贵州青岩会馆万寿宫戏台藻井上的
彩绘　马志武摄

图 3.3.8-3　浙江江山廿八都会馆万寿宫戏台平棊上的
彩绘　马志武摄

图 3.3.8-4　湖南怀化黔城会馆万寿宫戏台藻井　马志武摄

图 3.3.8-5　云南会泽会馆万寿宫戏台内部装饰　马志武摄

（二）山门突出万寿宫的荣耀和精神寄托

会馆万寿宫山门彰显着荣耀的身份、江右商和江西移民的精神寄托以及对未来的祈求。万寿宫为皇帝敕封，一般山门上的"万寿宫"三字须为竖额，且硕大醒目，置于山门明间大门之上，否则为不正统。竖额的额框和字体材料为石、木及灰制，额内"万寿宫"的字体多为正楷金字，书法遒劲有力。额框四周雕饰各种龙凤、云水等纹饰，有高浮雕或透雕。既华丽又醒目端庄。如贵州石阡会馆万寿宫山门上的竖额为楷书"万寿宫"三字，额框为云龙盘水的高浮雕，石雕水平高超。云南会泽会馆万寿宫的竖额为木雕，额内蓝底金字，额框为云龙透雕，雕工精细，非常生动（图3.3.9）。

有的山门在明间和次间等处置横匾，内容以许真君忠孝仁义、治水功德和八仙人物、滕王阁、南昌西山等题材为主，表达对许真君的尊崇，彰显江西传统文化内涵。通常在山门明间门洞之上划分三段，从下往上，大门之上第一段和中间一段为横匾；最上一段即门楼屋檐额枋下为竖额，所占位置最大，以突出竖额的重要性。例如，抚州玉隆万寿宫山门明间的门洞之上为三段式，从下往上，门洞上的横匾为石刻"玉隆别境"，意指其与西山玉隆万寿宫一脉相承；往上第二段为光绪十二年（1886年）添建建筑物的石刻铭文；最上一段为竖额石刻"万寿宫"三字。贵州镇远会馆万寿宫山门也是在大门之上划分三段，最下一段为粉彩灰塑横匾，额内为"云飞山静"，意指其所处的环境幽雅；往上的第二段横匾内阴刻楷书大字"水德灵长"，既颂扬许真

图3.3.9-1　贵州石阡会馆万寿宫山门竖额　马志武摄

图3.3.9-2　贵州镇远会馆万寿宫山门竖额　马志武摄

图3.3.9-3　云南会泽会馆万寿宫木制竖额　马志武摄

君治水功德，又祈求水不扬波；最上一段为竖额，金字楷书"万寿宫"三字（图3.3.10）。湖南怀化黔城会馆万寿宫山门明间匾额的位序则不同，大门之上第一段为竖额，所占空间比例最大。额内阳刻"万寿宫"三字；往上第二段为横匾，石刻"西江砥柱"，意指许真君犹如江河中的中流砥柱，保佑大家平安；最上面的横额为粉彩灰塑黔江古城景观，从中可一览当时黔城的盛况；山门两侧次间也有横匾，额内石刻"烁古""炳今"，表达许真君忠孝精神照耀千秋，代代相传；落款为"光绪乙亥秋合省重修"（图3.3.11）。如

图3.3.10-1　抚州玉隆万寿宫山门明间三段式匾额布局　马志武摄

图3.3.10-2　贵州镇远会馆万寿宫山门明间三段式匾额布局　马志武摄

果会馆万寿宫中轴线上有两重门楼，则根据所处地势情况，选择主要的门楼镶嵌"万寿宫"竖额，如贵州镇远会馆万寿宫在第一重门楼立竖额，第二重门楼为横匾，暗示第一重门楼为山门。贵州思南会馆万寿宫第二道门楼为竖额，书"万寿宫"三字，标志其地位高于第一道门楼。山门不但要有匾额，还要有楹联，使建筑具有更博大的文化容量。通常山门的楹联为石刻，置于明间两旁的石柱上。通过赞美许真君，既显示一种荣耀和骄傲，又宣扬许真君的"忠孝仁义"和"治水斩蛟"，激励后人传承发扬许真君精神。镇远会馆万寿宫山门石柱上石刻："惠政

播旌阳儒学懋昭东晋，涤源平章水道法永奠西江。"楹联颂扬许真君的功绩，宣传许真君是江西人的精神支柱。抚州玉隆万寿宫山门的楹联："作忠孝神仙造福在生民治纪旌阳犹小囗，除江河妖孽成功侔大禹祀囗囗囗囗囗囗。"虽然有七字被毁而缺失，仍然可以看出是对许逊一生功德的概括。贵州赤水复兴会馆万寿宫山门两侧石刻："庙祀怀阳洪井恩波通赤水，禅宗江右庐山灵气接黔峰。"楹联巧妙地将许真君、洪井、禅宗和庐山等与赤水自然景观结合在一起，希望建立共同的信仰，拉近彼此之间的距离（图3.3.12）。

为了表达对许真君的尊崇，有些会馆万寿宫山门将许真君及八仙塑像组合一起，许真君塑像居中，驾鹤状，鹤下有云，象征许真君驾着羽盖龙车升天；八仙脚踏祥云，分列两侧。如贵州青岩会馆万寿宫山门明间上部及两侧为灰塑许真君及八仙人物塑像，许真君居中；湖南怀化黔城会馆万寿宫山门明间竖额之上的横框内有一组九仙图像，正中是许真君驾鹤状，八仙分列两旁；镇远会馆万寿宫山门"万寿宫"竖额的下方有九位神仙的雕塑，两旁为八仙，中间为许真君。成都洛带会馆万寿宫南面入口为门廊式，于是，将背街的北立面做成高大的五花山墙形式的照壁，照壁正上方竖额书"万寿宫"三字。

图3.3.11　湖南怀化黔城会馆万寿宫明间三段式匾额布局　马志武摄

图3.3.12　贵州赤水复兴会馆万寿宫山门额联　马志武摄

图 3.3.13-1　贵州青岩会馆万寿宫山门许真君
与八仙灰塑　马志武摄

图 3.3.13-2　湖南黔城会馆万寿宫山门许真君
与八仙等图案纹饰　马志武摄

图 3.3.13-3　四川洛带会馆万寿宫照壁上的灰塑　马志武摄

竖额之下的横额书"仙栖旧馆"四字，"仙"指许真君。横额之下，是一幅巨大的灰塑浮雕，反映许真君勇斗孽龙的故事。这个故事在当时的江西民间流传很广，许真君学道回到江西，在南昌看见一个花花公子，知道他是孽龙变的，叫几个弟子准备捉拿，孽龙见势不妙，溜到赣江一个沙洲上，变成一头吃草的黄牛。许逊用千里眼凝神望见，便画符一套，变成一头黑牛，带弟子持宝剑同往洲上，两牛当即展开一场角斗。灰塑造型生动，线条流畅，堪称精品（图 3.3.13）。

抚州玉隆万寿宫山门石雕题材最为丰富，表达了抚州商帮尊崇许真君、寄寓吉祥美好的愿望。虽然现存山门雕刻有许多损毁，仍然能看出有宝葫芦、鱼龙吻兽、龙凤呈祥；两侧的石雕花窗雕刻松竹梅、鹿、猴、鹭鸶、喜鹊等鸟类动物，花卉枝叶、回字纹、万字纹等纹饰；额枋刻满云水图案，还有花瓶、暗八仙、郭子仪拜寿等祈求平安、福禄寿喜财的内

图 3.3.14　贵州镇远会馆万寿宫山门装饰　马志武摄

容。贵州镇远会馆万寿宫山门遍施装饰；大门明间门洞上有六处雕刻，雕刻装饰虽多而不繁琐，并与竖额、横额、楹联配合，统一完整，重点突出。镇远会馆万寿宫山门明间最上方为横向粉彩泥塑"双凤朝阳"装饰图案；其下是"万寿宫"竖额额框，周边为泥塑高浮雕，其中三边被云龙围绕，底边为鲤鱼跳龙门；竖额之下的横框内有粉彩泥塑许真君与八仙人物雕像，许真君居中，呈驾鹤状，八仙分列两侧；再往下的横额书"水德灵长"四字，额框四周环绕如意花边纹饰；横额下的高浮雕为"双龙戏珠"，雕工精细生动；高浮雕下面又有横额"云飞山静"四字，用青花瓷片装饰贴面，额框为如意图案；往下是砖雕夔龙云水纹饰；再往下有四个门簪，雕刻团花；山门明间门洞额枋上为石刻太极图；门洞上的雀替有石刻纹饰图案；山门两侧次间的装饰与明间取得呼应；次间檐下分别为"左书""右剑"砖雕，寓意文武双全；下方为长方形砖雕夔龙纹，祈求风调雨顺；再下方为一组镇远中河山青龙洞古建筑群全景图的灰塑，工艺精湛；梢间上方一组为植物和鸟类动物的雕刻，靠下的一组也为长方形夔龙纹，端部有半圆形寿字纹，次间、梢间砖墙均为青色磨砖，呈菱形对缝（3.3.14）。

图 3.3.15　四川成都洛带会馆万寿宫照壁用瓷片装饰"仙栖旧馆"四字　马志武摄

（三）用景德镇瓷品标识江西地方文化特色

会馆万寿宫善于使用景德镇的青花、粉彩瓷品装饰建筑，极富江西文化特色。南京会馆万寿宫是一幢两层楼的建筑，外立面全用景德镇瓷片装饰，尤为壮丽。清道光年间，叶调元的《汉口竹枝词》描写汉口万寿宫为"瓷瓦描青万寿宫"。重庆会馆万寿宫戏楼屋面采用景德镇黄绿两色琉璃筒瓦，屋顶正脊装饰景德镇清式五彩瓷片。湖北襄阳地区民众称"江西会馆像座瓷器店"。当时襄阳地区有影响力的会馆万寿宫有 11 座，在建筑屋面上采用景德镇烧制的白底蓝花瓷瓦，鸱吻、脊兽和正脊上的多级葫芦宝瓶则用景德镇五彩瓷品装饰，显得绚丽多彩。四川成都洛带会馆万寿宫照壁上的横匾"仙栖旧馆"四字由灰塑做成，外饰景德镇青花瓷片，很是醒目（图 3.3.15）。

二、图像性手法

图像直接明了，形式元素上应用雕刻及彩绘、墨绘在建筑部位上表达，表达的意义具有本土性和历史性。这种表达对当时的普通人来说通俗易懂，易于接

图 3.3.16　贵州思南会馆万寿宫戏台 "双龙戏水" "双凤朝阳" 木雕　马志武摄

受。一方面，会馆万寿宫尽管以万寿宫命名，却体现了伦理性强于宗教性；另一方面，建筑装饰主要来自建筑构成的对象。如屋面有屋脊、瓦及瓦当、滴水等；山墙有硬山、悬山等；梁架有柱础、柱、枋、斗拱、雀替等；这些都是建筑的构部件，然后才将其作为装饰对象。如柱础的莲花座、卷草；将雀替、撑拱做成鳌鱼、凤凰、牡丹、狮子等图案纹样。贵州思南会馆万寿宫戏台额枋是木刻透雕"双龙戏水"，挂落为"双凤朝阳"，刀法流畅，寓意吉祥（图 3.3.16）。会馆万寿宫传承江西传统建筑屋面习用的做法，屋面檐瓦，屋脊以青瓦为主，屋顶正脊上用灰泥雕镂成透空花纹，题材为夔龙图像或万字纹、蔓枝卷草花卉等，再用青、白碎瓷片勾勒正脊外轮廓；葫芦宝瓶寓意"福禄"，被会馆万寿宫普遍采用。如贵州镇远会馆万寿宫前殿正脊与贵州松桃寨英会馆万寿宫戏台正脊中央分别是七级和五级葫芦宝瓶，上面有灰塑的花卉卷草，并用景德镇瓷片贴面，寨英会馆万寿宫戏楼屋顶用青花破碎瓷片装饰屋脊轮廓，强调歇山顶的正脊、垂脊和戗脊的线条美感（图 3.3.17）。翘角高昂是江西传统建筑的特征，并有着悠久的历史。江西赣江新区儒乐湖南坊村七星堆六朝墓群 C 区 31 号墓中发现的一件青瓷坞堡模型

图 3.3.17-1 贵州镇远会馆万寿宫前殿正脊上的葫芦宝瓶用瓷片饰面 马志武摄

图 3.3.17-2 贵州寨英会馆万寿宫戏楼瓷片装饰屋脊轮廓 贵州人大教科文卫委提供

图 3.3.18 南昌六朝墓群青釉坞堡模型 江西考古研究院提供

说明，六朝时期，先民们就在建筑屋脊两端装饰飞扬欲张的马蹄形饰物，表达祥瑞避邪之意（图 3.3.18）。江西传统建筑正脊和翘角上的鳌鱼、鱼龙尾、凤尾等是常用的图像式手法，寓意祛邪保平安，也是江西传统建筑的标志性符号，在会馆万寿宫建筑中普遍采用（图 3.3.19）。

图 3.3.19-1　抚州玉隆万寿宫山门正脊上的
鱼龙吻　马志武摄

图 3.3.19-2　抚州玉隆万寿宫戏楼翘角上的鱼龙吻　马志武摄

图 3.3.19-3　抚州玉隆万寿宫山门起楼屋脊和翘角
上的鱼龙尾　马志武摄

图 3.3.19-4　贵州复兴会馆万寿宫马头墙上的鱼龙尾与葫芦
宝瓶　马志武摄

图 3.3.19-5　贵州石阡会馆万寿宫紫云
宫正脊上的鱼龙尾　马志武摄

图 3.3.19-6　贵州思南会馆
万寿宫五花山墙上的凤尾和
犀头装饰　马志武摄

图 3.3.20-1　贵州石阡万寿宫戏台屏风
"喜见麒麟"图案　马志武摄

图 3.3.20-2　成都洛带会馆万寿宫猫弓背式山墙下的
蝙蝠图像　马志武摄

图 3.3.20-3　抚州玉隆万寿宫入口戏楼楼梯栏板上的
鹤松图　马志武摄

　　会馆万寿宫建筑融合了江西民间优秀传统工艺，处处凝聚着特定历史时期的艺术匠心，使之不失特色，永具魅力。在山门正面、戏台、栏杆、柱础、墙壁等处遍施木雕、石雕、砖雕、粉彩泥塑、墨画等；均以戏曲、小说、民间传说的内容和龙、凤凰、仙鹿、狮子、麒麟、蝙蝠等极具中华民族象征、寓意美好的动物造型为题材（图 3.3.20）。戏台是图像性手法应用最多的地方。通常以木雕为主，有浅刻、浅浮雕、透雕、圆雕及镂空雕等，雕刻内容以戏文故事为主，题材广泛。《三国演义》戏文故事作为会馆万寿宫戏台建筑木雕的题材，深受民间喜欢。雕刻故事以"三顾茅庐""空城计""关羽之死""三英战吕布""桃园结义""辕门射戟"等为主；《水浒传》《杨家将》等戏文故事也有表现。如抚州玉隆万寿宫戏台木雕以三国演义人物故事为题材，雕刻"三顾茅庐""空城计""关公战黄忠""草船借箭"等，木雕均施以鎏金，造

图 3.3.20-4　铅山县陈坊会馆万寿宫前殿牌楼双龙戏珠、戏文故事、动植物、宝瓶花卉等
木雕装饰图案　马志武摄

图 3.3.20-5　抚州玉隆万寿宫入口通道上的栏板"喜见麒麟"
木雕　马志武摄

图 3.3.20-6　江山廿八都会馆万寿宫戏台平棊
上的覆莲木雕　马志武摄

型生动，做工精巧。贵州赤水复兴会馆万寿宫戏台建筑内的木雕匠心独具，典雅
细腻，栩栩如生、内涵丰富、富于变化；戏台额枋及台口横枋均有高浮雕戏文图，
戏台壁画题材也为戏曲人物（图 3.3.21）。

　　山门上的图像性装饰以石雕、砖雕、灰塑为主，明间上部除了有"万寿宫"
匾额外，还有以道教题材为主的人物图像，典型题材有"八仙过海""八仙献

图 3.3.21-1 贵州镇远会馆万寿宫台口横枋戏文故事木雕 马志武摄

图 3.3.21-2 贵州镇远会馆万寿宫戏台额枋上的八仙人物圆雕 马志武摄

图 3.3.21-3 贵州赤水复兴会馆万寿宫台口横枋戏文故事木雕 马志武摄

图 3.3.21-4　贵州思南会馆万寿宫原台口横枋戏文故事木雕　马志武摄

图 3.3.21-5　重庆江津区花蛇凼会馆万寿宫台口横枋戏文故事木雕　杨庆瑜摄

图 3.3.21-6　浙江嘉兴会馆万寿宫戏台横枋上的木雕原件　民革嘉兴市委会提供

图 3.3.21-7　贵州石阡会馆万寿宫台口横枋上的戏文故事木雕　马志武摄

图 3.3.21-8　贵州青岩会馆万寿宫戏台戏曲人物壁画　马志武摄

寿""群仙祝寿""度吕图""炼丹图"等。他们随身的标志物分别是仙桃和芭蕉扇、毛驴，渔鼓、拂尘和宝剑、葫芦，拐杖、高髻和竹笛、乌纱帽，阴阳板、花篮和花锄、莲蓬、笊篱，称为"暗八仙"。龙是会馆万寿宫建筑雕刻表现最多的题材，其作为中华民族最为崇拜的吉祥圣物，是传说中一种能兴风雨、善变化、利万物的神兽。龙的造型实际是多种动物的结合体，其形变化无穷，种类繁多，名称有别。如贵州石阡会馆万寿宫山门，通高 11.98 米，明间牌楼正中屋顶正脊两端装饰鱼龙吻，翘角为凤尾，其下有"双龙戏珠"浮雕，阳刻"万寿宫"三字的竖额，额框是五龙围绕的浮雕，八仙塑像环伺左右。大额枋中间"福禄寿"三仙的两侧是鱼化龙和暗八仙法器。次间下方还有"龙""凤"圆形砖雕图案（图3.3.22）。

　　由于狮子威猛，被奉为吉祥神兽，慑服百兽，故多以石雕成狮子，置于山门、正殿之前（图3.3.23）。"五福捧寿""五福临门"也出现在会馆万寿宫建筑装饰中。植物花卉以松树、荷花、牡丹、梅、兰、竹、菊等传统的装饰题材为主，刀法纯熟，姿态优美，形象生动，内涵丰富。还有表现各种生活场景，如牧

图 3.3.22-1　贵州石阡会馆万寿宫山门龙的图像和暗八仙　杨坤摄

图 3.3.22-2　四川洛带会馆万寿宫马头墙上的
龙头装饰　马志武摄

图 3.3.22-3　贵州青岩会馆万寿宫戏楼
翘角上的龙头装饰　马志武摄

图 3.3.22-4　贵州镇远会馆万寿宫青砖空斗马头墙上的
龙头装饰　马志武摄

牛、耕作、摆渡、捕鱼、狩猎、挑担、售物、猜拳行令、渔人得利、风雨夜归等，体现会馆万寿宫建筑世俗化的特点。抚州玉隆万寿宫过厅、前殿、看楼布满雕刻，依照材质分木雕、石雕及砖雕，山水花草鸟兽图案遍布，题材还有"五老观太极""文王求贤""江陵道别""和合二仙"及"梅开五福""竹报平安"等，突出吉祥和祈福的主题（图 3.3.24）。

图 3.3.23-1 湖南黔城会馆万寿宫山门狮子浮雕 马志武摄

图 3.3.23-2 贵州青岩会馆万寿宫山门右侧
雌狮浮雕 马志武摄

图 3.3.23-3 贵州青岩会馆万寿宫山门左侧
雄狮浮雕 马志武摄

图 3.3.24-1 抚州玉隆万寿宫前殿"江陵道别"木雕 马志武摄

图 3.3.24-2 抚州玉隆万寿宫前殿 "一行白鹭上青天" 木雕 马志武摄

图 3.3.24-3 抚州玉隆万寿宫前殿 "富足长寿" "听琴" "年年柳色" 木雕 马志武摄

图 3.3.24-4 抚州玉隆万寿宫前殿右边 "竹报平安" 木雕 马志武摄

图 3.3.24-5 抚州玉隆万寿宫前殿 "紫荆复合" 木雕 马志武摄

图 3.3.24-6 抚州玉隆万寿宫前殿 "渭水访贤" 木雕 马志武摄

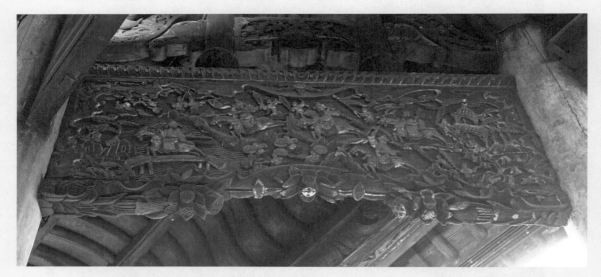

图 3.3.24-7　抚州玉隆万寿宫前殿前廊穿枋上的"三国故事"木雕　马志武摄

图 3.3.24-7　湖南黔城会馆万寿宫山门松梅图　马志武摄

图 3.3.24-8　湖南黔城会馆万寿宫山门渔樵耕读图　马志武摄

三、象征性手法

象征性手法经由历史上的沿用与约定而产生，藻井由原始意象而来，具有与天沟通，象征尊贵的意义。斗拱象征建筑主人的社会地位和身份，明清时期，斗拱成为装饰性构件，象征建筑的重要。会馆万寿宫在重要的建筑物内部都有藻井，并与如意斗拱结合，象征尊贵。暗八仙、双龙戏珠、丹凤朝阳等装饰纹饰也是约定俗成的象征性符号。风水在建筑上的象征意义更是普遍。会馆万寿宫中的天井左右厢房比喻成左青龙右白虎，所托住的天井比喻为明堂，目的是取吉，给心理以慰藉和安全感。

暗示与暗喻是建筑象征性的特点，"渔樵耕读"虽然描绘有打鱼、挑柴、耕田的场面，但总会出现一个读书人，暗示"万般皆下品，惟有读书高"。牡丹纹样为常见的题材，因为它有富贵、吉祥美丽、喜庆等祥瑞的寓意。宋代周敦颐将莲比喻为"花之君子"，是出淤泥而不染的高洁之花，因此，莲座、莲瓣纹常常用于柱础部位。陶渊明爱菊，菊花纹饰广泛在江西传统民居使用，增添了诸多美感和吉祥寓意。梅花历来象征着中华民族不屈不挠、坚韧不拔的性格，以及飞雪迎春、敢为天下先的品质，因此，梅花作为会馆万寿宫建筑装饰中常见的题材，深受人们的喜爱。由于松、竹、梅被人们称作"岁寒三友"，因而以"松竹梅"为内容组合图案非常多，也有梅与竹的组合，寓意"梅竹报春"。松树与菊花组合，表达延年益寿的含义。以竹的高品行为题材的吉祥图案同样受到人们的普遍喜爱，这些都广泛应用于会馆万寿宫建筑之中。

也有客地民众不能读懂的暗示。宋徽宗敕建的西山万寿宫的殿阁屋檐下都悬挂风铃，以后风铃作为万寿宫建筑的象征符号被江西净明道万寿宫采用，并影响到会馆万寿宫。例如，徐州窑湾会馆万寿宫在真君殿屋檐下悬挂风铃，暗示万寿宫由皇帝敕建，象征一种荣耀。有些移民的祖先从北方移居到江西，再从江西移民到西南，仍然认同江西移民的身份。重庆市江津区西湖镇骆崃花蛇凼村会馆万寿宫，原为江西籍郑氏家族在江津建造的文选宗祠，清光绪四年（1878年），其捐献为江西会馆，并以万寿宫命名。遗存建筑的屋面正脊上为汉字造型，灰塑"荥锡"二字。"荥"字表示郑氏先祖来自河南荥阳的郑氏家族；汉朝至唐朝期间，

图 3.3.25-1 徐州窑湾会馆万寿宫真君殿檐下　　　　图 3.3.25-2 重庆江津区骆崃花蛇凼会馆万寿宫正脊上的
装饰及风铃　徐州人大提供　　　　　　　　　　　　　　　"荣錫"字灰塑　杨庆瑜摄

　　郑氏是中原著名的大族，唐代安史之乱后，北方出现了比西晋末年更大规模的汉民南迁；北宋末年，金兵骚扰中原，中州百姓再一次南迁，其中一些世代居住在开封、洛阳的高官贵族也陆续南迁。根据史籍记载，到达江西境内的移民，有的迁往南昌、筠州、抚州、袁州等地。"錫"字的意思是细麻布，也就是夏布。明清时期，江西袁州、抚州等府夏布远销国内外。湖广填四川始发于清康熙间，可能江西籍郑氏在那个时候迁移到重庆府，从事夏布贸易（图 3.3.25）。

　　象征意义常通过联想来实现。麒麟为吉祥如意的象征，麒麟与凤凰组成的画面，谓之"凤毛麟角"，比喻稀少可贵之物。"鹿"与"禄"谐音，与蝙蝠组合成图，寓意"福禄双全"。鹿与松鹤组合成图，寓意"鹿鹤延年""鹿鹤同春"。松树与菊花组合，寓意"延年益寿"。"左书右剑"，寓意文武双全。葫芦为道家的法器灵物，故民间视为吉祥，葫芦宝瓶结合则寓意福禄、平安，在会馆万寿宫屋顶正脊和马头墙上经常采用（图 3.3.26）。贵州镇远会馆万寿宫戏台藻井极富联

图 3.3.26-1 贵州思南会馆万寿宫前殿正脊上的葫芦宝瓶　马志武摄　　图 3.3.26-2 贵州思南会馆万寿宫戏楼正脊上的葫芦
宝瓶和鱼龙尾　马志武摄

图 3.3.26-3　抚州玉隆万寿宫山门屋顶上的葫芦宝瓶和鱼龙尾　马志武摄

图 3.3.26-4　湖南郴州沙田县会馆万寿宫戏楼正脊上的
葫芦宝瓶和鱼龙尾　郭庆玲

图 3.3.26-5　贵州寨英会馆万寿宫戏台正脊葫芦宝瓶
和鱼龙吻　贵州人大教科文卫委提供

图 3.3.26-5　湖南黔城会馆万寿宫山门屋脊葫芦宝瓶和鱼龙吻　马志武摄

想寓意，戏台中央顶部斗八藻井共三层，第一层雕刻水生动物，第二层和第三层雕刻荷、菱、莲等植物花卉，寓意避免火灾，护佑房屋安全，正中圆盘内是"腾龙吐珠"浮雕，寓意吐珠献宝祥瑞之意（参见第四章实例）。

四、文字性手法

会馆万寿宫建筑借文字表达意义，其重要性超过美学作用。额联是会馆万寿宫建筑惯用的装饰手段，也是塑造意境的一种方法，其融中华传统文化辞赋诗文、书法篆刻、建筑艺术于一体，具有点睛传神的作用。

除了山门有竖额，上书"万寿宫"三字，其他建筑部位的匾额都为横匾。往往通过用字遣句，体现儒道互补，祈福太平，教化公德，抒发情感等。如贵州赤水复兴会馆万寿宫前殿的前檐额枋上有三块横匾，分别为"万古常纲""经史两全""降福孔皆"，均由豫章等会馆于清光绪十二年（1886年）、清宣统二年（1910年）赠送，反映儒学在会馆万寿宫中占有的主导地位。一般在正殿入口处的上方有横匾"忠孝神仙"四字，提示人们将进入许真君殿。贵州赤水复兴会馆万寿宫正殿内立有许逊雕像，正上方挂有"灏气英名"匾额。抚州玉隆万寿宫正殿许真君塑像上方的横匾为"孝思维则"，许逊对于忠孝的提倡成为后世净明道兴起的源头，既符合了现实伦理，又融合了儒道学说，有很强的教化作用。贵州青岩会馆万寿宫许真君殿明间悬挂"玉隆万寿"金字横匾，显示其与南昌西山玉隆万寿宫的渊源（图3.3.27）。

图3.3.27-1　贵州赤水复兴会馆万寿宫前殿匾额　马志武摄

图 3.3.27-2　抚州玉隆万寿宫前殿后金柱上的"忠孝神仙"横匾　马志武摄

图 3.3.27-3　贵州青岩会馆万寿宫正殿额联　马志武摄

图 3.3.27-4　贵州赤水复兴会馆万寿宫前殿后金柱上的"泽福洪都"横匾　马志武摄

图 3.3.27-5　贵州赤水复兴会馆万寿宫前殿后廊额联　马志武摄

图 3.3.27-6　贵州赤水复兴会馆万寿宫正殿"灏气英名"横额　马志武摄

图 3.3.28-1 云南会泽会馆万寿宫戏台屏风上的"乐府仙宫"横匾 马志武摄

图 3.3.28-2 贵州赤水复兴会馆万寿宫戏台屏风上的横匾 马志武摄

戏台横匾内容多为儒学思想的反映。贵州镇远会馆万寿宫戏台上的木制横匾"中和且平",中是"天下之大本",和为"天下之达道",只有中和一致,才能实现"天地位焉,万物育焉"的和谐天下。不但戏台有横匾,有的看楼、厢房内和戏台屏风上也会悬挂匾额,表达建筑物名称和性质(图 3.3.28)。

会馆万寿宫建筑横匾题材还与江西风景名胜有关,表达对家乡的赞美和思乡之情。湖南怀化黔城会馆万寿宫山门左右两个横匾分别题有"层峦耸翠"和"飞阁流丹",来自王勃《滕王阁序》中"层峦耸翠,上出重霄;飞阁流丹,下临无地。"贵州镇远会馆万寿宫客堂庭院西侧的出入口门罩下的横匾也是石刻"层峦耸翠";其北端次要外入口的横匾上书有"秀挹西山"四字(图 3.3.29)。湖北

图 3.3.29-1　湖南黔城会馆万寿宫山门东侧次入口
"层峦耸翠"横额　马志武摄

图 3.3.29-2　湖南黔城会馆万寿宫山门西侧次入口
"飞阁流丹"横额　马志武摄

图 3.3.29-3　贵州镇远会馆万寿宫
"层峦耸翠"横匾　马志武摄

图 3.3.29-4　贵州镇远会馆
万寿宫"秀挹西山"横匾
马志武摄

襄阳樊城抚州会馆戏楼额枋上的横匾为"峙若拟岘"，因会馆对岸是当地著名的
"岘山"，会馆与其隔岸峙立，看到岘山想起抚州有"拟岘台"，故以此额表达思
乡之情（图 3.3.30）。

图 3.3.30　襄阳樊城抚州会馆戏楼横额"峙若拟岘"　马志武摄

匾额配上楹联，为建筑增添了人文气息。如镇远万寿宫入口第二重门洞上的横匾书有"襟山带水"四字，两侧楹联为："更上阶墀步步引人入胜境，渐登台阁巍巍得地壮奇观。"表达此地山水形胜，建筑因地得势，巍峨壮观（图3.3.31）。

会馆万寿宫建筑楹联包容大量的文化内涵，以诗词章句颂扬许真君，寄托人们的感悟和对理想生活的追求，为建筑物增色不少。建筑楹联主要集中在山门、前殿、后殿、戏楼檐柱等处，戏楼侧台和后台入口两侧处也会有楹

图3.3.31　贵州镇远会馆万寿宫南入口额联　马志武摄

联，还有的在看楼和厢房檐柱上刻制或悬挂楹联，增加了建筑的文化气息。山门的楹联都与许真君相关，更多的是显示一种荣耀和精神的存在。戏台楹联内容与戏曲故事关联，反映人生感悟；前殿楹联则让人察是非、知兴替、辨善恶。正殿的楹联主要是颂扬许真君，包含着伦理道德的教化内容，以此树立文化的标榜和规范。抚州玉隆万寿宫前殿楹联："捍患御灾，西江砥柱；报功崇德，南国馨香。"意思是许逊消除灾患，犹如江河中的中流砥柱，许逊在江南留下的功德，如芳香传遍江南。前殿中间两侧山墙柱上的楹联："栋宇既成，看贝阙珠宫沐万里，恩光北至；冠裳毕集，际金风玉露挹三秋，爽气西来（图3.3.32）。"抚郡六县的自豪感溢于言表，雄伟的万寿宫建成了，气势恢宏，雕梁画栋，非常的精美，京城的

图 3.3.32　抚州玉隆万寿宫前
殿山柱对联　马志武摄

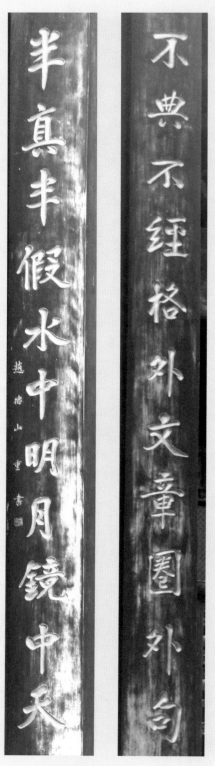

图 3.3.33　贵州镇远会馆万寿宫戏台
楹联　马志武摄

宋徽宗都为其赐名；很多有名、有身份的人都来万寿宫参观，各界人士齐集此地，恰逢又是秋天，相继从西方赶来。还有："蛟穴靖狂澜，千载神功宏妙济；羊城开福地，九霄仙仗迓东临。"上联歌颂许逊治水的功劳传扬千秋，下联赞美抚州是一方福地，各路神仙都赶到这里来。正殿的楹联也是颂扬许真君："俎豆千秋，有功于民则祀；馨香六邑，无往不在神者。"人们千秋万代祭奠，是因为许逊有功于百姓；芳香传播抚州府六县，是因为老百姓感受到他无处不在。

以戏曲为题材，审名察意，传递义理与情感，是江西会馆戏台楹联的特色。会馆万寿宫的戏台是楹联最集中的地方，与山门楹联不同，戏台楹联相对自由活泼，形式多样，既有颂扬许真君的功德，也有山水吟唱、文史典故介绍和人生感悟，或寓意吉祥，或充满哲理，或含蓄或豪放。贵州石阡会馆万寿宫是五府人士捐资建造，戏台檐柱上的楹联为"从南抚临瑞吉以来游萃五府人才于兹为盛，合生旦净末丑而作戏少一个角色不足为观。"希望五府同乡扭成一股绳，合作共赢。贵州镇远会馆万寿宫戏台前的檐柱上挂有楹联"不典不经，格外文章圈外句；半真半假，水中明月镜中天。"楹联以一种通达的态度，托物寄兴，颇有哲理（图3.3.33）。

以戏台楹联表达人生感悟，内容含蓄，比喻贴切。湖南常德石门县磨市会馆万寿宫，其戏楼有对联："乐管弦，十二律，歌打鼓唱，束带整冠，俨然君臣父子；合上下，千百年，会意传神，停声乐止，谁是儿女夫妻"。贵州赤水复兴会馆万寿宫戏台主柱楹联阴刻："宛具悲欢离合，俨然荣辱穷通"。贵州丹寨会馆万寿宫戏台楹联是："看文戏看武戏看文看武做戏，观古人观今人观古观今人看人。""凡事莫争先，看戏何如做戏好；为人先顾后，上台终有下台时。"贵州青岩会馆万寿宫戏台主柱楹联是："台上演出多少人间学问事，曲中疑成万千道德修身经。"字字珠玑，脍炙人口。

抚州玉隆万寿宫戏台的楹联最丰富，有"烟水绕歌台，擅千里山川风景；古今如戏局，问几人忠孝神仙？"上联之意是戏台边的云烟水气，有江南千里的山川风景；下联的意思是戏台上表演的古今故事，有几个能做到像许逊这样忠孝两全的？有"春角秋商，调元一曲朝天子；南宫北谱，好事双声贺太平。"此联对仗工整，道尽曲坛春秋乐事。还有"一笠岿然留夜月；数声铿尔度清风。"用比拟的手法，形容戏曲演绎得精美绝伦，使观众得到了戏曲艺术的享受。"招凉不必寻仙馆；顾曲何须让古人。"上联夸此地环境很好，若要乘凉休息，不须去找寻仙境。下联意指在这里看戏听曲，不会逊色于古人。

成都洛带会馆万寿宫楹联大都诉说对美好生活的期望，歌颂先贤，勉励后代。其门廊式入口明间柱上的长联共64字，描绘出对太平盛景的渴望和富有生活气息的场景："日出东山看洛带楼台四面桃花映绿水，闻鸡鸣犬吠牛马喧此地恰似武陵胜地；客来南海兴江西会馆八方贤达话青茶，喜果肥花密稻麦香这里依稀蓬莱仙家。"其正殿后檐柱楹联："创业东山后嗣无忘祖德；守成西蜀先人习作孙谋。"

综上，会馆万寿宫秉承江西传统建筑思想，按照礼制进行营造活动，保证了秩序的形成和会馆需求的满足。虽然不同区域的会馆万寿宫，因所处客地的风土变化而呈现不同的建筑形态，但是，其空间构成的根本是共同的，保持了很深厚的江西传统建筑文化理念和许真君信仰。

会馆万寿宫对建筑组群的重视远胜于对单体的关注，强调中轴线，主次分明，建筑空间关系蕴含着变化当中顺应变的道理；根据所处环境，因地制宜组合建筑群体，手法娴熟。

会馆万寿宫建筑木梁架结构简化，构架整体性强。单体建筑屋顶之间的勾连搭技术精巧，建筑出檐轻巧，门窗槅扇、瓦作脊饰、飞檐翘角等趋于定型化、图案化、程式化。

会馆万寿宫特别重视建筑的意义和表达的力量，通过山门建筑高耸的形式造成标识性效果，表达许真君信仰是会馆万寿宫的精神支柱，以显示万寿宫的荣耀和身份。装饰简繁适度，突出重点；三雕、匾额、楹联等装饰集中表现在山门上，复杂精致的装饰往往表现在戏楼上，戏楼以木雕为主，重点突出木构件的装饰性，米字形网状如意斗拱看似复杂，但并不矫揉造作，与结构性木构件的结合符合力学原理。其他建筑装饰朴实无华，庄重大方。室内陈设以真君殿最为讲究，大都按照南昌万寿宫的样式，安排神龛和神位，以表达对许真君的尊崇。

会馆万寿宫文化行为的意义与建筑空间的意义是互动的、同一性的，不仅有颂扬许真君、传播万寿宫文化的内容，还有赞美江西风景名胜，表达富有生活气息的劳作、娱乐、耕读等内容，反映了当时社会的意识和心态，满足人们趋吉避凶、寄寓美好希望的心理需求，从而对建筑产生重大影响，使会馆充满家园的氛围，让人们在此得到精神慰藉。会馆万寿宫在山门、戏台等建筑上不惜大量的装饰，都是为了达到上述目标。

第四章

会馆万寿宫
建筑实例

江西抚州玉隆万寿宫

玉隆万寿宫位于江西抚州市文昌桥东，毗邻抚河，建筑整体坐西朝东偏南。其历史悠久，经过了几个不同的阶段才发展成如今的状态。明洪武年间，民间在此地建了文兴庵；清嘉庆十六年（1811 年），抚州民众在文兴庵南侧修建了旌阳祠，供奉许真君；嘉庆二十二年

图 1　航拍图　马凯摄

（1817 年），在旌阳祠南侧又建了火神庙。咸丰十年（1860 年），太平天国军队进攻抚州城，因水患而退兵，抚州民众奔走相告许真君显圣致太平军退去；光绪八年（1882 年）对文兴庵、许仙祠和火神庙重新布局与维修，由抚州六府商人捐资增加了门楼、戏楼、前厅等，并作为会馆，为商人议事、社会集会结社、观看戏剧演出的场所，又以玉隆万寿宫命名会馆，亦称"玉隆别境"（图 1）。2013 年，抚州玉隆万寿宫被国务院列为第七批全国重点文物保护单位。

抚州玉隆万寿宫通面阔约 54 米，通进深约 94 米，占地面积约 5000 平方米，

北

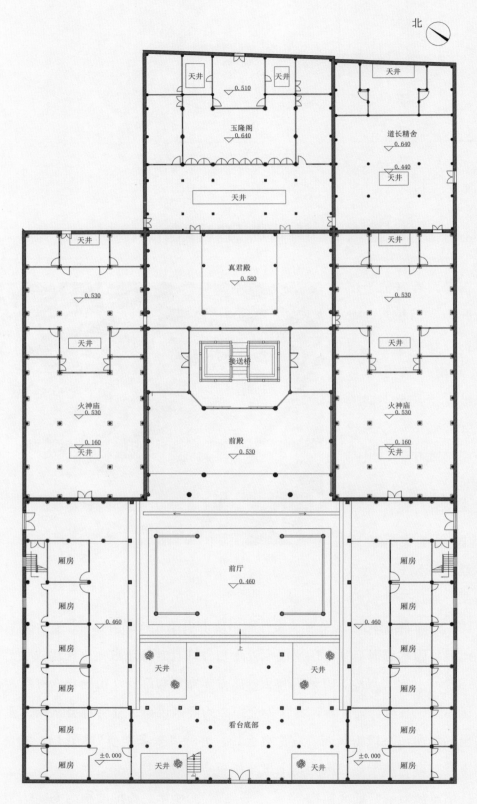

图 2-1 平面图 马凯绘

1　3　5
m

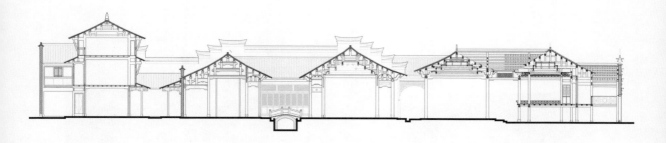

图 2-2 纵向剖面图 马凯绘

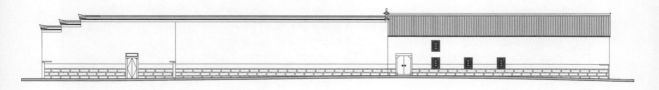

图 2-3 南立面图 马凯绘

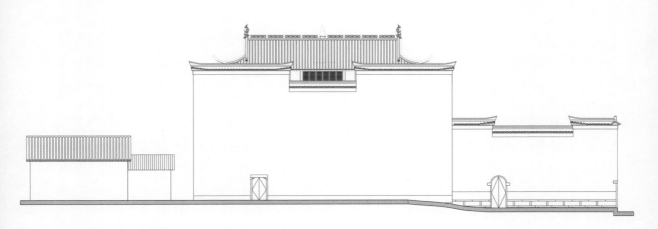

图 2-4 西立面图 马凯绘

建筑面积约 4320 平方米。其以天井为中心组织建筑群，前殿前廊外的狭长天井将整个万寿宫分为前、后两部分。前面部分由山门、过厅、戏楼、前厅、戏楼两侧的连楼、前厅两侧的厢楼等组成，建筑组群围绕中轴线两侧的天井布局；从前殿前廊天井起，横向分为三路，中路由前殿、许仙祠、玉隆阁和两侧厢房及廊庑组成，围绕中轴线上的两进天井布局；北路为文兴庵，南路为火神庙，左右两路天井都位于中轴线上，建筑围绕天井布局（图 2）。

图3　山门　马志武摄

　　玉隆万寿宫的山门位于建筑群的东侧，为附墙式六柱五间七楼青石结构牌楼，中间两柱不落地。明间最上方竖额书"万寿宫"三字，竖额下为清光绪十二年（1886年）添建建筑物的石刻铭文；铭文之下是石刻横匾，书"玉隆别境"四字，意指其与西山玉隆万寿宫一脉相承；山门石雕精美，额枋上下都有各种植物、戏曲人物故事和吉祥图案纹样雕刻，枋间有仿木石刻槅扇门窗，屋顶檐下有石制斗拱，正脊有镂空海棠如意饰带，正脊中间是葫芦宝瓶，屋顶两翼翘角为鱼龙尾（图3）。

　　从山门入内，进入一通高的过厅，迎面就是"喜见麒麟"木雕图案。过厅两侧对称布置天井，天井另一侧是厢廊，厢廊栏板上有木雕"松鹤图"。从过厅进入戏楼底层架空层通道，通道前面是穿堂，两侧是通向厢廊的连廊架空层。戏楼第二层是戏台，凸字形平面，有前、后台和侧台；侧台与第二层的连廊相连，从连廊也可以进入看楼。看楼为二层，底层是厢房，二层为女眷观演场所。戏台顶部是方形藻井，平天花，内收八边形，中间为莲花装饰，藻井四周檐下有三层网状如意斗拱；台口四周为抹角方石柱。戏楼、穿堂、连廊、看楼和前厅围合出两口天井。前厅为单檐歇山顶，主要作为观演、集会使用，其四面敞开，四柱三间，均为圆形石柱；前厅中间上方也是方形藻井，两侧为平綦天花。从入口到前厅的中轴线两侧对称安排四口天井，既解决了建筑组群的通风采光问题，也使得建筑之间联系方便，空间相互渗透，层次丰富。围绕天井的看楼、连廊栏板上遍施吉祥木雕图案，两侧连廊额枋上各有两朵独立式如意斗拱，与戏楼和前厅的装饰一起，构成"德之地"的空间意象（图4、图5）。

图4-1　入口过厅与架空层通道　马志武摄　　　　图4-2　入口一侧的天井　马志武摄

图4-3　前厅、穿堂戏楼和连廊围合的天井　马凯摄

图 4-4　连廊与戏楼　马志武摄

图 4-5　戏台上的藻井　马凯摄

图 4-6　戏台檐下网状如意斗拱　马志武摄

图 4-7　看楼　马志武摄

图 5-1　从天井看前厅、戏楼　马志武摄

图 5-2　前厅与藻井　马凯摄

图 6-1　前殿与前厅之间的天井　马凯摄

前厅与前殿之间有一横向狭长的天井，从天井两侧檐廊可进入左右二路的文兴庵和火神庙。中路上的前殿四柱三间，进深三间，人字顶，建筑采用石圆柱和移柱造，明间前后檐柱向两侧移动，通过斜向枋与金柱连接，形成八字形入口，强调了空间的仪式感。前殿不但有颂扬许真君、传播万寿宫文化的额联，还有表达吉祥、劳作、娱乐等内容的木雕图案纹样装饰。后金柱间有屏门，上挂"忠孝神仙"横匾，中间顶部为八边形藻井，四周斗拱环绕，中央用莲花图案装饰，呈现出庄严的空间氛围；山面穿枋雕刻戏文故事、动植物和富有生活气息的图案纹样，满足人们趋吉避凶、寄寓美好希望的心理需求（图6）。

图 6-2　前殿　马凯摄

图7　接送桥石栏和望柱上的祥云、莲花和石雕　马志武摄

　　许仙祠与前殿后檐廊相对，向天井开敞，两侧厢房槅扇朝向天井，四周檐廊装饰精美。天井当中有一座小型单拱石桥，周围石栏围护，雕刻祥云和莲花图案（图7）。许仙祠四柱三间，中间抬梁式、两侧穿斗式梁架，木柱石础，人字顶，檐下均设曲颈轩顶，室内顶棚铺望板。许仙祠殿和前殿两侧的封火山墙将中路与南北两路建筑屋顶隔开（图8）。

　　许仙祠后檐廊、两侧通廊和玉隆阁围合的天井为横向长方形，玉隆阁为三层，歇山式屋顶，是抚州商会活动与接待的场所。第一层为日常活动和办公的场所，第二层是接待贵宾的场所，第三层是客厅，可眺望抚河景色（图9）。

图 8-1 许仙祠 马志武摄

图 8-2 许仙祠和前殿两侧的
马头墙 马凯摄

图 9-1 玉隆阁前的天井 马志武摄

图 9-2 玉隆阁三楼 马志武摄

贵州石阡会馆万寿宫

　　石阡会馆万寿宫位于贵州省铜仁市石阡县汤山镇城北路，由旅居石阡的江西商民筹资，始建于明万历十六年（1588年）。清乾隆二十七年（1762年）《重修万寿宫碑记》记载，石阡城北万寿宫自康熙乙亥（1695年）为豫章合省会馆。[①]民国十一年《石阡县志》载："万寿宫在城北门外，明末建。雍正十三年，知府赵之坦庀材兴工，阅四载乃告竣。清乾隆三年，知府杜里重修。"[②] 乾隆二十七年

航拍图　马凯摄

---

① 清乾隆二十七年《重修万寿宫碑记》立于石阡万寿宫正殿南面界墙上。
② 民国·周国华等修，冯翰先等纂《石阡县志》卷三，《秩祀志》六。

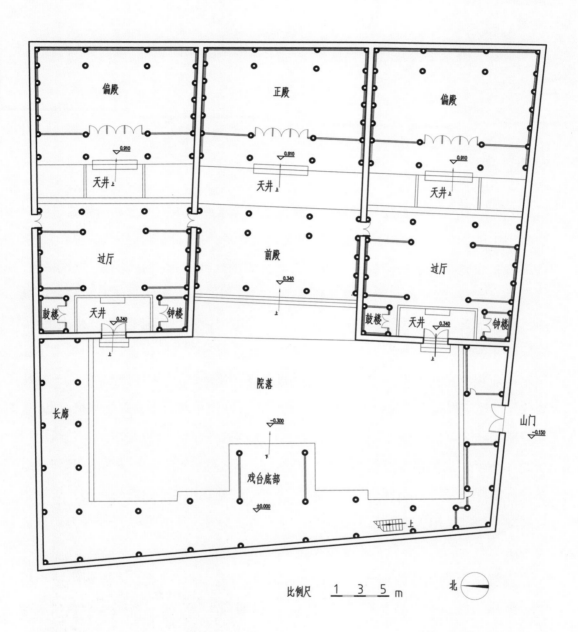

偏殿

正殿

偏殿

▽0.910 天井 上

▽0.910 天井 上

▽0.910 天井 上

过厅

前殿

过厅

鼓楼

天井

钟楼

鼓楼

天井

钟楼

▽0.340 上

▽0.340 上

▽0.340 上

▽0.340

院落

山门

长廊

▽-0.300 上

▽-0.150

戏台底部

▽±0.000 上

比例尺 1 3 5 m

北

平面图 马凯绘

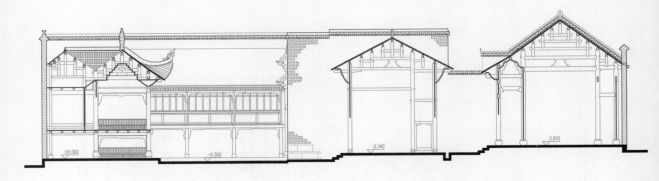

东西方向剖面图　马凯绘

（1762年），在会馆客长皮升发和江右商左成宪等承办首事主持下，由旅居石阡的南昌、抚州、临江、瑞州、吉安五府赣人再次集资，"庀材鸠工，历久蒇事"①。承办首事左成宪在江南行商的几年中，看到外省的江西会馆气势恢宏，建筑精致，"往江南绘图，以曾见江南会馆之壮丽也。后依图改修，数年监视，辛苦聿观厥成。耳目一新，人皆称羡，遂遗留至今。此彼馆中最不可忘者也。"②此次重修，将原坐北朝南的朝向改为坐东朝西，保留了会馆山门朝南的位置，不但扩大了建筑基地面积，又使万寿宫"上接屏山，岂借飞云培地脉；下临河畔，何须天竺壮威仪"。③建筑群背山面河，风水更佳。清咸丰、同治年间万寿宫毁于兵燹，同治、光绪年间陆续重修。现存石阡会馆万寿宫建筑群占地面积2300平方米，建筑面积1620平方米。采用庭院＋天井混合式布局，分为东西两部分，西部为山门、戏楼、看楼和庭院等部分，东部为纵向三路平行布局的建筑组群；建筑外围的封火墙为青砖空斗墙，采用人字形马头墙和平直高墙组合形式。2001年石阡会馆万寿宫被国务院公布为第五批全国重点文物保护单位。

山门位于建筑群西南角，为附墙式牌楼大门，砖石砌筑，明间两短柱不落地，形成四柱三间五楼砖牌楼式山门。山门通高11.98米，明间开一券门，宽2.28米，高3.87米。牌坊正中屋顶上置三层葫芦宝瓶。底部四足，似香炉状；正脊两端装饰鱼龙吻，翘角为凤尾，青色筒瓦屋面，有勾头滴水。往下为两层砖

① 　清乾隆二十七年《重修万寿宫碑记》。

② 　民国·周国华等修，冯翰先等纂《石阡县志》卷三，《秩祀志》六。

③ 　清乾隆二十七年《重修万寿宫碑记》。

山门立面图　马凯绘

山门　马志武摄

斗拱，上层砖间绘有圆形"寿"字墨绘；之下雕刻饰带，间隔梅花图案；其下为"双龙戏珠"浮雕，再下为彩绘蝙蝠图，下层一斗三升，如意状。额枋为整石，雕有水波纹，额枋之下是三个塑像，中间为观音端坐莲台，两旁为散财童子和龙女；下方是竖额阳刻"万寿宫"三字，额框为五龙图浮雕，八仙塑像环伺左右。大额枋中间是高浮雕福禄寿三仙，两端是鱼化龙和暗八仙法器。次间也雕有浮雕，分别是麒麟、戏曲故事、梅菊图案纹样，上着彩绘。下方还有"龙""凤"圆形砖雕图案。

　　大门和戏楼及两侧的看楼组成第一进院落。戏楼位于西侧，与中轴线上的主体建筑正对。戏楼共两层，底层架空，与连廊相连；戏楼二层为戏台，凸字形平面，可从三面观看表演，两侧为耳房；其结构为穿斗抬梁混合式，面阔一间，宽

戏楼　杨坤摄

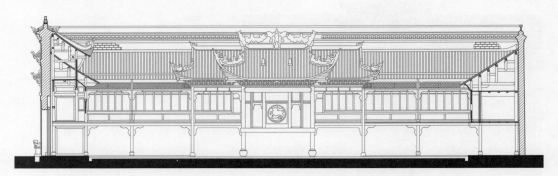

戏楼立面图　马凯绘

6米，进深7.6米，高10.6米；单檐歇山青筒瓦顶。戏台由屏门分隔成表演区和后部区，屏门中间有"喜见麒麟"的图案。戏台表演区顶部中央有斗八藻井，共六层，由方形逐渐转化成八边形。正中是"丹凤朝阳"木雕，每层藻井边都绘有彩画。戏楼屋顶翼角飞翘，檐下置四层米字形网状如意斗拱，每攒斗栱的正心栱端有梅花形、扇形图案，斜栱以45度角出跳。戏台台口上下8块横枋上刻有18幅三国戏文高浮雕及"暗八仙"、花鸟等浅浮雕，栩栩如生。戏楼的歇山顶只有面向庭院的一半，共七条屋脊，背部通过人字坡顶和看楼的单坡顶垂直相接。歇山顶的屋脊都有灰塑脊饰，并在外围镶嵌一圈瓷片。戗脊端部采用凤尾形装饰，正脊两端用的是鱼龙吻饰，中间是彩色香炉形宝瓶。垂脊和戗脊相交处有福禄人

物装饰，垂脊上有虎形镇兽，
戗脊上有麒麟镇兽，屋面筒瓦
上有两只狮子镇兽。

　　三路建筑的中路是主体
建筑，分别是前殿和真君殿；
北路是紫云宫，南路是圣帝
宫。中路建筑与戏楼在同一轴
线上，前殿和正殿之间是一横
向长方形天井。正殿通过敞口
式前殿能够直接看到戏楼，以
达到"酬神"的含义。前殿面
阔三开间，穿斗抬梁混合式结
构，九檩七架梁，其中明间屋
架采用减柱，扩大了使用空
间；前殿前后柱间的挂落采用
缠枝梅花图案作为装饰。正殿
较前殿高约三个台阶，体现了
北为尊的礼制要求。正殿也是
面阔三间，穿斗抬梁混合式结
构，十一檩九架梁；前廊柱间
挂落采用步步锦图案纹样，檐
廊顶部为鹅颈轩。

从前殿看正殿　马志武摄

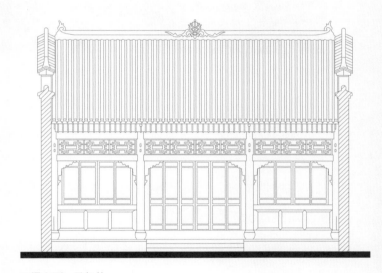

正殿立面　马凯绘

　　紫云宫和圣帝宫都有单独的入口，也是附墙式砖牌楼，尺度比山门小，为二
柱三楼、券洞式入口。门楼的柱子为六边形砖柱，上有两短柱支撑屋顶。每攒
檐下方有砖雕的斗拱，砌筑工艺高超，装饰精美。紫云宫正面采用龟背锦纹装
饰，券洞上额枋有砖雕图案，两边为绶带纹样，短柱间嵌有"紫云宫"三字的阳
刻横匾，再往上为"双龙戏珠"砖雕。圣帝宫为女眷所用，门楼横匾上方为"双
凤朝阳"砖雕。

紫云宫入口　马志武摄　　　　　　　圣帝宫入口　马志武摄

　　紫云宫和圣帝宫为两进两天井布局形制。第一进天井由入口、天井两侧厢房和过厅组成，从入口进入天井，其两侧为厢房；过厅正对天井，面阔三开间，穿斗抬梁混合式结构，九檩七架梁，过厅明间向前后两口天井开敞，次间为门窗槅扇。过厅后檐廊、界墙和配殿围合成第二进天井，界墙为高大的青砖空斗墙。南北两路过厅的后檐廊与中路前殿的后檐廊之间有券形门洞，将三路建筑组群横向连接贯通。沿紫云宫过厅后檐廊的北侧入口可进入会馆的后花园，花园内莳花植树，绿意葱葱。

圣帝宫入口内的天井　马志武摄

　　石阡会馆万寿宫承载的红色记忆赋予其新的历史含义。1936年红军二、六军团部分官兵驻此，并在戏楼上进行演出、宣传等活动，贺龙等军团领导人曾来此慰问参加红军队伍的新战士。保护和利用好这些建筑，能让子孙后代更好地了解、学习红色文化，使红色精神代代相传。

从紫云宫天井看过厅和配殿
马志武摄

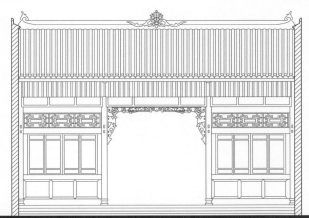

过厅立面　马凯绘

紫云宫过厅后檐廊与中路横向联
系的廊道　马志武摄

后花园　马凯摄

云南会泽会馆万寿宫

云南会泽会馆万寿宫位于云南省会泽县会泽古城三道巷 49 号，是江西籍客商的同乡会馆。会馆的前门和后门分别坐落在不同的两条街上，前门面向三道巷，后门面向二道巷。镶嵌会泽会馆万寿宫墙壁上的《万寿宫碑记》分两部分，第一部分记载会泽会馆万寿宫始建于清康熙五十年（1711 年），雍正八年（1730年）兵燹后，会馆寥落倾颓，经五府公议，度势修理。第二部分为乾隆二十七年《重修碑记》，记载捐资等情况："各府众姓，慨然念创始之艰难，思欲补葺而新之，以昭诚敬"。[1] 江西临江、南昌、抚州、吉安、瑞州、建昌、赣州、饶州、袁州、九江、南安等 11 府捐银重修。[2] 清道光、咸丰及民国年间又几经破坏，几经修葺。现会泽会馆万寿宫占地面积 7545 平方米，建筑面积约为 2874 平方米，是会泽县规模最大、保存最为完整的会馆建筑之一（图 1）。2006 年被列为第六批全国重点文物保护单位。

整个会馆建筑共三进两跨院，合院式布局，坐南朝北，会馆中轴线上自北向南依次为山门、戏楼、真君殿、韦驮亭、观音殿，两侧分别有耳房、配殿等。东跨院有小花园，西跨院为小戏台。建筑群布局严谨，气势宏大（图 2）。

---

[1] 萧虹霁主编《云南道教碑刻辑录》，清·梁著时撰，清乾隆二十七年《万寿宫碑记》，中国社会科学出版社，2013，第 369—370 页。

[2] 清乾隆二十七年《重修碑记》记载各府捐银之数："临江府众姓捐银伍伯三拾两。南昌府众姓捐银叁伯四拾两。抚州府众姓捐银叁伯三拾三两。吉安府众姓捐银贰伯九拾六两。瑞州府众姓捐银壹伯零三两。建昌府众姓捐银五两五钱。赣州府共捐银三两五钱。饶州府共捐银三两。袁州府共捐银一两五钱。九江府共捐银七钱。南安府共捐银五钱。吉安府杨增荣之妻黄氏捐大麦冲田四亩，后换陈姓石街路田四亩。□□六百五十步。"

图1　航拍图　马凯摄

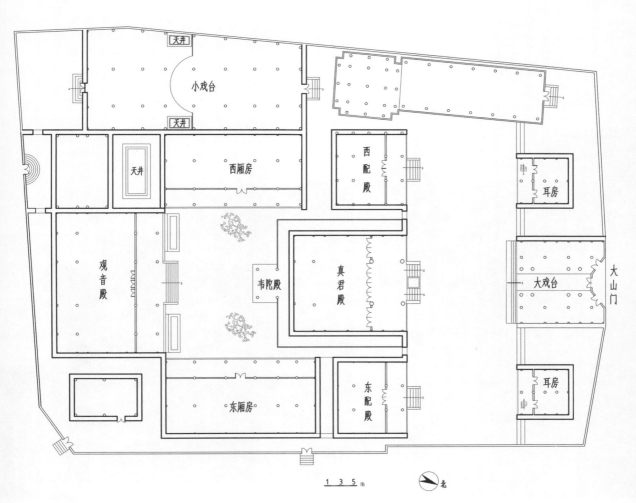

图2　平面图　马凯绘

　　山门建筑风格具有江西传统建筑特征，正上方悬挂九龙捧圣"万寿宫"竖额，下方是"江西旅会泽同乡会馆"的横匾。山门与戏楼结合一体，北侧是山门，其中间为八字形四柱三间三楼木结构庑殿顶牌楼，两侧是硬山与肩墙；南侧是戏楼，戏楼面阔五间，约16米，进深约6.5米，中间三间上承七楼四滴水屋顶，南北两侧的檐口下都有米字形网状如意斗拱。戏楼为二层，底层为架空通道，高约2.8米；第二层为戏台，由前台、后台和侧台组成；台口至楼顶高约13米。戏台中间是抬梁式木构架，两侧为穿斗式。戏台屏风分隔出前后台，屏风3开间，上挂"乐府仙宫"横匾，两侧是固定槅扇，中间是弧形门洞。戏台中央顶部是八边形藻井，装饰九龙戏珠的彩画，藻井周圈是彩塑八仙人物。戏台的额枋、梁柱、匾额、屏风等木构件均施彩画和彩塑，色彩绚丽，图案生动，题材取自《水浒》《三国》《西厢记》。戏楼外部挑檐中间置福、禄、寿三星彩塑，重檐下有"半入云""山鸣""谷应"三块匾额（图3、图4）。

图3　山门　马志武摄

图 4-1 戏楼 马志武摄

第二进真君殿是整个会馆的中心，它是唯一正对戏楼的建筑，殿内供奉许真君。真君殿前的合院呈横长方形，开阔宽敞，能够满足大量人群在室外观戏、祀神等活动的需要。真君殿面阔三间，共 14.8 米，进深 10.7 米，两侧各有一配殿。真君殿屋顶为硬山顶，为了体现建筑重要，仿照殿堂式建筑做法，将中央的硬山顶和两侧的单庇顶组合，形成上下台阶式形状，在两坡屋面的前檐两端伸出角梁，将翼角抬升，并与山墙砖叠涩出的屋面交接，屋面垂脊端部斜出戗脊，筒瓦覆面，屋面正脊中间是

图 4-2 戏楼福禄寿三星彩塑和匾额 马志武摄

图 4-3 戏台藻井 马志武摄

图 5　真君殿　马志武摄

葫芦宝瓶，两端有鱼龙吻，垂脊下端有镇兽，戗脊有翘角，给人歇山式屋顶的印象，"颇觉巍焕"。① 还在前廊柱外置石雕围栏，仿照御路踏跺做法，台阶中间是雕有云龙图像纹样的陛石，两侧是石栏垂带式七级踏道，前有石狮一对，以进一步突出"栋宇丕华"。② 真君殿前檐廊天棚是船篷轩，轩梁凸出廊柱，插入垂莲短柱之中，短柱间装饰挂落。在明间门额正中悬挂"真君殿"横匾，在殿内许真君神像之上悬挂"忠孝神仙"横额（图5）。

真君殿山墙两侧有外廊，连接从真君殿南面凸出的韦驮亭，韦驮亭为歇山式方亭，亭内供奉韦驮像，墙体上镶嵌万寿宫重修碑记五通。外廊两侧为对称的配殿，均为三开间，面阔 12.2 米，进深 9.2 米，高 6.2 米；东配殿悬挂"财神殿"横匾，西配殿正中横额书"砥柱西江"四字（图6）。

第三进观音殿与韦驮亭、东西配殿围合出一个四合院，院内种植柏树。观音殿也是硬山顶，山墙在墀头出砖叠涩，檐下斗拱偷心出三跳，承托檐檩。观音殿体量大于真君殿，面阔五间共 20.2 米，进深 10.3 米，高 9.7 米；前廊柱 6 根，

---

① 乾隆二十七年《重修万寿宫碑记》。
② 乾隆二十七年《重修万寿宫碑记》。

图 6-1　真君殿山面的游廊　马志武摄　　　　　　图 6-2　真君殿南面的韦驮亭　马志武摄

廊内天棚是鹅颈轩，轩梁不凸出廊柱，廊柱两侧有雀替，柱外置石雕围栏，台阶等级低于真君殿，为石栏垂带式踏道（图7）。

图 7　观音殿　马志武摄

万寿宫东跨院位于东南角，小花园内有一正房，面阔三开间，硬山抬梁式木构架；其旁边有一小门可通二道巷。西跨院位于西南角，整体呈工字型平面布局，北侧为面阔五开间的戏台，戏台中间有八字藻井；南侧为敞口式的观众厅，抬梁穿斗混合式木结构，观众厅二层设有包间。连接观众厅与戏台的通廊两侧各有一小天井，用于通风采光（图8）。

图 8　西跨院的小戏台　马志武摄

湖南黔城会馆万寿宫

　　黔城会馆万寿宫位于湖南省洪江市黔阳古城沅江北岸，是明清时期沅水上游最大的工商会馆，出万寿宫可见沅水东流，岸边就是会馆专用码头。黔城地处沅江、潕阳河交汇之处，三面环水，历史上曾为"滇黔门户"。黔城会馆万寿宫始建于清道光二十四年（1844 年），同治十二年（1873 年）、光绪乙亥年（1875 年）两次重修。2013 年，黔城会馆万寿宫作为黔城古建筑群的组成部分，被国务院列为第七批全国重点文物保护单位。

　　黔城会馆万寿宫建筑群坐北朝南，建筑通面阔 37.4 米，通进深 34.9 米，占地面积约 1500 平方米。其外围入口正面封火墙平直，宽 25 米，高近 8 米，与东西两侧的五花、三花山墙组合一起，沿街望去，马头墙穿插错落，高大绵延，十分壮观。外围封火墙原为青砖空斗墙，以后的维修中增加了粉刷层，影响了原貌。建筑分为左、中、右三路，中路采用庭院＋天井混合式布局，自南向北分别为山门、戏楼、前殿与正殿；左路为观音殿，右路为财神殿，左右两路为天井式布局（图 1、图 2）。

图 1　航拍图　马凯摄

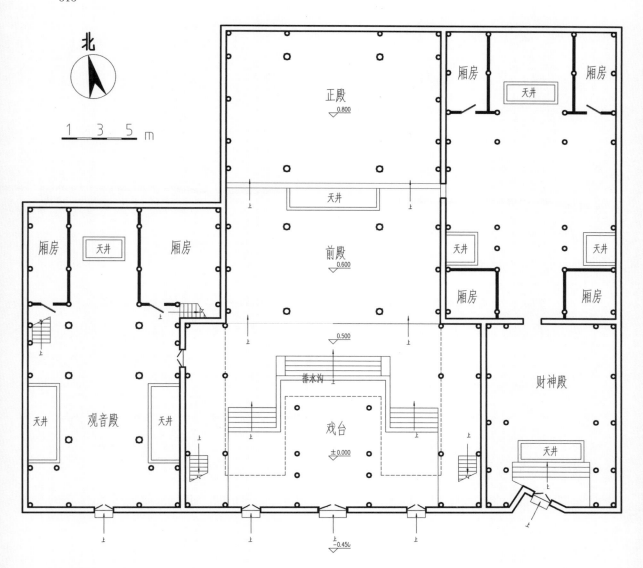

图 2-1　平面图　马凯绘

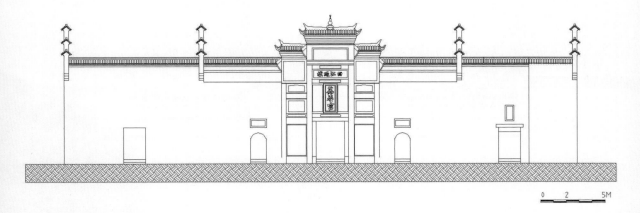

图 2-2　正立面图　马凯绘

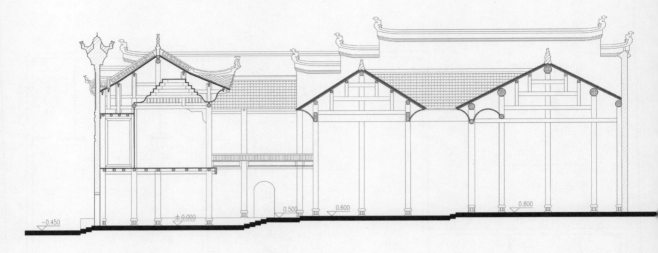

图2-3 剖面图 马凯绘

黔城会馆万寿宫的山门为附墙式牌楼大门，山门四柱三间三楼，选用了青绿色石材。山门中间开一方形门洞，两旁有一对雄雌狮子雕塑。门洞上方竖额阳刻"万寿宫"三字，上方有"西江砥柱"的横匾，最上方是黔阳古城彩塑，从中可一览当时黔城的盛况；两旁还有"烁古""炳今"的横额，落款为"光绪乙亥秋合省重修"。匾额和柱间有大量石刻，有渔樵耕读、双龙戏珠、文臣武将、双凤戏珠、八仙和许真君等图案，山门两侧附墙开有券门，上面分有"层峦耸翠""飞阁流丹"的横匾（图3）。

入山门通过戏楼架空层通道进入庭院和两侧看楼底层走廊，庭院呈凹字形，横向长度14.4米，最大进深7.2米；戏楼第二层戏台为凸字形平面，屏风分隔前后两部分，前部为舞台区，后部为准备区；戏台凸出部分宽4.8米，进深3.2米，

图3 山门 马志武摄

可从三面观看表演；戏楼表演区顶部中央有圆形藻井，两段曲桁呈放射状向中心聚拢，中心为双龙戏珠木雕，檐下采用鹤颈轩装饰；台口有一圈栏杆，每块栏板都有描金的梅兰竹菊等木雕装饰。戏楼为歇山顶，上覆青瓦，翼角采用嫩戗做法，屋角高翘，屋顶正脊有脊饰，两端为鱼龙吻，戗脊端部为凤尾，两端的博风板下有悬鱼装饰（图4）。

前殿为四柱三间，通面阔14.3米，通进深5.8米；穿斗抬梁混合式木结构，七架无廊，山墙穿斗式木构架三穿一落地。前殿与正殿间有土形天井，天井两侧有过道通向正殿，过道顶部有八边形藻井。正殿与前殿一样，也为四柱三间，通面阔和前殿保持一致，通进深9.6米。正殿也是穿斗抬梁混合式木结构，有前檐廊，廊部有鹤颈轩，中间为平望板。由于正殿采用减柱造，减少了前金柱，从而扩大了使用空间。正殿与前殿屋脊为青砖砌筑，分为两部分，下面为矩形方格，有福禄寿喜四字及梅兰竹菊淡彩墨绘，上面为寿字纹镂空花格，外面贴有瓷片，正中有七级葫芦宝顶。正殿

图4-1　戏楼　马志武摄

图4-2　戏楼、看楼和前殿围合的庭院　马志武摄

图4-3　戏台藻井　马志武摄

图 5-1　前殿　马志武摄

图 5-2　前殿和正殿之间的天井部位装饰　马志武摄

与前殿侧面为共用的封火山墙，中屏较宽，整体呈跌落式五花山墙，屋脊略向上端翘起，山墙端部墀头处有八仙彩塑及彩绘图案（图5）。

东西两路的配殿为次要的祭祀空间和辅助空间，沿着各自的轴线纵向布局，南面封火墙上有独立的出入口，内部还有券门连接中路上的正殿与前殿，形成横向通道。西路的观音殿两进天井式布局，四柱三间，穿斗抬梁混合式木结构；第一进两旁有虎眼天井，中间甬道顶部有圆形藻井，做法和戏楼类似；后进中间有一横向水形天井，两侧厢房朝天井方向开窗，上部阁楼设有木栏杆。东路的财神殿三进天井式布局，也是四柱三间，穿斗抬梁混合式木结构，南侧入口考虑风水向西偏转27度。第一进入口朝室内方向有门罩，上台阶后有一口横向小天井；第二进同观音殿第一进类似，工字形布局，两旁虎眼天井，中间甬道顶部平天花；第三进为一堂两内式格局，中间有一土形天井，两侧厢房朝天井方向开窗（图6）。

图 6-1　西路走廊两侧的天井　马志武摄

图 6-2　东路天井部位装饰　马志武摄

贵州镇远会馆万寿宫

镇远会馆万寿宫位于贵州省黔东南苗族侗族自治州镇远县，建在中河山麓中段梯级平台上，位于紫阳书院下方、青龙洞与中元禅院之间。镇远自古有"滇楚锁钥、黔东门户"之称，是江西商民经湘入黔的重要门户。万寿宫是青龙洞古建筑群落最大的一组，始建于清雍正十二年（1734 年），光绪二十八年（1902 年）重建，现留存大小建筑 9 栋。镇远会馆万寿宫外围封火墙形式多样，各院落建筑组群屋面高度不一，马头墙在高度和方向上交错穿插，统一中有变化，构成镇远潕阳河畔最美的建筑景观（图 1）。1988 年，镇远会馆万寿宫作为青龙洞古建筑群的重要组成部分，被国务院列为国家重点文物保护单位。

图 1　航拍图　马凯摄

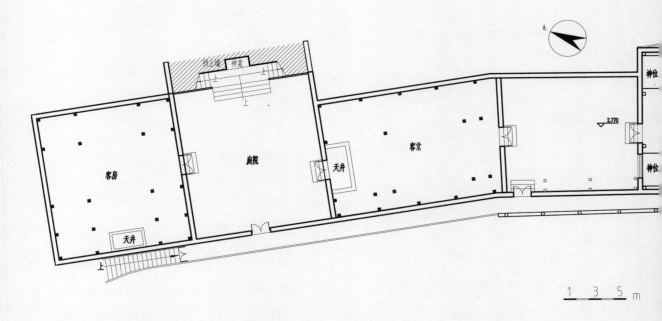

图 2-1 平面图 马凯绘

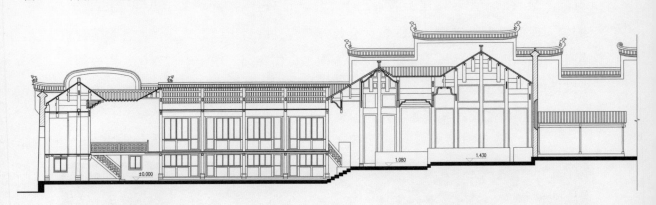

图 2-2 纵向剖面图 马凯绘

　　镇远会馆万寿宫整体呈不规则的长条形，坐北朝南，平面为"庭院＋天井"混合式布局；为了顺应地形，依山体走势，中轴线数次转折，建筑围绕四进庭院、穿插五口大小不一的天井灵活布局，空间层次既丰富又有趣味（图2）。

　　山门位于西南角，朝向潕阳河。其为八字形牌楼，砖石砌筑；中间牌楼六柱五间五楼，入口位于牌楼中间，有石狮一对；两旁是八字形影壁墙，壁心采用方形磨砖45度对缝饰面。山门门仪为石制，雀替支撑石门梁，门梁上刻阴阳八卦图，门洞上面有四个石雕门簪，门簪上方有五福临门万字花格纹样；其上有横匾

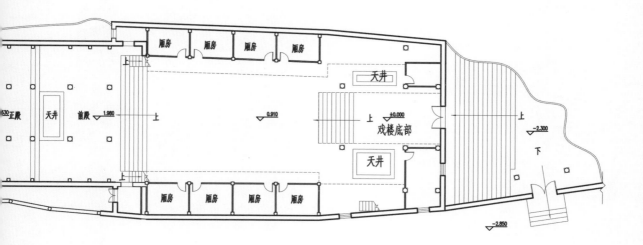

正殿　天井　前殿　1.980　上　0.910　上　±0.000　戏楼底部　上　-2.300

天井

天井

下

厢房　厢房　厢房　厢房

厢房　厢房　厢房　厢房

-2.850

两块，下面的为"云飞山静"，贴有瓷片；上面的为"水德灵长"，描有金漆。最上方竖额书"万寿宫"三字。柱上刻有楹联"惠政播旌阳，儒学懋昭东晋；涤源平章水，道法永奠西江。"屋顶铺灰色筒瓦，共十二个翼角，除正楼四个为鱼龙吻外，其余为凤尾造型，屋顶正脊有圆形万字纹装饰。门楼两侧有镇远建筑群的石刻浮雕，以及梅兰竹菊、琴棋书画等纹样的石雕。"万寿宫"匾额下方有九位神仙的雕塑，两旁为八仙，中间为许真君。匾额周圈有五龙图的透雕，上方还有双凤朝阳的石雕。每楼檐口下都有三层六边形花卉装饰（图3）。

图 3-1　山门　马志武摄

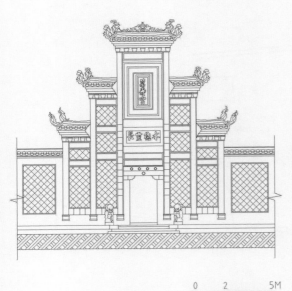

图 3-2 山门正立面图 马凯绘

图 3-3 山门背立面图 马凯绘

从山门进入第一进庭院，向北转 90 度，面对宫门，门前是高大的台阶，门洞上有横匾书 "襟山带水" 四字。石门框上的对联为 "更上阶墀，步步引人入胜境；渐登台阁，巍巍得地壮奇观。" 二层高处两侧各有一圆形窗洞，为戏楼通风口（图 4）。

图 4 第一进庭院与宫门 马志武摄

穿过宫门从戏楼架空层通道进入第二进庭院，庭院较狭长，宽长比约为 1：3。戏楼位于庭院南面，二层为戏台，其平面呈凸字形，向外凸出的部分是演出区，长宽约 5 米；凸字形戏台后面是厢房，厢房前的走廊将戏台分隔为前后台，走廊连接看楼，并与戏台和看楼围合出两口天井；戏台上的木屏风与后厢并列，屏风两侧是上下场出入口。戏楼装饰精美，屋顶为歇山式，上盖青色筒瓦，青砖油灰塑脊，灰塑正脊上下边框并用碎瓷片贴面，脊中是镂空的万字形图案；在正脊正中立七级葫芦宝瓶，葫芦宝瓶两侧是水波纹样灰塑；正脊两端的翘角为鱼龙吻，戗脊端部为凤尾，垂脊端部立一对雄雌狮子。在戏台台口下的栏板镂雕杨家将戏文故事图10幅，在台口上部的额枋镂雕"双龙戏珠"图案；额枋上方是五层米字形网状如意斗拱，每攒斗栱的正心栱端有方形梅花图案，斜栱以45度角出跳，既有结构辅助作用，又极富装饰趣味。檐下撑拱是一对倒立的狮子，左边"雄狮戏球"，右边"雌狮育崽"。戏台中央顶部为正方形套八边形藻井，斗八藻井共三层，第一层是水生动物彩绘雕刻，第二层和第三层是荷、菱、莲等植物花卉彩绘雕刻，寓意避免火灾，护佑房屋安全；正中圆盘内是"腾龙吐珠"彩绘浮雕，有吐珠献宝祥瑞之意；正方形四个角的部位是蝙蝠浮雕图案。屏风浮雕"福禄寿喜"图；台柱楹联为"不典不经格外文章圈外句，半真半假水中明月镜中天。"屏风上方横批"中和且平"，表达了对戏剧博大精深和人生的感悟。两侧厢廊额枋上是八仙人物圆雕装饰（图5）。

前殿供奉杨泗将军，杨泗是湖南水神，将其供奉于前殿，说明随着几

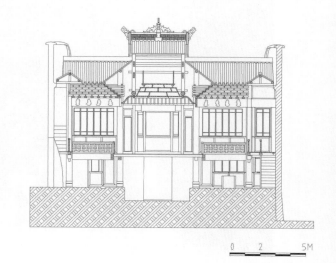

图 5-1　戏楼剖面图　马凯绘

图 5-2　戏楼　马志武摄

图 5-3　戏台藻井　马凯摄

图 6-1　前殿　马志武摄

图 6-2　前殿上栋和下栋屋面勾连搭形成的
天井　马凯摄

图 6-3　从前殿内部看天井　马志武摄

代江西移民在镇远的定居和互通婚姻，在保持万寿宫文化的同时，也容纳了当地的信仰文化。前殿由上栋和下栋两部分组成，两栋在中轴线上通过勾连搭形成一口漏斗状的天井，既解决采光问题，也暗示与上穹沟通的意义。中轴线上的天井两侧是甬道，甬道上方有藻井，东侧上方藻井正中是"麒麟献宝"浮雕，西侧上方藻井正中是"双凤朝阳"浮雕；藻井均为三层八边形，每层侧面都雕刻吉祥图案纹样，并以彩绘饰面。下栋面阔三间，进深三间，两柱五架梁带前廊，双坡屋面；由于下栋具有观戏的功能，为了减少观戏视线上的遮挡，其前排檐柱不落地，由金柱挑出的穿枋承担受力，形成吊瓜柱的形式；下栋的顶部是人字卷棚轩顶。

图 7-1　前殿内部天井西侧的藻井　马凯摄　　　　图 7-2　前殿内部天井东侧的藻井　马凯摄

上栋也是双坡屋面，面阔三间，进深四间，四柱七架梁带前廊，前廊为船棚形轩顶。前殿两侧封火山墙为跌落式三花山墙，墙上有铁件拉接内部木构件（图6、图7）。

过前殿进入第三进庭院，庭院比例约1∶1.5，其东侧贴近崖壁，西侧为空花墙，空花墙一侧有通向外部通道的出口。庭院北面是客堂，又称"抚府客厅"，清光绪二十八年（1902年）由客居镇远经商的江西抚州人捐资修建，用于生意应酬和休闲；客堂面阔三间，进深四间，穿斗式木结构，空间较高，曾经在上方建造夹层作为住宿空间使用，西北角有楼梯；在客堂北侧山墙内有一天井，此处原为小戏台，面向许真君殿，后废。

客堂北面是第四进庭院，比例约为1∶1.2；与前面三个庭院不同。庭院西侧有一个正对潕阳河的门洞式入口，门洞上方有竖额，额内书"万寿宫"三字，竖额周圈是透雕"五龙图"。此处是许真君殿的旧址，系客居镇远经商的南昌府人士捐资修建，后倒塌，仅存殿后的石龛及基座，现石龛在东侧的露天石制楼梯休息平台之下。第四进庭院的北面为客房，现为陈列馆，其坐东向西，建筑面阔四柱三间，进深四间，西墙内侧有一水形天井。沿东侧石阶而上，就是背靠崖壁而建、祀文天祥的文公祠（图8）。

图 8-1　客堂　马志武摄

图 8-2　许真君神像石龛　马凯摄

图 8-3　客房　马志武摄

图 8-4　文公祠　马凯摄

贵州赤水复兴会馆万寿宫

贵州省赤水市复兴镇位于赤水河畔，明清时期水陆交通便捷，是一个规模可观的商品贸易码头，也是"川盐进黔"线路上重要的盐运码头。当时，大量的商人在此地进行商品贸易，江西盐商尤为活跃。清道光十二年（1832年），江西籍商人在复兴镇建造江西会馆，以敦亲睦之谊，叙桑梓之乐，扶危济难，维护江右商共同的利益。会馆以"万寿宫"命名，供奉共同福主许真君。复兴会馆万寿宫建筑占地面积1215平方米，建筑面积近1000平方米。清光绪八年（1882年）被火烧毁，清宣统二年（1910年）重建。2013年，复兴会馆万寿宫被国务院公布为第七批全国重点文物保护单位（图1）。

图1　航拍图　马凯摄

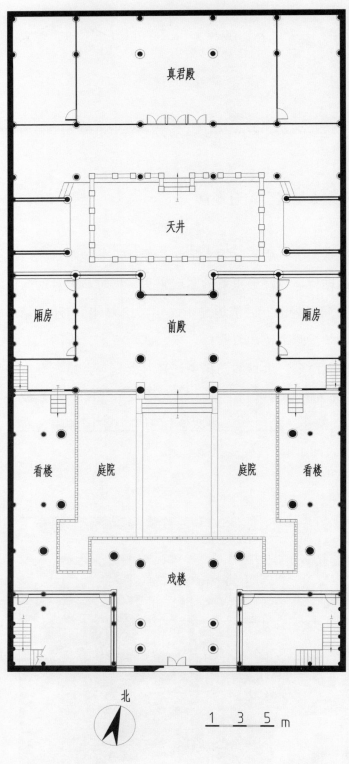

真君殿

天井

厢房　前殿　厢房

看楼　庭院　庭院　看楼

戏楼

北

1　3　5 m

图 2-1　平面图　马凯绘

　　复兴会馆万寿宫坐西向东，主入口在东边的老街，西边靠赤水河码头。建筑布局为三进一庭院一天井，第一进庭院由戏楼及其两侧的耳房、南和北两侧的看楼和前殿组成，第二进天井由前殿后檐廊、天井两侧的厢房和真君殿围合而成（图 2）。

　　复兴会馆万寿宫山门为门洞式，共有三个门，附属在三花马头墙墙体上，马头墙正脊的正中立葫芦宝瓶，翘角为鱼龙吻，象征福禄、祛灾保平安。红石砌筑的中间山门立面呈凸字形，平面内收八字，门洞为矩形，门宽约 1.8 米，高 3 米。门洞两侧立柱阴刻楹联："庙祀怀阳，洪井恩波通赤水；神宗江右，庐山灵气接黔峰"，楹联两边各有四幅红石雕刻。门洞最上方是红石竖额，阴刻"万寿宫"三字，竖额长边由

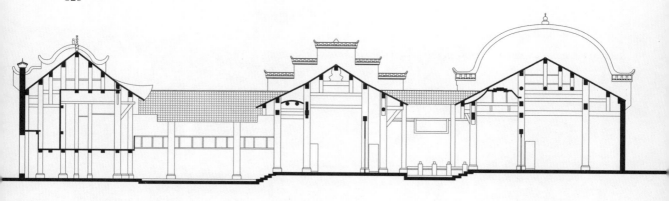

图 2-2 剖面图 马凯绘制

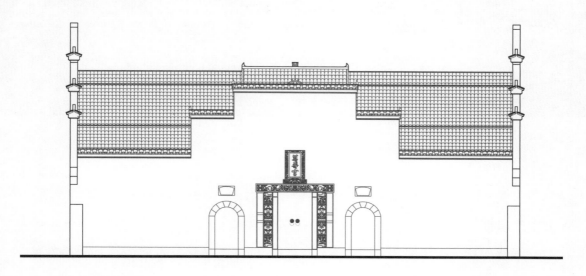

图 2-3 正立面图 马凯绘

5 根石雕竹节组成，与横边石雕竹节形成额框内圈，寓意"节节高"，竖额外圈是石刻植物几何图案纹样。支撑竖额的横向红石框内是云水环绕的蝙蝠图案，其下面是贯穿八字墙的红石额枋，在额枋上透雕拜寿图，两图合并寓意"福寿双全"。两侧的门洞为石券式小门，宽 1.35 米，高 2.37 米，券洞门上有横匾，字体模糊不清，难以辨认（图 3）。

图 3 山门 马志武摄

图 4　戏楼　马志武摄

　　戏楼为两层，底层是高 2.2 米的架空层通道，二层是戏台；抬梁式木构架，歇山顶上铺筒瓦，正脊上有寿字脊饰。戏楼面阔四柱三间，其中明间面阔 4.85 米，次间 1.6 米，通面阔 10.57 米；通进深 8.83 米。戏台采用了移柱造，外金柱较檐柱向内后退 0.6 米，从而在台口形成一个梯形空间，扩大了观演范围。戏楼采用硬出挑的方式承托出檐，将木枋穿过前后柱的柱心，伸至檐下承接檩条受力，并通过撑拱形成三角形稳定受力结构。翼角起翘为仔角梁上的老角梁，显得沉稳有力。台口上下三面横枋均有以戏曲人物故事为题材的木雕，装饰精美；木柱间挂落等部位雕刻花鸟鱼虫、狮子、麒麟等装饰图案。色彩上采用江西传统民居黑底金粉装饰手法，在木构件上刷黑底，在雕刻物上涂金粉，使戏楼显得金碧辉煌（图 4）。

　　前殿和戏楼之间的庭院地面用石砖铺砌，中间为 45 度菱形铺砌方式，两侧是方形铺砌形式。前殿面阔五间，通面阔 23.8 米，其中明间面阔 5.2 米，次间面阔 4.8 米，梢间面阔 4.5 米；中间 3 间为敞口厅，两侧梢间为辅房，辅房各有一券门通往庭院，有内部台阶通向庭院两侧的看楼底层。前殿进深三间，通进深 8.7 米；正中的两榀屋架为抬梁式石柱木构架，其余四榀为穿斗式屋架。前殿有前后廊，前檐廊天棚采用鹤胫轩，后檐廊在明间槅扇门的位置向内收缩一柱距，落在金柱间，形成一个凹空间，次间两侧槅扇贴在檐柱上。前殿布满额联，檐廊正面挂有"经史两全""降福孔皆""万古纲常"匾额，殿内挂有四块匾额，分别书"赣江宛在""泽福洪都""恩流洪井""德无间然"；后檐廊明间横匾书"布泽流恩"四字；石柱上均有楹联，既反映了理学思想在会馆中占有主导地位，又歌颂了许真君功德（图5）。

前殿与真君殿之间是一口横向矩形天井，在天井中轴线上有一青石砌筑的水池，名"天师井"，既有蓄水消防之用，又暗示许真君铁柱锁蛟之功德；天井四周有红石栏杆，两侧厢廊檐下挂有"恩洽太和""上帝冢宰"横匾；人们须环绕天井，从两侧厢房廊道进入真君殿，增添了行进过程中的

图5-1　庭院建筑组群　马志武摄

图5-2　前殿　马志武摄

图5-3　看楼装饰　马志武摄

图6-1 正殿与"天师井" 马志武摄　　　　　　图6-2 从侧廊看天井 马志武摄

仪式感。真君殿面阔五间，通面阔及各开间尺寸和前殿一致，进深三间，通进深11.9米；结构也与前殿相似。在檐柱和明间金柱采用了抹角八边形石柱，不同的是明间与次间为抬梁式，梢间为穿斗式。真君殿前檐廊顶棚为鹤胫轩，檐口下挂有"涂山纪绩""泽遍九州""吴海澄清"等六块匾额，明间入口上方横额书"刻凤功高"四字，额两旁均有楹联；天井四周的撑拱、挂落和垂柱木雕精细华丽，使天井部位富有中国传统文化意味（图6）。

戏楼和真君殿的封火山墙为猫弓背式，前殿的山墙为跌落式；马头墙翘角为鱼龙尾和凤尾；屋顶高低有致，飞檐参差错落，构成复兴古镇最美丽的天际线（图7）。

图7 不同形式的封火墙与屋顶的组合 马凯摄

四川成都洛带会馆万寿宫

成都洛带江西会馆又名万寿宫，坐落于四川省成都市洛带镇，背靠上街，东临江西街，由来自江西赣南的客家人所建，祭祀许真君。其始建于清乾隆十一年（1746年），同治十年（1871年）重修。洛带会馆万寿宫是天井式建筑群，总占地面积2200余平方米，其中万寿宫建筑之外的万年台、露天观戏场地和石牌坊占地1015平方米。现存建筑通面阔23.6米，通进深约43.9米。2006年，洛带会馆万寿宫被列入第六批全国重点文物保护单位。

建筑坐北朝南，沿南北轴线布置两进天井。第一进天井中间有石铺通道，两

航拍图　奉瑜提供

侧为花池。天井东西两侧厢房出檐较大，其外廊连接倒座外廊和前殿前廊，形成回字形廊道。会馆第一进相当于江西传统民居的下堂和两侧的下正房，门廊式入口，卷棚硬山顶，面阔五间23.7米，进深三间6.3米，通高8米，明间向天井开敞，四柱八架椽；两侧次间和梢间为管理用房。正对天井的前殿是会馆日常活动的空间，硬山顶，为"明三暗五"布局方式，中间3间面阔14米，为敞口厅，相当于江西传统民居中的上堂，两侧梢间是辅房，相当于江西传统民居中的"两内"，体现了江西传统居住建筑的布局特点。前殿前后用四柱八架椽，穿斗抬梁式混合木构架，前殿后金柱间有木板壁，其左右有两个出口通向前殿后檐廊，后檐廊内有踏步登上小戏台。

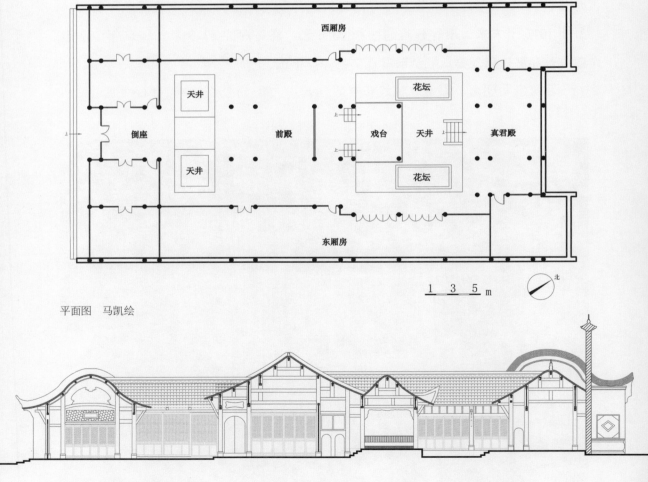

平面图　马凯绘

南北方向剖面图　马凯绘

第二进天井仍然是轴线对称布局方式，天井由前殿后廊、小戏台、真君殿前廊和天井两侧厢房围合而成。真君殿为敞口厅，面阔三间14米，进深二间6.5米，实为"明三暗五"，两侧梢间有槅扇作为附房，梁架为穿斗抬梁混合式，硬山顶。真君殿正对小戏台，透过前廊向天井开敞，也是娱神的规制需要。小戏台为卷棚歇山式屋顶，长宽约4.3米。

真君殿北面封火墙朝向上街，是重要的立面景观，因此，此墙为青砖空斗五花山墙，与其西面、东面的猫弓背式青砖空斗封火墙连成一体。五花山墙翼角飞翘，造型精美，墙面正中上方挂有"万寿宫"竖额，竖额之下的横匾书"仙栖旧馆"四字，

万年台　马志武摄

从倒座看天井和前殿　马志武摄

小戏台　马志武摄　　　　　　　　　　　　　　从小戏台看真君殿和天井两侧的厢房　马志武摄

"仙"指许真君。横额之下，是一幅巨大的灰塑浮雕，刻画许真君变成一头黑牛，与变成黄牛的火龙义子孽龙角斗的场面，此故事在当时的江西民间广泛流传，家喻户晓。灰塑造型生动，线条流畅，堪称精品。

　　洛带会馆万寿宫空间尺度适宜，布局精巧，造型简约大方，装饰独具匠心，不失万寿宫的庄严，又充满了居家的温馨，展现了江西传统建筑文化的审美气质和赣南客家人对乡梓之情的眷念，是洛带古镇老街上一道亮丽的地标景观。

青砖空斗五花山墙照壁与灰塑　马志武摄

贵州思南会馆万寿宫

思南会馆万寿宫位于思南县城中山街，又名"江西会馆""豫章会馆"，原名"英佑侯祠"，亦名水府祠或水府庙。明正德五年（1510 年）被洪水淹没，建筑被毁。明嘉靖十三年（1534 年），在原处重建。由于原址地势较低，常被水毁，明万历二年（1574 年），选择现址重建水府祠，祭祀许旌阳，兼祀萧英佑侯、晏平浪侯。清康熙二十三年（1684 年）、二十八年（1689 年），江右商人苟士英、参将施应隆等募集众资，增购周边邻居宅基地，添建扩展为豫章家会。嘉庆六年（1801 年），江右商人再次投资大加恢拓，建筑面积 2421 平方米，并以"万寿宫"命名江西会馆；2006 年被国务院列为第六批全国重点文物保护单位（图 1）。

思南会馆万寿宫现今占地面积约 4285 平方米，

图 1　航拍图　马凯摄

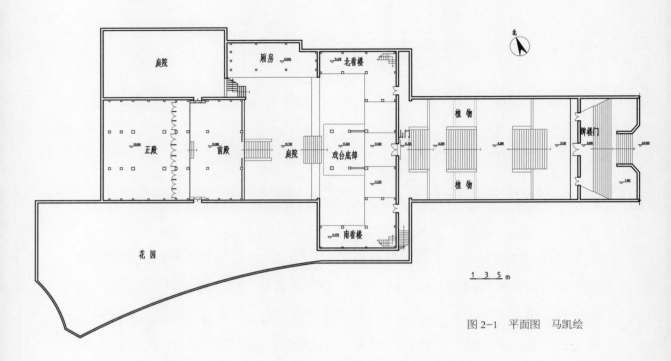

庭院

厢房

北看楼

植物

牌楼门

正殿

前殿

庭院

戏台底部

山门

植物

花园

南看楼

1 3 5 m

图 2-1 平面图 马凯绘

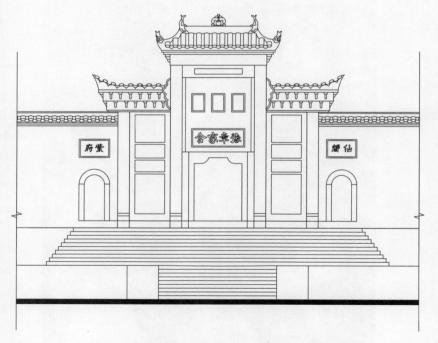

霪府

仙翮

徐家幸舍

图 2-2 临街牌楼立面图 马凯绘

建筑面积2421平方米，现存山门、宫门、戏楼、右侧看楼、前殿、正殿等，建筑群坐西朝东，面朝乌江，采用庭院＋天井式布局，有一条东西向的中轴线贯穿建筑主体。由于思南会馆万寿宫是依山而建，整组建筑在同一轴线上高差达15.6米，高低错落，层次分明（图2）。

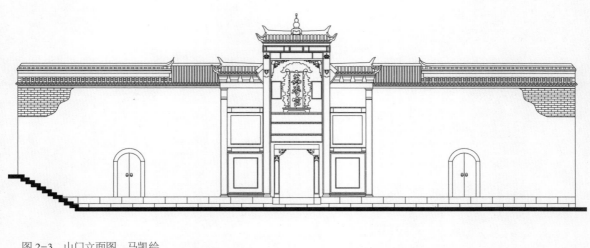

图 2-3　山门立面图　马凯绘

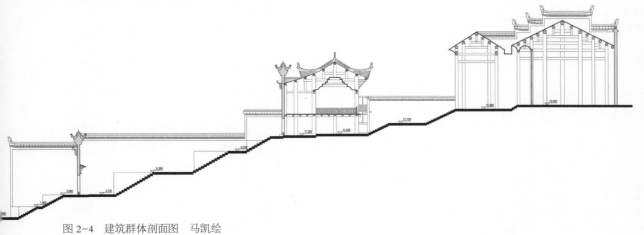

图 2-4　建筑群体剖面图　马凯绘

　　思南会馆万寿宫入口门楼为牌楼式大门，四柱三间三楼，两侧有附墙，砖石砌筑。山门地坪较中山街高出 3.08 米，门楼高 9.2 米，洞口高度 3 米。门洞为方形，石门框带门仪雀替。门洞上方有"豫章家会"四字的横向匾额，两旁绘有山水风景、植物花卉等淡彩墨绘。山门中部的檐下有棋盘纹镂空砖雕，外面贴有碎瓷片，两侧檐下有砖作的华拱，两层间隔出跳。山门青砖油灰塑脊，共有八个翼角，正脊上有三级葫芦宝瓶。山门两侧的附墙为青砖空斗墙，各开有一券洞，石制门仪。券洞宽 1.28 米，高 2.5 米。券洞上分别刻有"仙都""紫府"的横向匾额（图 3）。

　　进入门楼后，是一个纵向院落，由三段台阶组成，高差 8.2 米，台阶两旁植物葱郁。顺台阶而上，到达山门。山门为附墙式牌楼，四柱三间三楼，通高 10.7

图 3 临街"豫章家会"牌楼 马志武摄

米，洞口高度 2.6 米。门洞为方形，石门框带门仪雀替。两侧门框刻有楹联"惟公德明显于西土，使君寿考式是南邦"。门洞上有"双龙戏珠"和"暗八仙"石雕，再往上为竖额，额内石刻"万寿宫"三字，额框外圈环绕五条腾云驾雾的龙，两旁各有一个石雕人物，手里分别拿着笏板和如意。最上方是两组横向装饰，下组两端是牡丹花，中间是"双凤朝阳"的石雕；上组两端是万字纹镂空窗格，中间为松树，其外均用瓷片贴面。次间两侧各有两幅灰塑壁画，下面一组是仙鹤和鹿的动物题材，上面一组是人物题材。檐口下方有元宝形仿斗拱石雕，贴有瓷片。宫门共有 16 个翼角，正脊上有三级葫芦宝瓶。宫门两侧的墙上各有一个券门通向戏楼的附属房间（图 4）。

图 4 山门 马志武摄

戏楼与山门结合一体，上下两层，底层为架空的入口空间，二层戏台为凸字形平面，其两侧的耳房走廊将戏台分隔成表演区和演员准备区。戏台面阔 5.84 米，进深 5.3 米；准备区进深 4.5 米。屋顶为歇山式，青色筒瓦，有勾头滴水。翼角采用嫩戗做法，嫩戗斜立于老戗上，屋角高翘，整体形态显得活泼轻盈。戏楼檐下有 5 层米字形网状如意斗拱，层层出跳，两斜向华拱相交的位置有梅花装饰。戏楼屋脊有镂空万字卷草纹灰塑，上下边框贴有瓷片。正脊中间有一神像，上面有葫芦宝瓶，两侧盘龙相对，屋面四角戗脊端部为凤尾形。垂脊和戗脊上各有一只朝天犼。屋顶两端的博风板下有悬鱼装饰。戏楼中央有八边形藻井，共四层，每边都有彩绘图案，藻井正中绘有八卦图案。柱间都有挂落装饰，上面雕刻龙凤、麒麟、卷草等纹样，台口横枋有戏曲图案的木雕。戏台两侧是看楼，其进深 5.4 米（图5）。

图 5-1　戏楼　马志武摄

图 5-2　戏楼装饰细部　马志武摄

图 5-3　戏楼檐下网状如意斗拱　马志武摄

图 5-4　通向戏台的耳房檐廊装饰　马志武摄

343

图6-1 前殿 马志武摄

图6-2 戏楼庭院与前殿
平台 马志武摄

通过庭院进入敞口式前殿的平台，为保证正殿至戏楼的视线贯通，前殿平台地坪较庭院高1.98米。前殿四柱三间，通面阔16.6米，通进深5.2米，穿斗抬梁混合式木结构；屋面为硬山顶，在硬山两侧斜接了一段45度的戗脊，使得前殿看上去好像歇山顶，其翼角做法同戏楼。殿内两侧山墙内侧墙体有墨绘，分别书"福""寿"二字。前殿封火山墙为猫弓背式（图6）。

前殿与正殿之间有一狭长天井，宽度约0.4米，两殿高差约0.57米。正殿面阔三间，通面阔16.6米，通进深11.2米，穿斗抬梁混合式木结构，硬山顶。封火山墙为跌落式五花山墙，前殿和正殿的前檐顶棚都是鹤胫轩，檐柱之间都有挂落装饰，挂落图案为双凤朝阳，廊柱的额枋上雕刻双龙戏珠的图案（图7）。

图7 正殿 马志武摄

贵州贵阳青岩会馆万寿宫

　　据清道光《贵阳府志》记载，青岩会馆万寿宫始建于清乾隆四十三年（1778年），最早是由移居青岩的八户人家集资而建，称八家祠，后被江西商人购下，于道光十二年（1832 年）重建，改为江西会馆，又名万寿宫，位于贵阳市青岩镇西街 3 号。抗战时期，青岩会馆万寿宫曾作为流亡于此的浙江大学的校舍，时任浙江大学校长竺可桢撰写的《国立浙江大学黔省校舍记》中对此有详细的记述。2006 年，青岩会馆万寿宫被公布为第四批省级文物保护单位（图 1）。

图 1　航拍图　马凯摄

　　建筑群坐东向西，占地面积 1500 余平方米，建筑面积 700
余平方米，为合院式布局方式。整体由三部分组成，主体部分
围绕一个四合院组织建筑群；由西向东，依次为山门、戏楼、看
楼、高明殿。观音殿位于建筑群东北角，坐南朝北，西南角为
附属建筑部分（图 2）。

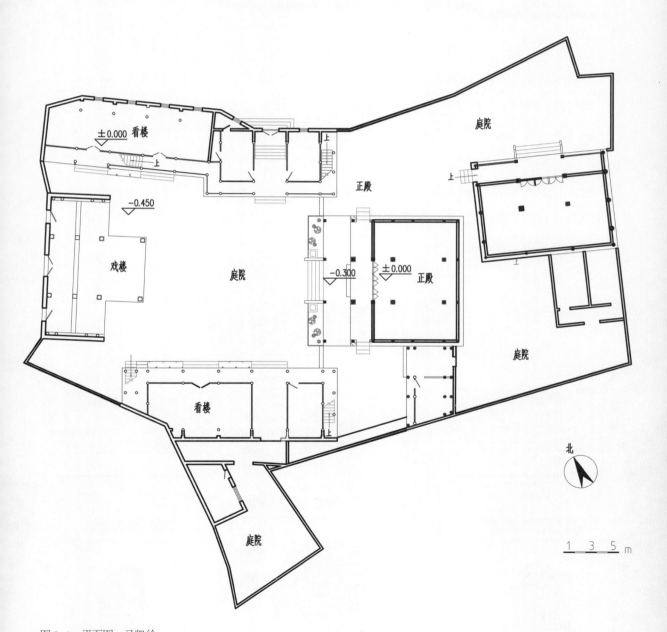

图 2-1　平面图　马凯绘

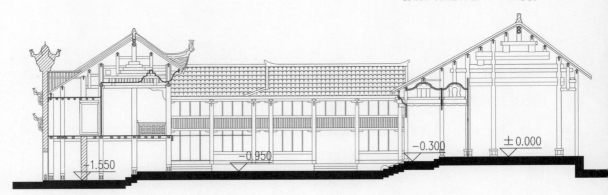

图2-2　剖面图　马凯绘

入口山门为八字形附墙式牌坊，砖石结构，四柱三间三楼，通高12米。明间与次间设一主两次三个券门，其中明间券门较大，券门宽2.4米，高3.2米。券门两旁有灰塑装饰。明间券门上有竖额一块，刻有"万寿宫"三字，左门上部横额石刻"月宫"，右门上部横额石刻"紫府"，三匾下皆有石刻，中间五块，两侧各三块，都是戏曲人物故事。"万寿宫"竖额盘旋五条水龙装饰，其两侧有彩塑的八仙像，其正上方是许真君驾鹤飞升塑像。山门用青砖油灰塑脊，明间翼角饰以鱼龙吻，次间翼角为如意卷草（图3）。

图3　山门　马凯摄

347

戏楼与两侧厢房和正
对的高明殿围合成一个四
合院。戏楼坐西向东，与
山门连为一体，底层为架
空的入口空间，在架空层
正中有一块木质影壁，以
避免直观；二层的戏台为凸
字形平面，面阔三间，通
面阔 8 米，进深二间，通
进深 7.5 米，可三面观。
明间是表演和后台空间，

图 4-1　四合院与建筑组群　马志武摄

次间是耳房，有短廊与厢房楼梯相连。戏台结构为穿斗式，歇山顶，翘角飞檐，
脊塑草龙，上覆小青瓦。戏台内部上方设八边形藻井，周边施彩画，正中为盘龙
木雕。戏台台口三面横枋木雕戏文故事，有 12 幅三国故事图案，大额枋是高浮
雕二龙戏珠，两角柱檐下撑栱为一对镂空木雕"狮子滚绣球"，栩栩如生（图 4）。

图 4-2　戏楼　马志武摄

图 5-1 高明殿 马凯摄

图 5-2 高明殿前的双重柱廊 马凯摄

图 5-3 高明殿前廊装饰 马志武摄

高明殿为青岩会馆万寿宫的正殿，供奉许真君；四柱三间，通面阔约 11.2 米，进深十四檩，通进深约 9 米，通高 9 米；穿斗抬梁混合式结构，硬山顶，上铺青瓦。为了突出正殿建筑地位，在高明殿前檐廊外增加了厦廊，形成正殿双重外廊的格局；厦廊屋顶侧面有披檐伸出，与正殿山墙相交，形成的五脊顶给人歇山式屋面的印象。厦廊位于台明之外，通过 4 级垂带踏步进入正殿前廊。两廊柱础为石刻宝瓶形，抱头梁上都有驼架，上有鹤胫轩。厦廊挂落上方的花格雕刻戏文故事，前廊挂落上方雕刻双龙戏珠，门窗槅扇为几何图案，使得高明殿入口庄重精美（图 5）。

江西铅山陈坊会馆万寿宫

江西省上饶市铅山县陈坊乡以清代发展的制纸业闻名，手工造纸作坊遍布各个山村，陈坊街成为纸产品的集散地，聚集了赣、闽、晋、徽、浙、沪等地商人来此经营连四纸生意，商贸繁华。清嘉庆十九年（1814 年），江西豫章商人在陈坊老街中部偏南位置建设陈坊江西会馆，历经三年多完成。陈坊江西会馆又名万寿宫，其建成后，不但是当地江右商人互帮互助、联系同乡的纽带，也是当地文化娱乐中心和标志性建筑。2018 年 3 月，陈坊会馆万寿宫被列为第六批江西省文物保护单位（图 1）。

图 1　航拍图　马凯摄

陈坊会馆万寿宫坐西朝东，东临陈坊老街，西靠陈坊河，砖木结构，总占地面积约 870 平方米，由山门、戏楼、看楼、前殿、正殿等组成，采用中轴线对称布局方式，构成三进一院一天井格局（图2）。山门为附墙式牌楼，四柱三间五楼，其从街道后退约 5.3 米，形成一个缓冲的入口空间。山门共有三门洞，均用红色石柱，石柱之间以粉壁填充，门前两侧立石狮子一对。山门明间为矩形门洞，有门仪雀替，两边石柱楹联为"欲到神仙之境，必由忠孝之门"；门洞最上方是"万寿宫"竖额，额框两侧为透雕双龙抱柱饰带；竖额下有横匾，书"昭旴

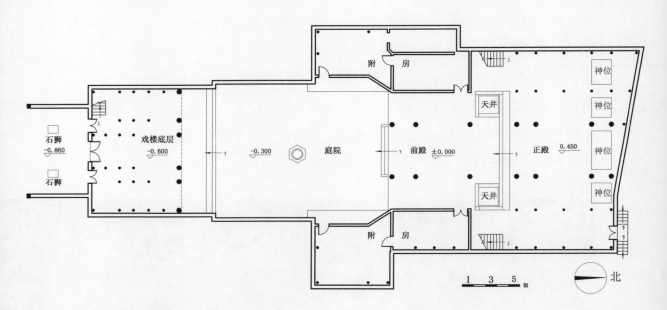

图 2-1　平面图　马凯绘

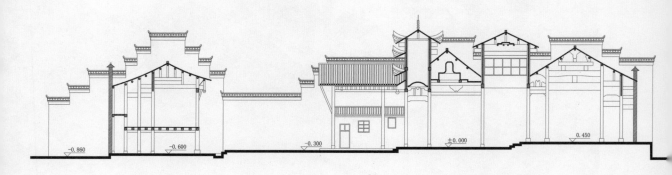

图 2-2　纵剖面图　马凯绘

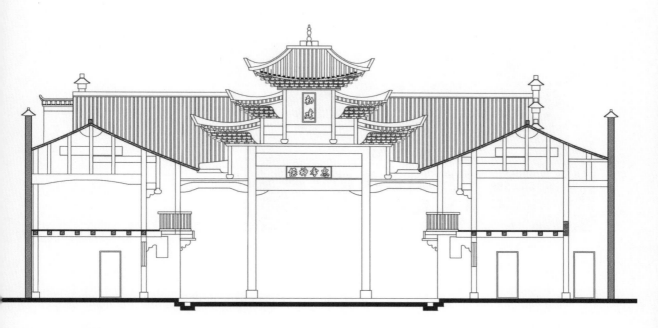

图 2-3 前殿立面 马凯绘

景仰"四字。两次间为券洞，上方横匾内分别书"遵道""由章"二字。石雕屋檐嵌入墙体，正楼为弧线两端起翘，边楼各自向两侧翘起，屋檐下用华拱装饰（图 3）。

进入山门后是万寿宫的戏楼，屋顶为两柱一楼带两硬山。戏楼底层是架空通道，二层是戏台。戏楼面阔四柱三间，进深五间；屏风将戏台分隔成前后两部分，前台是演出区，用抬梁架构，顶部置一方形藻井，两边用穿斗架构，后台为候场化妆区。屏壁两侧有"出将""入相"上下场出入口（图 4）。

图 3 入口山门 马志武摄

图4　戏楼　马志武摄

　　戏台正对的庭院约200平方米，中间青石铺砌，两边鹅卵石铺地，庭院中间有一个六边形的石台，上置一尊塔形铜香炉。从庭院进入前殿，明间和次间是敞口厅带前檐廊，穿斗抬梁式混合结构；两侧梢间下层为附属用房，上层是走马廊，与庭院两侧看楼相连通。明间做牌楼式入口，庑殿顶，两柱落地，上面额枋有两短柱，五楼三滴水，牌楼正中有"忠孝神仙"横匾，上面有"敕建"竖额，在牌楼上遍施木雕，装饰题材丰富。屋脊上有瓷制彩色葫芦宝瓶，檐口下有米字形网状如意斗拱。殿内前檐廊顶部有鹤胫轩，前殿明间上方有方形藻井（图5）。

图5-1　前殿　马志武摄

图5-2 前殿檐廊枋梁装饰 马志武

图5-3 前殿入口牌楼檐下米字形网状
如意斗拱 马志武摄

图5-4 看楼檐下米字形网状如意斗拱与牌楼网状如意斗拱
连接关系 马志武摄

图5-5 前殿藻井与轩棚 马志武摄

　　前殿和正殿通过穿堂连接，穿堂两侧各有一口小天井，使前殿和正殿形成穿透性连续空间。在穿堂上部升起一个亭式屋顶，其屋面是从正脊向山面延伸出两披檐，披檐一侧与戗脊相交，屋面勾连搭技艺娴熟，造型独特。参亭南北两面有槅扇窗，顶部是方形藻井，中间有宝珠，藻井四周装饰斗拱（图6）。

　　正殿面阔五间，进深四间，穿斗抬梁混合式结构，明间檐柱和前后金柱采用八边形石柱，其余为木柱。正殿前檐廊顶部有鹤胫轩，殿内有人字形天花，枋梁及短柱都有雕刻，山墙面木构架之间的夹壁上有墨绘，正殿内部中间的神台供奉许真君（图7）。

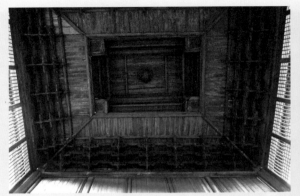

图 6-1　穿堂上的参亭藻井和斗拱　马志武摄

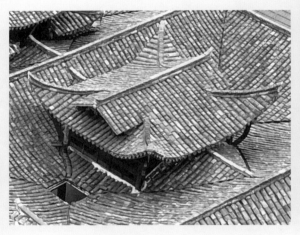

图 6-2　参亭屋顶与旁侧天井　马凯摄

图 7-1　正殿檐廊　马志武摄

图 7-2　正殿　马志武摄

江西铅山河口镇建昌会馆

　　建昌会馆位于上饶市铅山县河口镇的四堡街（现更名为解放街）。根据《铅山县志》与建昌会馆的石碑记载，建昌会馆建于清乾隆十四年（1749年），由旴江刘广胜及建昌府南城商帮募资而建，内祀旌阳许真君，建成后作为当地的商人聚会与文化娱乐场所。嘉庆十二年（1807年），郡内士商共同出资对其重修。宣统三年（1911年），在建昌会馆创办"河口镇私立建武小学"，民国二十八年（1939年）时有一百余名学生，四个教学班，一直到中华人民共和国成立后，建昌会馆仍用作小学场地。现今，建昌会馆是河口镇十八大会馆中唯一保存较完整

图1　航拍图　马凯摄

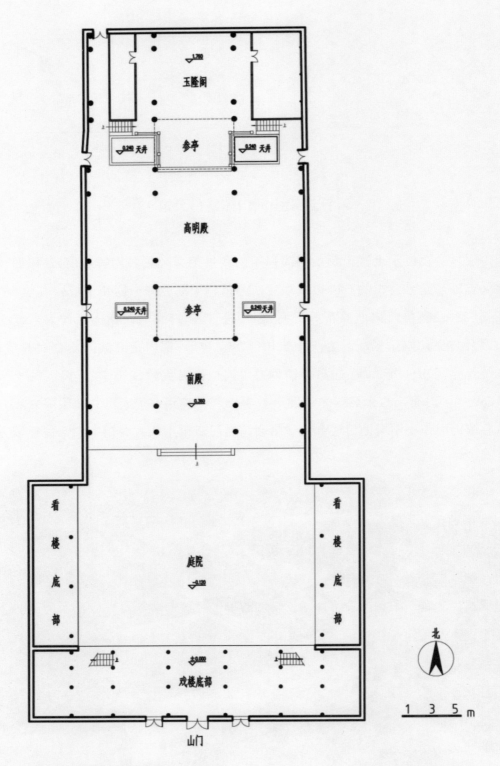

玉隆阁

参亭

高明殿

参亭

前殿

庭院

看楼底部

看楼底部

戏楼底部

山门

北

1 3 5 m

图 2-1 平面图 马凯绘

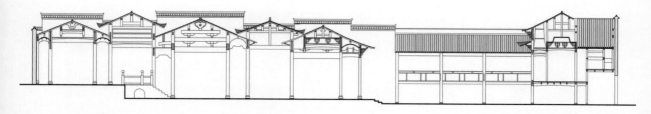

图 2-2 剖面图 马凯绘制

的会馆（图1）。建昌会馆与红色历史结下了不解之缘，1929年3月初，中共信江特委在东坑塘坞正式成立，方志敏任代理书记。建昌会馆是中共信江特委机关所在地，同时也是秘密的交通站。2018年建昌会馆公布为江西省第六批文物保护单位。

建昌会馆坐北朝南，南临解放街，北靠信江，与九狮山相望，建筑为砖木结构，四进布局，由戏楼、看楼、前殿、正殿、玉隆阁组成。建筑恢宏大气，工艺精湛，木雕精美，不仅反映了当时河口商业的繁荣，也体现了清代江西地方建筑的风格。建昌会馆建筑布局采用祠宇性庭院＋天井式布局方式，主要建筑都位于中轴线上（图2）。

建昌会馆山门为附墙式牌楼，四柱三间五楼，青石砌筑；山门有三门洞，中间为矩形门洞，有门仪及雀替，上有四个青石门簪，刻有葵花图案。两侧券式门洞的高度低于中间门洞。山门中间匾额刻有"建武瓣香"四字。建武就是建昌府，清代辖境相当于今天的江西南城、资溪、南丰、黎川、广昌等县地。瓣香，是佛语，犹言一瓣香，表示师承、敬仰的意思，比喻崇敬的心意。"建武瓣香"既便于区别其他可能相同的名称，以减少商贸活动中因名称而引发的商业纠纷，又显示建昌府是诞生儒学圣贤、唐宋八大家之一曾巩的文脉宝地。山门两侧墙体麻石打底，七层立砌，然后铺有七层眠砖，再砌青砖空斗墙到顶，一眠一斗，最上端檐下抹一道白灰（图3）。

戏楼为第一进，六柱五间，第一层是架空的通道，第二层是戏台；明间面阔远大于次间，形成台口框，便于演出；戏台为穿斗抬梁混合式木构架，台口处的

图3　山门　马志武摄

中间屋顶为重檐双坡屋顶，高悬于两侧屋面，形成三层屋面；屋面后部为一跨度较大的人字双坡顶，与山门内侧墙体相接；现存会馆万寿宫山门与戏楼结合一体的歇山式屋面都是这种处理方式，也是江西传统建筑屋面勾连搭技艺特征之一。戏台台口木框雕满花卉植物图案，上端的额枋雕刻吉祥纹样。正面檐下有四层米字形网状如意斗拱，内部正中有八角形藻井，藻井中间有描金的球形装饰，周圈装饰斗拱。门扇屏风分隔出前后台，屏风两侧为"出将""入相"的上下场门。戏楼两侧为底层架空的走马廊式的看楼，二层看楼靠墙一排为木柱，朝向庭院的一排为石柱，栏板雕有万字纹图案，通过悬挑的方式与石柱连接（图4）。

　　前殿、正殿连为一体，通过中轴线上的参亭和参亭两侧的天井形成穿透式连续空间。参亭采用抬梁式木结构，为单檐双坡顶，其两侧的山墙不封闭，透空露出梁柱，既提供采光通风，又暗示穹宇的意义。前殿是供商人议事的场所，为前后敞开的敞口厅，其面阔三开间，进深三开间。前殿明间与次间均采用抬梁式木构架，设有轩廊，檐下遍施米字形网状如意斗拱。参亭之后是正殿，又称高明殿，高明殿在南侧设有轩廊，面阔三开间，进深四开间。明间为抬梁式，次间为

图 4-1　戏楼　马志武摄

图 4-2　戏台檐下网状如意斗拱　马志武摄

图 4-3　戏台藻井　马志武摄

穿斗式，明间梁与梁之间做侏儒柱或坐斗；前殿和正殿的额枋、雀替、梁架交接处均有花卉木雕，在雕刻纹饰上施以金粉，显得金碧辉煌（图5）。

高明殿之后为玉隆阁，其与高明殿交接处为升至屋面的砖墙照壁，照壁北面上方也是双坡顶的参亭，抬梁式结构，其两侧对称布置天井。玉隆阁室内地坪比前面的三进建筑高出2米左右，需从南面垂带式石阶上平台，平台之下是拱形孔道，目的是通风防潮。玉隆阁明间柱、梁、檩直径均较大，为穿斗抬梁混合式结构，其余为穿斗式结构。其前后均有船形篷，梁架雕饰精美（图6）。

图 5-1　从看楼看前殿　马志武摄

图 5-2　位于中轴线上的参亭屋顶与两侧的天井　马凯摄

图 5-3　从正殿看参亭一侧的天井　马志武摄

图 5-4　正殿屋架装饰　马志武摄

图 6-1　玉隆阁垂带式蹬道与参亭　马志武摄

图 6-2　玉隆阁内部　马志武摄

安徽安庆会馆万寿宫

安庆江西会馆又名万寿宫，祀许真君，坐落在安庆市迎江区龙山路 12 号依泽小学内，是安庆市目前仅存的一处会馆旧址，为江西籍商人在皖议事、食宿之地。清同治五年（1866 年），由时任安徽按察使署布政使、南昌新建人吴坤修倡举扩充规模而重建。真君殿大梁上有吴坤修所题铭文："大清同治五年岁次丙寅孟冬月旦，钦加布政使衔安徽按察使署布政使吴坤修重建。"会馆重建工程完成后，吴坤修撰写了《重建万寿宫记》，此碑镶嵌在真君殿墙壁上。同治五年（1866 年）重建时，清军收复安庆不久，很难找到本地工匠，于是，聘请江西九江湖

航拍图　马凯摄

真君殿正檩上的铭文　刘超杰摄

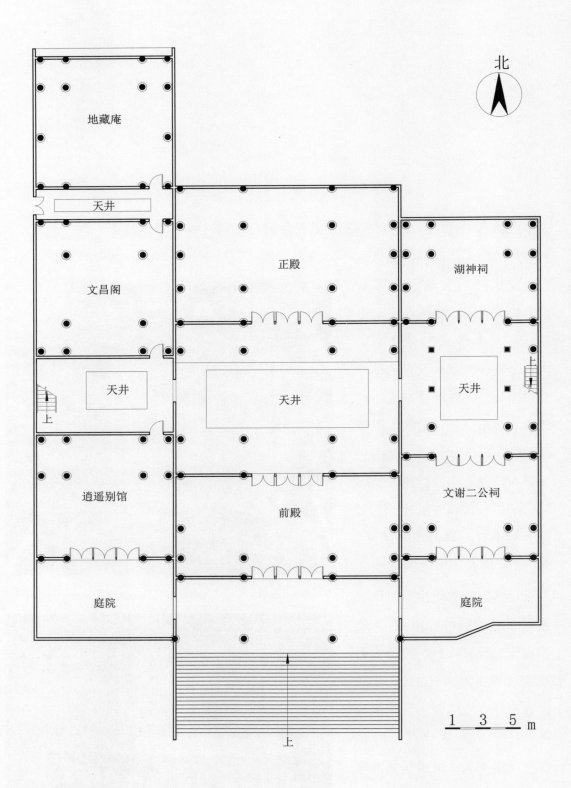

北

地藏庵

天井

文昌阁

正殿

湖神祠

天井

天井

天井

逍遥别馆

前殿

文谢二公祠

庭院

庭院

上

上

上

上

1　3　5 m

一层平面图　马凯绘

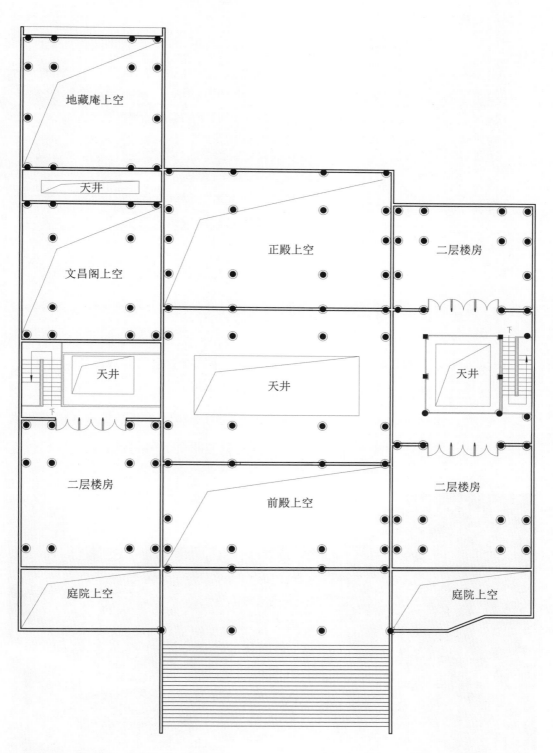

地藏庵上空

天井

文昌阁上空

正殿上空

二层楼房

天井

天井

天井

二层楼房

前殿上空

二层楼房

庭院上空

庭院上空

二层平面图　马凯绘

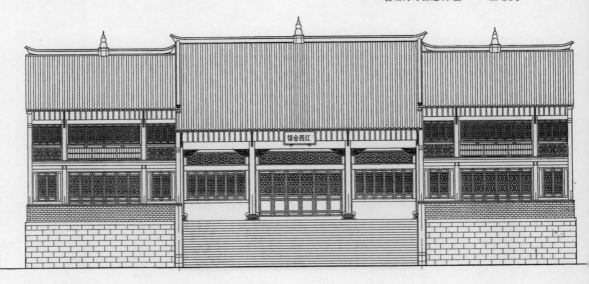

南立面图　马凯重绘

口县的工匠承担重建工程。2019 年 3 月，安徽省人民政府公布安庆江西会馆为省级文物保护单位。

　　会馆占地近 1400 平方米，建筑面积约 1400 平方米；坐北朝南，依地势而建。根据现藏于真君殿内部的《重建万寿宫记》石碑记载，中轴线上的中路原为三进一院一天井，由南至北依次为山门、戏楼、庭院两侧厢廊、嘉会堂（前殿）和供奉许真君的正殿。第一进山门、戏楼及院落两侧的厢楼等附属建筑已毁，已毁建

嘉会堂正面　马志武摄

从嘉会堂看真君殿　马志武摄

筑原址现在是教学楼和操场。从操场登上16级台阶，进入嘉会堂前檐廊。前檐廊分为三路，中路是两进一天井，从前檐廊进入嘉会堂、天井和正殿；真君殿前廊与嘉会堂后廊及两侧附廊围绕天井形成回字形廊道，天井两侧有通向东西两路的圆形门洞。嘉会堂和真君殿均面阔三间，其中，嘉会堂进深二步架七檩，第一步架顶棚为船棚轩，明间是抬梁式，山面是穿斗式；真君殿进深三步架九檩，明间为抬梁式，山面也是穿斗式。东西两路主入口位于嘉会堂外檐廊两侧，东路圆形门洞入口上方横匾题"贝阙"，西路圆形门洞入口上方横匾题"珠宫"。东路为二进一天井，从嘉会堂外檐廊进入小院后，由南至北依次进入文谢二公祠（祀文天祥和谢枋得）、湖神祠；建筑均面阔三间，进深为二步架七檩。西路为三进二天井，从南至北依次进入逍遥别馆、文昌阁、地藏庵，建筑也是面阔三间；逍遥别馆和地藏庵进深为二步架七檩；文昌阁进深为三步架九檩。东西两路建筑明间均是穿斗抬梁混合式，除了文

嘉会堂和真君殿之间的天井与回廊　马志武摄

东路天井及湖神祠　马志武摄

西路第一进天井　马志武摄

西路第二进天井　马志武摄

西路入口小院及人字形封火墙　马志武摄

鱼龙形撑拱　马志武摄

《重建万寿宫记》碑刻拓片　刘超杰摄　　镶嵌在真君殿墙壁上的《重建万寿宫记》石碑　刘超杰摄

昌阁建筑木柱与山墙分离，伸出的檩条一端搁在山面砖墙上，其他建筑山面为穿斗式。逍遥别馆和东路文谢二公祠、湖神祠为二层建筑，楼上房间为会馆使用，通过东西两路天井的楼梯上下。

嘉会堂前廊轩棚为船篷轩，檐廊均有撑栱和雀替，嘉会堂前廊和真君殿前廊的撑栱形式采用了江西传统建筑符号鱼龙尾。四口天井部位装饰讲究，面向天井的建筑檐下均装饰曲颈轩顶，在连接廊柱的木枋之间镶嵌木雕的镂空花格板，面向天井部位的木门窗的格心也是镂空花格图案，呈现了"德之地"的文化意味。

四川合江白鹿会馆万寿宫

　　白鹿会馆万寿宫位于四川省泸州市合江县白鹿镇。此地原为白鹿场，建于清顺治二年（1645年），地处川渝交界之处，是合江县出川入渝的东大门。会馆万寿宫位于老街中部，始建于清乾隆中期，由迁居白鹿地区的江西籍人筹资建造，是白鹿地区江西同乡的联谊、聚会和商务场所，故又称"江西会馆"。

　　建筑坐北朝南，现存建筑占地面积3000平方米，建筑面积2500平方米，由山门、戏楼、看楼、真君殿、后殿等构成。建筑位于坡地上，因此，戏楼、真君

航拍图　俸瑜提供

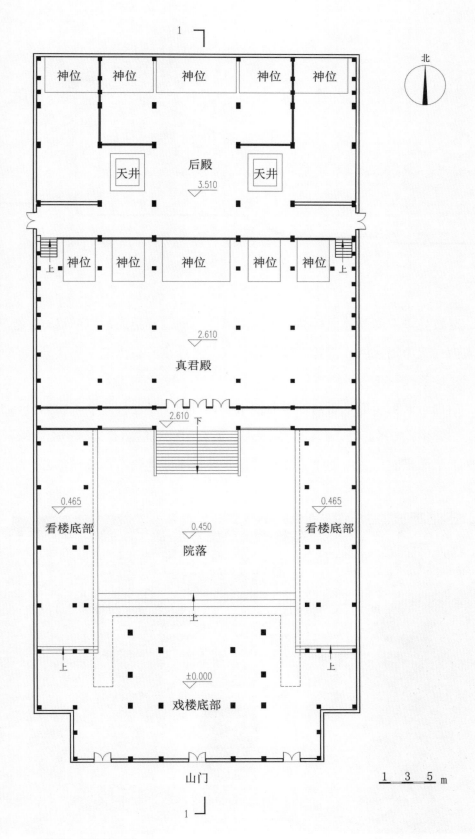

平面图　马凯绘

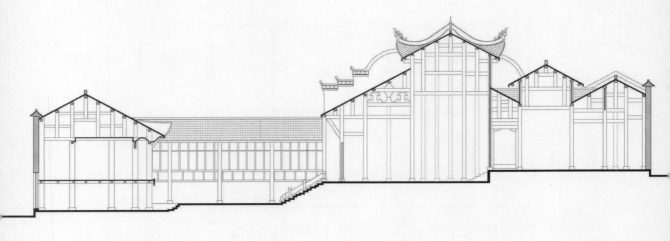

纵向剖面图　马凯绘

殿、后殿处于不同的地面标高，形成沿纵深方向逐层抬高的空间格局。建筑组群四周由封火山墙包绕，南北外立面为平直的青砖空斗封火墙，东西外围立面由人字形、跌落式五花马头墙和猫弓背式等青砖空斗封火墙组成。

山门与老街街道呈斜角，因而留出了入口的广场空间。主入口为六柱五间五楼砖石牌楼；牌楼明间入口门洞为矩形，石制门仪，门洞石制额枋上浮雕拜寿图，额枋上面是横匾，额内题"齐登寿域"四字，再往上的石框分三部分，中间部分

山门　俸瑜提供

戏楼　俸瑜提供

是竖额，书"万寿宫"三字；额框浮雕装饰、竖额两侧人物、石框边框的戏文人物图像、门框额联等均遭破坏，难以辨认。牌楼次间和梢间对称镶嵌四副鹤、蝙蝠、喜鹊、水波、植物等图像纹样石刻，表达福禄寿喜的祈求。牌楼两侧有次要入口，券形门洞，匾额和楹联字体残缺不全。牌楼明间用六攒石制坐斗、次间和梢间各用三攒石制坐斗支撑屋顶，屋顶两翼均是鱼尾朝上的江西传统建筑符号鱼龙吻。

戏楼与山门结合一体，下层为架空通道，上层是戏台，由 14 根圆形石柱、2 根方形石柱承托木架构，歇山式屋顶。二层戏台三面敞开，木制屏风分隔出前后台，屏风两侧是"出将""入相"上下场门，后台两侧是鼓琴室。台柱有石刻对联两副，台口横枋栏板布满戏文故事木雕，檐柱撑拱、檐枋、垂柱等木作构件上，都有浮雕、镂雕、透雕、线雕等装饰图案纹样，屏风和戏台平棊上均施彩绘。

真君殿正中神位是许真君神像，两侧杂供诸神，体现了江右商民在文化信仰上的包容性和灵活性。真君殿面阔六柱五间，进深四间，穿斗抬梁混合式结构，带前后廊。前廊梢间与两侧看楼相通；真君殿中间升起歇山顶，类似楼阁，南北

真君殿　俸瑜提供

侧有槁扇门窗，不仅改善了室内通风和采光，也突出了真君殿的身份与地位。真
君殿山墙两侧有台阶，上台阶进入真君殿后廊，至穿堂后到达后殿。后殿为硬山
顶建筑，祀玉皇大帝。穿堂与后殿明间之间是参亭，人多时可在参亭面向后殿参
拜，参亭两侧对称布置两口天井。参亭屋顶为歇山式，在连接东西廊柱的木枋之
间镶嵌木制花格漏窗。

真君殿与后殿之间的参亭与
天井　俸瑜提供

贵州丹寨会馆万寿宫

丹寨会馆万寿宫位于贵州省黔东南苗族侗族自治州丹寨县龙泉镇双槐路南侧上段，亦名"江西会馆"或"三江会馆"。丹寨会馆万寿宫始建于清光绪三年（1877 年），由江西籍商人集资兴建，是丹寨县始建年代较早、保存较为完整的古建筑群之一。建筑占地面积共 1021 平方米，建筑面积 500 平方米，庭院内有万寿宫修建碑一通，额题"三江会馆"，主要记载会馆修建及捐建情况。1985 年 11 月，贵州省人民政府公布丹寨会馆万寿宫为省级重点文物保护单位。

丹寨会馆万寿宫平面呈正方形，坐东朝西，平面布局为典型的合院式，由戏楼及两侧耳房、正殿和院落两侧厢楼围合成一个四合院。外围由封火墙包绕木结构建筑组群。山门为附墙式牌楼，四柱三间，青石门框；明间为小青瓦庑殿顶，青砖油灰塑脊，翼角饰如意卷草纹及鱼龙吻，檐口兽面纹沟头滴水，门洞上方竖额书"万寿宫"三字，下为石库门，设木质板门，门高 2 米，宽 1.7 米；东西次间屋脊饰如意卷草纹及鱼龙吻，盖小青瓦。穿过山门进入高 1.95 米的戏楼架空层通道，二层为戏台；戏楼面阔 3.6 米，进深 5.85 米，高 6.95 米；单檐歇山顶，上覆小青瓦，两侧山花处装饰博风板；戏台为凸字形平面，向院落方向凸出 2 米，可三面观。戏楼整体装饰较为简洁，仅在雀替处有雕刻装饰；戏台正中上方有八边形藻井，共有五层，逐层向上内收。两边台柱有对联。

戏楼东部是合院，合院地面用石砖铺砌而成，四周有一圈排水明沟；合院南北两端是两层厢楼，均面阔三间，进深 3.95 米；上下两层都是内为厢房，外为走廊；底层为管理等附属用房，第二层是看楼，其走廊的木制栏杆类似美人靠的形式，用花格装饰；第二层走廊与戏楼耳房直接相通。

正殿为单檐歇山青瓦顶，面阔五开间，通面阔 18.33 米，通进深 10.5 米；明间的二榀屋架为抬梁式，落脚 4 柱；次间的两榀屋架为穿斗式，落脚各 7 柱；梢间的两榀屋架也为穿斗式，落脚各 5 柱；前檐廊上共有廊柱 6 根；采用鼓形和八楞形组合石柱础；廊柱间施九合槅扇门，装饰花卉、卷草和几何图案纹样，室内用方形青石板铺地。

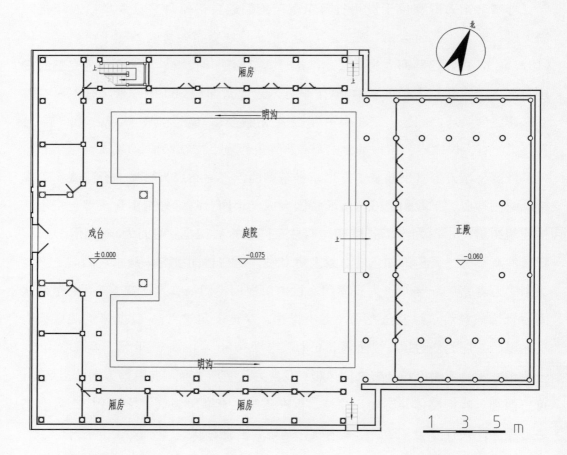

平面图　马凯绘

航拍图　马凯摄　　　　　　　　　　　　　　　四合院与建筑组群　马志武摄

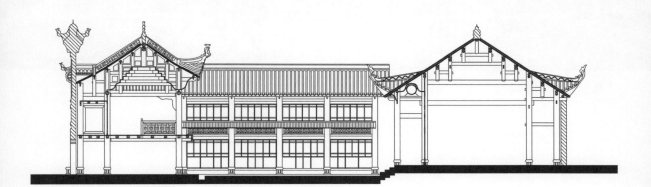

剖面图　马凯绘

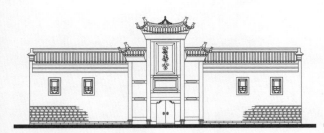
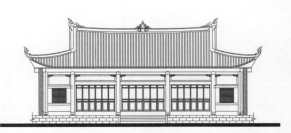

入口正立面　马凯绘　　　　　　　　　　　　正殿立面图　马凯绘

戏楼　马志武摄

正殿　马志武摄

浙江江山廿八都会馆万寿宫

浙江省江山市廿八都江西会馆又称万寿宫，俗称许真君庙。位于廿八都镇枫溪村枫溪西岸，水安桥北，仙霞古道上。仙霞古道鼎盛时期，有数百江西人在廿八都一带经商置有田产，他们将万寿宫作为会馆，江西人均可免费寄居，还曾创办豫章小学。江右商一般每月聚会两次，逢聚会或庙会，均请戏班演戏，寄居者可免费观看。2011 年 1 月，仙霞古道（万寿宫）被列为浙江省省级文物保护单位。

江山廿八都会馆万寿宫始建于明代末年，清乾隆年间扩建，由江右商人集资兴建。建筑占地 946 平方米，平面呈长方形，通面阔 16 米，通进深 36 米，建筑面积 583 平方米。建筑坐北向南，布局形制为三进一庭院一天井，建筑正面三个入口，东西山墙各有一个次入口。

进山门后有一过厅，过厅与看楼底层架空通道连接，看楼又称朱楼，为妇女专座，有楼梯通向戏台。戏楼底层架空，不能通行；二层为戏台，其总面阔 6 米，总进深 9 米；与看楼和前殿围合出庭院。

前殿通面阔 9 米，为"明三暗五"布局；进深四间，通进深 9 米。前殿明间和次间为敞口厅，在其前檐廊正中凸出一参亭，歇山式屋顶，前有五级垂带式石阶，强调了建筑中轴线的重要和空间仪式感。敞口厅为抬梁式结构；两侧梢间是厢房，分别是账房与客房，均为穿斗式结构。

前殿后檐廊、正殿前廊和两侧的廊道围绕天井布局，形成回字形走廊。正殿也是"明三暗五"布局，通面阔 8.5 米，通进深 6 米，中间三开间供奉许真君，两厢为住房；正殿为穿斗式结构，朝向天井的正面采用可开启的槅扇。

入口山门、前殿和正殿两侧的封火墙为江西传统民居的猫弓背式，采用平直的封火墙将其连成整体。会馆轻巧通透，尺度宜人，装饰装修重点突出，简洁精细，呈现江西传统民居建筑的特征。

入口正面　马志武摄

戏楼与两侧看楼　马志武摄

从戏台看前殿参亭和庭院两侧的看楼　马志武摄

从前殿内部看正殿　马志武摄

前殿内部与厢房　马志武摄

正殿　马志武摄

湖北襄阳樊城抚州会馆

襄阳市樊城抚州会馆位于襄阳市昔日樊城最为繁华的商业文化街区陈老巷南口东侧，今樊城汉江大道中段，为江西临川商人所建。其始建年代不详，现存石碑一通，为清嘉庆七年（1802 年）禁止骡马进入会馆的告示，多处青砖墙体上有"江西抚馆"铭文，1992 年被公布为湖北省文物保护单位。

建筑坐北朝南，面临汉水，占地 2264 平方米。现存戏楼、前殿及正殿。入口在戏楼的南面，面临街道，为门洞式，石制门仪，石匾上书"抚馆"二字。戏楼为四柱三间五楼，通面阔 12.4 米，进深二间共 8.4 米；共有 17 脊 18 翼角；高低参差，错落有致，相互对称，造型优美。戏楼为二层，底层中间为架空层通道，通道两侧为厢房；二层戏台面向前殿，明间为抬梁式，两山为穿斗式；明楼、夹楼檐下满铺米字形网状如意斗拱，边档仅抹角处有独立式米字形如意斗拱。戏台装饰精美，斗拱雕有龙头、兽头、麻叶头，明间枋梁上的短柱浮雕香花宝瓶，额枋浮雕双龙戏水，戏台正中是七级攒尖式八角形藻井，并有雕花垂柱装饰；戏台正面上方有一匾额书"峙若拟岘"四字，寓意此为抚州的"拟岘台"，以此额表达思乡之情。

前殿、正殿面阔与进深一致，各面阔三间共 16.4 米，进深三间共 14.1 米；正殿为二层建筑，均为硬山顶；明间抬梁构架，次间穿斗构架，侏儒柱，脊瓜柱坐落在栌斗上，斗、枋上雕各种花卉。正殿损毁较大，门窗等为新建，不是原貌。

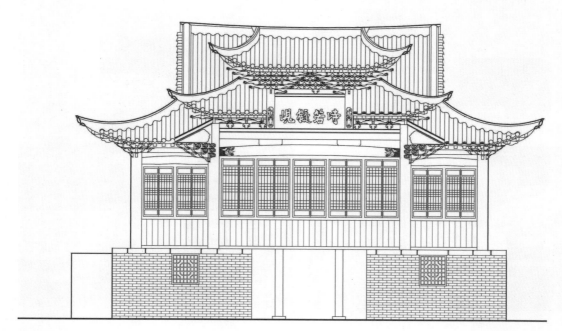

戏楼立面图　马凯绘

戏楼　马志武摄

戏台藻井　马志武摄

戏楼木雕细部　马志武摄

入口　马志武摄

前殿山面坐斗和穿枋　马志武摄

前殿　马志武摄

湖北襄阳樊城小江西会馆

湖北襄阳樊城小江西会馆是为了区别原樊城江西会馆（又名大江西会馆）而言。小江西会馆位于沿江大道中段（原中山前街 212 号），建于清中晚期，现存山墙四周有许多"江西会馆"铭文青砖，东墙上镶嵌江西会馆石碑一通。1949 年，小江西会馆收归国有，2002 年，湖北省人民政府公布小江西会馆为湖北省文物保护单位。

小江西会馆坐北朝南，通面阔 9.64 米，通进深 83.2 米，硬山式屋顶。建筑围绕中轴线上的七进天井对称布局，面阔均为三间，进深则依面积大小不等。外围封火墙包绕建筑组群，内部也有高大的封火墙隔离，以免火灾。中轴线上的正门为门洞式，门仪为石制。门洞上的横匾书"何仁顺"三字。何仁顺是经营粮食的江西籍商人，抗战时期，后四进建筑为其拥有以囤积粮食，停业后被其他的江西籍商人租用开山货行。前三进建筑曾经是江西籍药商开的药铺。

第一进天井四周是一进厅、二进厅和东西两侧厢房，均为二层，从二进厅楼梯间上下，穿斗式木构架。第二进天井狭窄，四周是封火墙，主要起防火作用。第三进天井两侧是厢房，其北面是三进厅，也是二层，通过三进厅的楼梯上下，穿斗式木构架。三进厅和四进厅之间的天井较大，四周是高大的封火墙，南北墙上分别有一门洞式入口，两侧有通向巷道的侧门。四进厅与五进厅和东西两侧的厢房围合出第五进天井，从四进厅的楼梯上下，可通向五进厅的楼层，其楼层挑檐枋上有雕花，楼上明间为抬梁式，两山为穿斗式。第六进天井是五进厅和六进厅之间的天井，其四周也是高大的封火墙，目的也是避免火患；东西山墙上有通向巷道的侧门，南北封火墙上各有一个门洞式入口。第七进天井由六进厅、七进厅和两侧单层厢房围合而成；七进厅为原址上重建。朝向街道的封火墙平直，东西两侧的封火墙为高大的五花山墙。各天井有天沟接雨水，再由漏筒排入窖井。

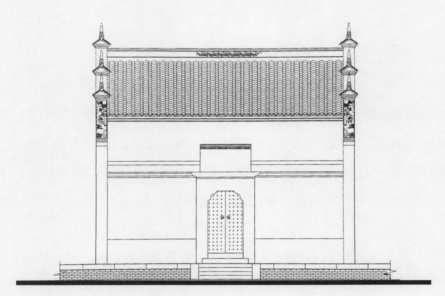

沿街正立面　马凯绘

沿街主入口　马志武摄

青砖上的"江西会馆"铭文　马志武摄

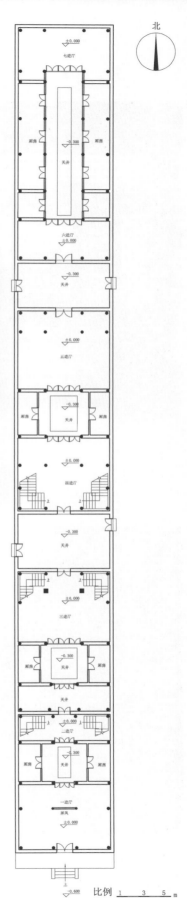

小江西会馆平面图　马凯绘

从一进厅看内部　马志武摄

三进厅和四进厅之间的天井与东墙侧门　马志武摄

第七进天井两侧的
厢房　马志武摄

江西铜鼓排埠会馆万寿宫

江西省宜春市铜鼓县排埠镇会馆万寿宫处于铜鼓县西南边陲，紧邻湘、赣两省边界。排埠镇沿河分为上排埠、中排埠、下排埠三段，总长约 1 公里，山中溪流在排埠汇合成定江河，由于水路通畅，排埠在清代后期发展成赣西北重要的省界集市。万寿宫在下排埠的下街村，面对定江河码头，旁边还有福建会馆天后宫。山区木、竹在下排埠汇合后，扎排顺定江河下游经铜鼓县城入武宁县，或流至修水县城义宁镇，西汇入修河再进入鄱阳湖。

排埠会馆万寿宫建筑面积 700 余平方米，建于清道光二十三年（1843 年），由经营竹木的江右商投资建设，也是江右商的会馆，外部的街道店铺属于会馆的资产，作为会馆日常开支的补充。万寿宫中轴线为东偏南至西偏北走向，出入口设在两侧看楼封火墙处，布局形制为庭院＋天井式。庭院由戏楼及两侧耳房、看楼、敞口厅式前殿组成；戏楼在西偏北的位置，其底层石柱架空，二层是带木栏的戏台，戏台中央为斗八平藻井，中间有描金莲花装饰；庭院两侧看楼有楼梯，并与戏楼连通。敞口厅式前殿处在高台地上，有 11 级台阶，与庭院高差近一层。前殿通过开口性连续空间与参亭连接，参亭实为天井的异化形式，具有与上沟通的象征含义，其处在中轴线上，明间四根石柱升起，支撑一个高出周围屋面的歇山式屋顶，三面开高侧窗，面对正殿的方向以板壁封闭。参亭两侧是厢房；厢房两侧还有侧路，各自围绕一口小天井布置附属用房。建筑木结构以山墙承檩为主，仅敞口厅做五架抬梁式构架。建筑墙体为条石基础，院墙和内部建筑墙体为空斗砖墙，店面为夯土墙。庭院、天井地面就地取材，卵石铺设；敞口厅、参亭和正殿为砖铺地面。会馆万寿宫建筑朴素大方，屋面勾连搭技术娴熟，马头墙和屋面高低错落有致，与周边客家民居风格不同，具有明显的赣派传统建筑特征，朝向码头的封火墙原为青砖空斗墙，修建过程中，增添了粉刷层，影响了原貌。

排埠会馆万寿宫是工农革命军第一军第一师第三团回师铜鼓旧址，也是重要的爱国主义教育基地，具有重要的历史价值和社会价值。1927 年 9 月 15 日，毛泽东率领秋收起义部队第三团回师铜鼓，团部驻扎于排埠会馆万寿宫，并在万寿宫戏台召开了群众大会，宣传革命真理。毛泽东在万寿宫经过认真思考，及时调整战略部署，为我党开辟了一条具有中国特色的以农村包围城市、武装夺取政权的革命道路。2006 年排埠会馆万寿宫被江西省人民政府公布为第五批江西省文物保护单位。

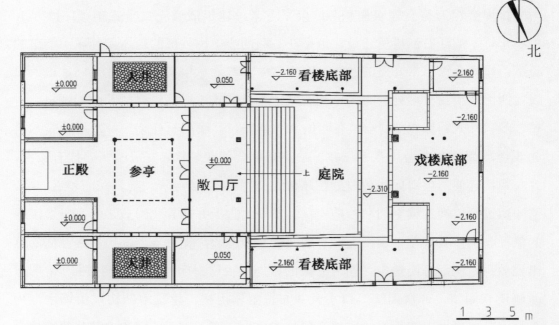

平面图　马凯绘

从定江河看排埠会馆万寿宫　马志武摄

围绕庭院的前殿、戏楼和看楼　马志武摄

敞口式前殿　马志武摄

参亭内部　马志武摄

参亭歇山式屋顶　马凯摄

江西遂川会馆万寿宫

江西吉安遂川县会馆万寿宫是毛泽东亲手创建的第一个县级红色政权——遂川县工农兵政府旧址。1928年1月毛泽东在遂川亲自领导遂川工农群众进行了"枪杆子里面出政权"、执行《遂川工农县政府临时政纲》、实现人民当家作主等具有原创意义和深远影响的伟大革命实践。1968年对旧址按原貌进行了修复，2006年被公布为国家级文物保护单位。

遂川会馆万寿宫为清代建筑，始建年代不详，兴建之初是为了纪念许真君治水有功，祈求风调雨顺；清末成为江右商帮的会馆。建筑坐北朝南，总面阔17米，总进深55.2米；砖木结构，三进一院一天井布局方式。旧址正面入口山门为三扇双开大门，左右次门低于正门一米；戏楼与山门结合一体，入山门进入戏楼架空层通道，可通向庭院和两侧看楼底层走廊。二层明间为戏台，歇山式屋顶，凸字形平面，可三面观；两侧台与后台相通。看楼面阔三间，进深一间，底层有楼梯通向二层看楼。前殿面阔五间，进深三间，中间三间为敞口厅，两侧梢间为厢房，厢房门通向看楼底层走廊。前殿明间前凸出一参亭，歇山式屋顶，亭子正中上方有藻井。从前殿进入穿堂，此处分为三路，中路通向正殿，正殿面阔三间，进深三间；穿堂两侧是天井，从天井两侧的入口进入东西两路厢楼前的天井，东西两路天井内有楼梯通向二层的厢房。

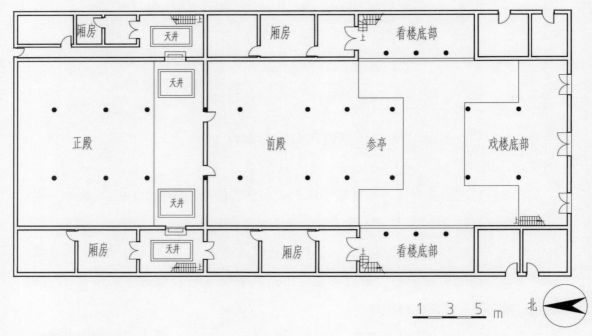

一层平面图　马凯绘

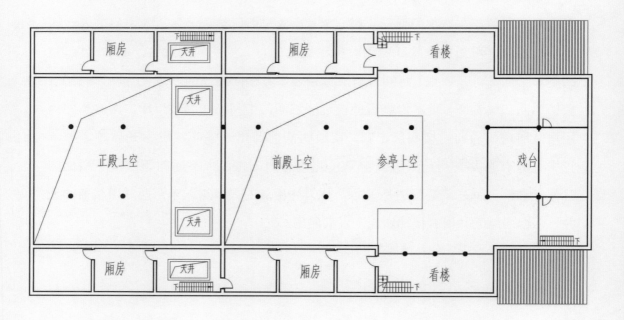

二层平面图　马凯绘

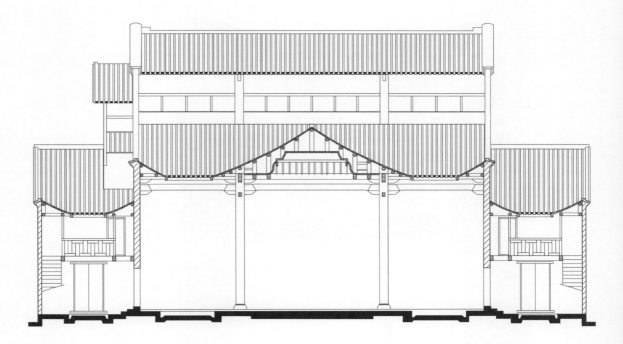

横剖面图　马凯绘

山门　李姣阳摄

戏楼 马志武摄

从庭院看参亭和看楼
李姣阳摄

从穿堂看正殿和东西两路
入口 李姣阳摄

贵州黄平旧州仁寿宫

贵州旧州仁寿宫又名江西临江会馆，位于黄平县城西北 25 公里的旧州镇西中街，是全国重点文物保护单位旧州古建筑群的重要组成部分。其由临江府商人集资兴建，始建于清乾隆五十一年（1786 年），光绪十四年（1888 年）重建，主祀萧公和许真君。

仁寿宫坐北向南，建筑布局为三进一庭院一天井形制。南面入口朝向大街，四周高大的青砖空斗封火墙包绕建筑组群，整体面阔 17.6，进深 51 米，占地897.6 平方米。山门为门洞式，其上有"仁寿宫"竖额。戏楼与山门结合一体，歇山式屋顶，面阔三间；底层为架空通道，二层明间是凸字形戏台，可三面观看表演；两次间为单坡屋面硬山式耳房，与东、西两侧看楼相连。看楼底层为附属用房，二层观戏；其面阔四间，共 15.6 米，进深 3.1 米，为单坡屋面；二层有雕花栏杆。正殿位于建筑中心，与戏楼、看楼围合出庭院；单檐硬山顶，穿斗抬梁混合式木架构，面阔三间共 17.6 米，通进深 12 米，高 11.4 米；檐下封饰卷板，额坊浮雕卷草图案，下置镂雕挂落，前廊顶棚为鹤胫轩，轩梁、月梁均有木雕装饰。殿内为彻上露明造，梁间驼峰、童柱和柁墩雕刻精美。正殿之后是围绕天井布局的厢楼，平面呈"凹"字形，共 7 间厢房。1934 年红军长征，曾在仁寿宫召开济贫大会，举办文艺演出。

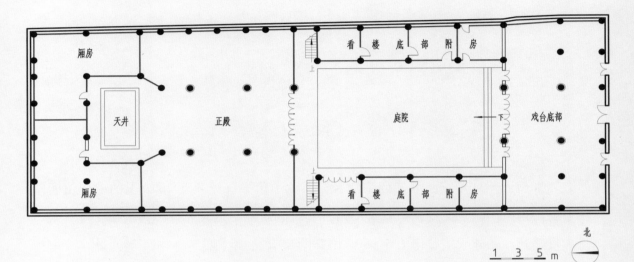

平面图 马凯绘

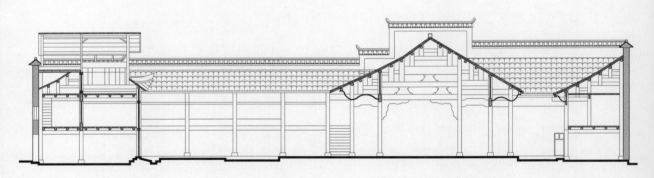

剖面图 马凯绘

山门与封火墙　贵州人大教科文卫委提供

戏楼与看楼　贵州人大教科文卫委提供

江西赣州七鲤会馆万寿宫

明代以来，赣州水东七鲤镇的贡江码头是赣南最大的木材集散地，贡江流域 11 个县的木材在此聚集，扎成木排后，顺流而下，由赣江入鄱阳湖，再进入长江。由于水运滩涂激流多，经常遭受翻排损失，经营木材生意的江西商人和排工就在七鲤镇建起了会馆，将许逊奉为木材水运安全的保护神。福建、广东、江浙的木材商人也参与了集资。七鲤会馆万寿宫始建年代不详，清代重建；总占地面积 3478 平方米，总建筑面积 2821 平方米；外围用青砖空斗马头墙包绕建筑组群。

七鲤会馆万寿宫建筑平面布局为三进一院一天井形制，砖木结构。第一进为山门、戏楼部分；戏楼在二十世纪七十年代被拆除，现在的山门和戏楼为重建。第一进和第二进之间为庭院，两侧为架空的看楼，看楼面阔三间，进深二间。第二进是前殿"九如堂"，面阔六柱五间，进深四间，明间和次间为敞口厅，两侧梢间为学房；九如堂前廊柱身有木雕装饰。从前殿后檐廊分三路，左路为三官殿，右路为客房；中路轴线上的第二进和第三进之间是穿堂，将前殿和正殿连接为工字形平面，穿堂内有青石旱桥，其上升起带高侧窗的歇山式屋顶，两侧是坑形天井；桥面栏杆望柱上有狮、象石雕，天井靠山墙两侧是架空的廊楼，东廊楼二层是钟楼，西廊楼二层是鼓楼。高明殿为敞口厅式，面向天井，面阔三间，进深四间，两侧各有一间偏殿，实为"明三暗五"的格局。建筑木架构为穿斗抬梁式。门窗雕刻吉祥图案纹样，地面铺装材料为卵石、青砖和红砂岩条石。

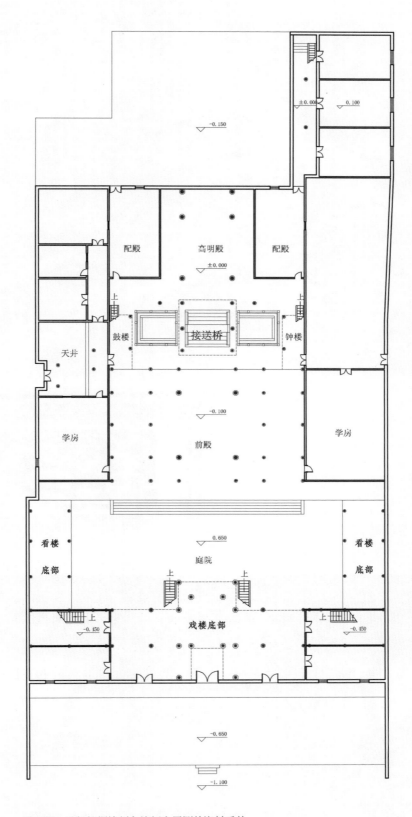

平面图　马凯根据赣州文旅新广局测绘资料重绘

（上）航拍图　蔡丽蓉提供
（右）前殿学房槅扇绦环板上的木雕　马志武摄
（下）前殿和正殿之间的穿堂　蔡丽蓉摄

主要参考书目

刘敦桢:《中国古代建筑史》,中国建筑工业出版社,
1984 年 6 月第 2 版。

梁思成:《中国建筑史》,百花文艺出版社,
1998 年 2 月第 1 版。

刘致平:《中国建筑类型及结构》,建筑工业出版社,
1957 年 11 月第 1 版。

冯友兰:《中国哲学简史》,生活·读书·新知三联书店,
2013 年 6 月第 1 版。

章文焕:《万寿宫》,华夏出版社,2004 年 5 月第 1 版。

陈立立、邓声国整理,清·金桂馨、漆逢源编纂《万寿宫通志》,
江西人民出版社,2008 年第 1 版。

何炳棣:《中国会馆史论》,台湾学生书局,1966 年版。

王日根:《中国会馆史》,东方出版中心,2018 年 4 月第 2 版。

许怀林:《江西史稿》,江西高校出版社,1993 年 5 月第 1 版。

张圣才、陈立立、李友金主编《万寿宫文化发展报告(2018)》,
社会科学文献出版社,2019 年 2 月第 1 版。

后 记

本书为江西省社会科学"十四五"（2022）基金重点项目："江西会馆万寿宫建筑研究"，项目编号为22WT61。本书章节的撰稿安排是：第一章、第二章、第三章第一节和第三节由马志武撰稿，第三章第二节和第四章由马凯撰写，最后由马志武统稿。建筑测绘图纸整理与绘制由马凯完成。黄美田参与了本书的资料收集与整理工作，夏侯钉、程好太、黄美田、郑欣欣参加了本书校订工作。

开展会馆万寿宫建筑研究的困难是显而易见的，一是尽管笔者开展会馆万寿宫建筑调研已有三年的时间，仍然感到有关的研究成果还需要不断地积累，更扎实地做好基础性的工作。二是会馆万寿宫建筑属于地方性建筑，有原乡建筑文化和他乡建筑文化因素的影响，加之各地的地理气候环境不一，地域文化也有差异，需要有宽阔的视野和较丰富的知识结构作为基础，以做到整体把握会馆万寿宫建筑在不同区域所表现的建筑特点和文化内涵。三是会馆建筑研究必须采用实证的方法，以做到严谨、真实、准确的叙述，必须实地考察现存的会馆万寿宫建筑和当地的历史发展与传统建筑风貌，还要实地考察江西地方传统建筑，以进行比较和分析。即使当地能够提供建筑测绘资料，也要到现场核实补充。由于现存会馆万寿宫建筑数量较少，又分散在全国各地，使得实地调查难度更大。因此，本书得以完成，首先要感谢江西省人大教科文卫委的支持，感谢江西省文物局、贵州省人大教科文卫委、云南省人大教科文卫委、四川省人大教科文卫委、安徽省人大教科文卫委、湖南省人大教科文卫委、湖北襄阳市人大、广西桂林市人大、安徽安庆市人大等兄弟单位的帮助。由于疫情原因，山东省人大教科文卫委、陕西省人大教科文卫委、江苏省人大教科文卫委、福建省人大教科文卫委等为本书提供了本省现存江西会馆的资料，当然，这也是笔者不能亲赴现场调研的遗憾之一。还要特别感谢江西社会科学联合会为本书的课题研究提供了有力的支持。感谢江西省图书馆、江西省方志馆、江西省文物考古研究院等为本书提供了宝贵的历史文献、考古成果等资料。尤其是江西省图书馆的同志们热忱服务，帮助查寻资料，使笔者深受感动。南昌市人大教科文卫委、上饶市人大教科文卫委、九江市人大教科文卫委、赣州市人大教科文卫委、抚州市人大教科文卫委、景德镇市人大教科文卫委、吉安市人大教科文卫委、南昌新建区人大、南昌西湖区人大、乐平市人大、铅山县人大、弋阳县人大、永修县人大、广丰区人大、乐安县人大、铜鼓县人大、兴国县人大、宁都县人大、于都县人大和樟树市人大等为本书的调研提供了不少的帮助，南昌西山万寿宫、南昌万寿宫历史文化街区运营管理单位等为本书的调研提供了便利，在此一并致以衷心的感谢。

丁新权、杨保建、吴晶、孙继业、霍卫平、王红、杜黎明、姜英、夏侯钉、张湘赣、欧阳世麟、刘超杰、段院龙、王紫林、徐景坤、陈立立、金键、吴辉和郁枫等同志不厌其烦，有求必应，为本书收集资料，提供帮助，使本书能够顺利脱稿；赵達、俸瑜等同志为本书补充了陕西和四川江西会馆方面的调研照片；王鹏飞、周春雷、谢佳益、徐宇轩、杨亚辉参与了本书图纸绘制等工作，在此一并表示最诚挚的感谢。

图书在版编目（CIP）数据

会馆万寿宫建筑 / 马志武, 马凯著. –– 南昌：江西
人民出版社, 2023.11
ISBN 978-7-210-14824-1

Ⅰ.①会… Ⅱ.①马… ②马… Ⅲ.①古建筑－建筑
艺术－南昌 Ⅳ.①TU-092.2

中国国家版本馆CIP数据核字（2023）第164311号

会 馆 万 寿 宫 建 筑
HUIGUAN WANSHOUGONG JIANZHU

马志武　马凯　著

责任编辑：章雷　　装帧设计：章雷

出版发行：江西人民出版社　　地址：江西省南昌市东湖区三经路47号附1号

编辑部电话：0791-86898860　　发行部电话：0791-86898815　　邮编：330006

网址：www.jxpph.com　E-mail：120708658@qq.com

经销：各地新华书店

版次：2023年11月第1版　　印次：2023年11月第1次印刷

开本：787毫米 × 1092毫米　1/16　　印张：27　字数：350千字

书号：ISBN 978-7-210-14824-1　　赣版权登字-01-2023-379

定价：298.00元

承印厂：湖北金港彩印有限公司